国外城市设计丛书

# 街 道 与 广 场
## Street and Square，3rd Edition
### （原著第三版）

[英] 克利夫·芒福汀（Cliff Moughtin） 著

张永刚　陆卫东　译

中国建筑工业出版社

著作权合同登记图字：01-2018-2969 号

图书在版编目（CIP）数据

街道与广场：原著第三版 /（英）克利夫·芒福汀
（Cliff Moughtin）著；张永刚，陆卫东译 . —北京：
中国建筑工业出版社，2021.11
（国外城市设计丛书）
书名原文：Street and Square，3rd Edition
ISBN 978-7-112-26716-3

Ⅰ.①街…  Ⅱ.①克…②张…③陆…  Ⅲ.①小城镇
—城市道路—建筑设计②小城镇—广场—建筑设计  Ⅳ.
① TU984.191 ② TU984.182

中国版本图书馆 CIP 数据核字（2021）第 211316 号

责任编辑：董苏华　戚琳琳　吴　尘
责任校对：张惠雯

国外城市设计丛书
街道与广场（原著第三版）
Street and Square，3rd Edition
[英] 克利夫·芒福汀（Cliff Moughtin）　著
张永刚　陆卫东　译
＊
中国建筑工业出版社出版、发行（北京海淀三里河路9号）
各地新华书店、建筑书店经销
北京雅盈中佳图文设计公司制版
北京中科印刷有限公司印刷
＊
开本：787 毫米 ×1092 毫米　1/16　印张：19　字数：439 千字
2022 年 3 月第一版　2022 年 3 月第一次印刷
定价：79.00 元
ISBN 978-7-112-26716-3
（38103）

献给凯特

# 目　录

# 第一版前言

我对城市设计的兴趣，始于20世纪50年代中期麦考恩（McCaughan）教授在利物浦大学城市设计系开设的规划历史讲座。在讲座中，麦克（Mac，麦考恩的简称）很清楚地表明他是卡米洛·西特（Camillo Sitte）的追随者。卡米洛·西特是一个主要作品集中在19世纪最后10年的维也纳建筑师。在接受5年强调雄伟尺度的现代建筑教育之后，我拜读了学者西特令人耳目一新的作品。作品中他分析了城市形态，并从中提炼出优秀设计的原则。而在西特之后，勒·柯布西耶（Le Corbusier）和他的志同道合者的著述可以被看成是论战宣言。这里无意诋毁勒·柯布西耶的作品，毋庸置疑，他是20世纪伟大的建筑师之一。然而，作为规划师和城市主义者，勒·柯布西耶，以及更多的是他声望稍低的追随者，显然需要对遍布欧洲城市说是故意也不为过的环境破坏负责。

我早年的职业生涯在一些发展中国家进行，如新加坡、加纳、尼日利亚及苏丹。那些年与不同生活方式的人生活、工作在一起，使我获得了发现建成形态与文化之间关系的洞察力。在麦克的影响下，我从社会人类学的角度解读作品，研究传统定居点的形态和建筑。在新加坡的中国城徜徉，或在尼日利亚豪萨人（Hausa，Nigeria）奇妙的泥城中探索，结合对人类学的解读我意识到了当代城市设计的贫乏。

20世纪60年代中期，我开始和麦克紧密合作。先是在利物浦大学，然后是在北爱尔兰贝尔法斯特的皇后大学，再后来是在诺丁汉大学。我和麦克合作的25年间，我们带着学生在欧洲进行大量实地考察，探索丰富的城市文化遗产。本书是对欧洲公共城市设计文化遗产的介绍，书中的图纸和照片无法代替亲临现场的兴奋感，建议读者参观书中所提到的地方。本书接下来的内容只是一个起点，它将帮助读者发展自己的观点，进而更深入地赏析欧洲的街道与广场。

我最近访问一些发展中国家的大学时意识到，需要一本这种类型的书籍。例如，在一次为期两个月的内罗毕大学访问中（我曾在那里负责一个城市设计工作室的教学），我负责将工作室讲座和研讨会的内容整理成一些有用的出版物，8 年之后，那时的这项工作正式完结，我便进一步完善并出版了关于城市设计的三册单行本：《美化与装饰》（ *Urban Design：Ornament and Decoration* ）、《绿色尺度》（ *Urban Design：Green Dimensions* ）和《方法与技术》（ *Urban Design：Method and Techniques* ）。

# 第二版前言

这是《街道与广场》的第二版前言。第二版新增了名为"滨海、河流与运河"的章节。最后一章增加了一个有关滨河区更新重建的案例研究,用以说明水在城市设计中的作用。该章及其案例研究意图填补第一版的一个空缺,即靠近水路公共空间的设计。

城市设计同建筑与规划紧密相关,是一个相对独立的科目领域。城市设计最关注的,是在城市、城镇以及相对城市区域较小的社区中设计与构建公共空间。在《街道与广场》的导言中,我们认为城市设计的主要组成部分是城市片区,"的确,未来10年,城市设计师的当务之急将可能是且一直是,无可争议的 1.5 公里(1 英里)见方的城市片区。"导言也进一步建议,城市设计师应介入更小规模尺度的街道与广场。这次为第二版所写的前言,再次重申城市设计核心工作的这个定义。

然而,城市设计是一个广泛的领域,本书只是解决部分问题。既不妄称是一本良好的城市设计手册,也并非一种规范。本书有一个适度的目标,即研究先例,看是否能推导出一般原理,并作为将来更为明确的城市设计理论的基础。到现在为止,本书的内容依然是持续讨论城市设计这个引人注目艺术形式的一部分。

自本书第一版出版以来,英国又出现很多更深入的城市设计研究。政府编制了或正在编制规划政策导则和其他文件,以提高城市设计在城市规划及城市更新过程中的中心职能。城市设计的重要性,同样也得到了罗杰斯(Rogers)和他领导的"城市工作组"(Urban Task Force)所作报告的肯定。对城市设计有兴趣的专业团体也相继出现,包括城市设计小组(The Urban Design Group)、英国皇家建筑师学会(Royal Institute of British Architects)、英国皇家城镇规划学会(Royal Town Planning Institute)、英国风景园林学会（Landscape Institute）、英国皇家特许测量师学会（Royal Institution of Chartered Surveyors）、英国土木工程师学会（Institution of Civil Engineers）和城市信托基金（The Civic Trust），这些团体组织为促进城市设计学科的发展起到了积极作用。尽管英国很多城市开发的设计还没有达到高水平，但城市设计小组的季刊《城市设计》（*Urban Design*）还是收录了不少值得关注的作品。

# 第三版前言

自1992年本书第一版出版以来，城市设计的理论和实践有了显著进展，这些进展在1999年本书第二版出版时，依旧保持了强劲势头。罗杰斯勋爵和他的"城市工作组"在1999年出版的《走向城市复兴》（*Towards an Urban Renaissance*）中的许多理念被政府采纳，并成为《规划绿皮书》（*Planning Green Paper*）的一部分。绿皮书中的一些理念，如果得到实施执行，将提升城市设计在革新后的规划系统中的核心地位。

2001年，隆堡（Lomberg）的著作《持怀疑论的环保主义者》（*The Skeptical Environmentalist*）被译成英文，由剑桥大学出版社出版。书中呈现的乐观且近乎自满的关于全球环境状况的观点，遭到了大多数知名专家的反驳。尽管如此，这本引人深思的书，以及书中对于涉及人类福祉的全球状况正在得到改善的评估，鼓励了那些"人人享有环境自由"的追捧者，尤其是那些美国式政治权利的追捧者。幸运的是，在英国，实际上在欧洲，可持续发展依然是城市规划的目标。在回应一些对绿皮书的批评时，福克纳勋爵（Lord Faulkner）承诺，在将来的规划议程中，将更加重视"可持续"这一发展目标。本书，以及英文版系列中的其他书籍，将继续倡导以"预警原则"作为环境设计导则，这项原则是可持续发展理论的基础。明智建议各种发展策略，尽最大可能减少对脆弱地球环境的压力，直到科学界有所发声为止。

城市设计技术中涉及的规划和发展，在过去10年有了显著进步。例如，他们现在将城市重建置于大的次区域中。如果绿皮书中所包含的理念得到实施执行，城市设计师的工作任务将更加饱和，他或她也将涉足更为宽广的领域——那些曾经被认为是其他学科的领域。在某种程度上，城市设计可以简单地定义为城市设计师的工作。然而，贯穿这个系列丛书的城市设计主题，是城市片区、地区或邻里的规划和设计。本书也讨论了城市设计的属性。

在这里，我重申，城市设计主要关注的，是创造环境质量可持续发展的社区。本书仅解决这个主题的一部分：街道与广场的设计，也就是城市领域中主要因子的设计。

第三版主要新增了四个部分。一个是为了让本书的内容与时俱进，增加了可持续发展理论的篇章：具体阐明这些理论同街道与广场设计之间的关系，并考虑了城市交通系统可能的变化。一个是视觉分析的篇章，用以解释书中理论内容的实践效果，阐明如何将视觉分析技术，用于更好地理解城市街道与广场的形态、功能和意义。第9章中新增了巴塞罗那滨海更新改造的案例研究，这个案例说明了一项城市设计成就，强调了滨水空间及其和城市街道与广场网络之间关系的重要性。最后，新增了一个简短的结论篇章，归纳了本书的主题，并提出了一个问题：为什么建于20世纪的伟大街道和广场如此之少？

# 致　　谢

　　我最诚挚的谢意献给已故的良师益友雷金纳德·埃勒斯利·马尼福尔德·麦考恩（Reginald Ellersley Manifold McCaughan），他的同事、朋友和学生称他为"麦克"（Mac）。麦克在利物浦大学城市设计系担任高级讲师多年。退休后他又成为诺丁汉大学城市规划和建筑历史专业的特聘教授。麦克在利物浦、诺丁汉及他的家乡贝尔法斯特，教授了几代建筑、规划专业学生。我有幸在1953年首次听他讲演，并在之后成为他的学生，直到他1989年去世。是麦克将我带入城市设计快乐而迷人的世界，且因他的教导和理念，才有本书的缘起。书中所有的错误都归于我，所有的灵感都归于麦克。

　　若非我妻子凯特·麦克马洪（Kate McMahon）的支持，以及当其他学术事务占用了我的时间和精力时她依旧给我以鼓励、督促，本书将无法完成。作为英语专业研究生，凯特阅读了原稿，并确保书稿言之有理又通俗易懂。我也要感谢塔内尔·厄奇（Dr Taner Oc）和彼得·特雷根扎（Dr Peter Tregenza）两位博士的帮助，两位都看了较早的文稿并给予了有价值的意见。诺丁汉大学所属我系里的学生，以及我教过的其他大学的学生，尤其是第三世界国家的那些学生，对我经多年完成的城市设计资料提供了有益的反馈意见。特别是一个学生小组在评论阶段对文稿的拓展，给予我心智方面的极大支持。戴夫·阿米格（Dave Armiger）、拉斐尔·库斯塔（Rafael Cuesta）、艾莉森·吉（Alison Gee）、琼·格林韦（June Greenway），佩尔塞福涅·英格拉姆（Persephone Ingram）和克里斯蒂娜·萨里斯（Christine Sarris）陪同我参观了意大利的一些山区城镇，他们的工作也体现在本书中。正是这些学生小组的热情，给予我完成初稿的最终动力。

文中的插图由彼得·怀特豪斯（Peter Whitehouse）绘制。彼得是诺丁汉大学规划学院的学生兼助教，他在完成学业和助教工作的间隙，挤出时间完成了这些既漂亮又表达准确的插图。我还要感谢诺丁汉大学建筑学院的高级助教格林·哈尔斯（Glyn Halls），是他帮我把底片冲洗成照片并用作插图，这是一项宏大的工作——书中所用的照片，仅占冲洗照片的四分之一，并少于底片的十分之一，可谓冰山一角。

最后，但并非不重要，我要感谢系里的秘书组——琳达·弗朗西斯（Linda Francis）、利兹·米尔沃德（Liz Millward）和詹妮·钱伯斯（Jenny Chambers），是她们帮忙整理了出版前的最后手稿，那已是第六稿了。尤其是琳达·弗朗西斯，她除了在整理稿件过程中打了很多字外，还帮助管理我的工作日程（棒极了），我因此赢得了许多时间来完成这本书。

# 导　言

本书的主题是城市设计。卡米洛·西特 1889 年以其著作《依据艺术原则的城市规划》（*City Planning According to Artistic Principles*）来命名他开创性的工作。[1] 这似乎是从理论家塞巴斯蒂亚诺·塞利奥（Sebastiano Serlio）的方法开始。塞利奥在他的《建筑五书》（*The Five Books of Architecture*）中写道：

> 本书的开头，我想按照喜剧演员的规则开始。喜剧演员（当他们准备表演喜剧时）会先讲一段开场白，寥寥数语让观众明白他们将要表演的内容。因此，我的意思即是要在本书里谈建筑物的式样，塔司干、多立克、爱奥尼、科林斯及其组合形式，开篇明意，在开头让人们了解我将要阐述的所有种类。[2]

在城市设计中，主角是广场、街道及建筑物这些构成我们城市公共界面的要素。这些要素在城市设计中的意义和作用，以及安排、设计及细化这些要素的方法，就是本书各章的主题。

尽管在规划及建筑学教育阶段中均被忽略，但城市设计依然很重要。城市设计介于建筑与规划之间，又与这两个学科有所不同。

规划的定义有很多，事实上，几乎和城市规划师的数量一样多。最宽泛而言，规划可以定义为资源的配置。[3] 实际上一些规划师深信不疑地将其职责视为那些不是十分富裕的社会阶层的重组资源。[4] 这些定义让规划进入了政治舞台，意即决定谁、从什么地方、什么时候得到什么。其他更多的技术性规划定义，将主题限定于土地利用的组织，以及保证良好有序环境的创造和有效运转的交通与基础设施网络。这个狭义的定义并没有将城市规划与政治完全分离，因为土地本身是一种资源，所有的土地开发必然给一些人带来利润，给另一些人带来成本。因此，关注资源的配置和分配，是政府行为。规划周期通常比较长，可能长达 20 年并覆盖规模巨大的城市和郊区区域；另一方面，编制周期为 5 至 10 年及覆盖城镇小部分区域的行动计划，又要求规划师具有企业家式的技巧。

建筑学关注单体建筑的设计与建造，通常建筑师的工作有明确的客户、确定的建筑基地，在最大程度上，周期不会超过 1 至 5 年。然而，负责一所医院或者其他大规模工程的建筑师，其建筑综合体可能覆盖数英亩并且需要 10 年或更长的建设周期。规划师就要具备同能够完成这种项目的建筑师一样的知识和专业技术，因此，在实践中，建筑师与规划师的领域没有严格区别。这两个领域之间的边界是模糊的，不存在清晰的主题定义区别。

城市设计与建筑和规划同属一系，其实践需要这两个学科中的一些技术和知识。城市设计的主要任务就是安排数个建筑物以便它们构成一个独立的整体，城市设计可能包括不止一个建筑场地、业主、用户以及政府机构。由于不止一个业主，时间周期就不可能像单体建筑那么短，且通常可能是 5 至 20 年，还有很多优秀的城市设计，例如佛罗伦萨的圣母领报广场（Piazza Annunziata, Florence），历经好几个世纪才完成。城市设计研究的是城市的公共领域，而非私有领域，这是本书的主旨。城市公共领域由街道、林荫大道、广场、公共公园和建筑立面一起界定。显然，私有领域的设计，无论是研究还是职业活动，是建筑师的职责，规划师和城市设计师只有在个人物业的私有领域影响到公共领域的情况下，才会关注私有领域。例如，开发超过一定强度或体量过大，会给道路及服务带来额外压力，或事实上会有损环境的视觉质量时。一座建筑物的内部细分是业主及其设计师的问题，这种内部细分应符合法律、健康及安全规范，但不是规划师也不是城市设计师职责范围内的事。不过，室内外空间的联系正如罗马的诺利地图（Nolli's map of Rome）所描绘的那样，则是城市建设和重建工作者应该重视的一个层面。

已经有一些作者提出城市片区是城市设计的主要组成部分。[5] 确实，第二次世界大战之后开发规模明显加大，先是公共部分，然后是私有部分。现在有可能将整座城市片区的城市设计看作由单独发展商和单独设计项目组承担的独立任务。至于城市开发公司所涉及的内城更新改造，例如伦敦的道格斯岛区（Isle of Dogs）项目，则有专门的政府部门管理和开发。的确，未来 10 年，城市设计师所专注的将会是，也已经是，清晰界定的 1.5 公里见方的城市片区。其他一些规模小的城市设计，也是城市空间领域的要素，例如伦敦圣保罗大教堂（St Paul's, London）周围区域，无论如何都是城市设计师职业兴趣的焦点。事实上，保护区内小规模的开发设计，是城市设计领域很重要的内容。

过去 10 年对城市设计的理解和实践有了显著发展，英国城市设计技术中所包含的开发和规划模式也有了明显提高，例如，城市设计里现已包含重建大区域的任务。由前交通部、地方政府和英国女王政府于 2002 年发布的《规划绿皮书》中的一些理念，改革了规划系统，凸显了城市设计的中心作用。如果这些理念得到实施与执行，将使城市设计师的工作量增加，工作任务将更加宽泛，会涉足那些曾被看作其他学科的领域。城市开发建设的复杂性，需要最大限度地综合规划师、建筑师、城市设计师、景观设计师和交通规划师的技术。[6] 成功完成这种复杂任务，要求城市设计师展现与不同专业领域人士合作的技能。

城市建造者、建筑师、城镇规划师和交通工程师貌似总是受到各方的误解和攻击。

出版物的批评性封面和没有同情心的电视节目见证了设计师和客户，即城市的居住者或使用者之间的分歧，社区衰落、舒适度减退，19世纪的排屋、内城的衰败、新城令人不快的记忆、高层建筑的开发等出现在漫长名单上的问题，都归咎于规划师，而开发建设过程中的众多参与者则鲜被提及。开发建设的成功没有得到公开宣传，城市保护计划、绿带保护、设立国家公园以及引导规划的公众参与等也从未上过头条。环境的成功没成新闻，规划和设计的灾难却频频出现在电视上并被详尽报道。这些对城市设计职业的消极评论，以查尔斯王子（Prince Charles）为最多，他关于"畸形红宝石"或"巨大玻璃残渣"的简要评论，无论是在英国皇家建筑师学会发表的演讲还是电视上的演说，都立刻成为引人关注的头条。[7] 然而，这些观点都好像是更接近外行人的言论腔调。

这些对城市规划的不满，与一个世纪前维也纳建筑师西特看到的境况相似。1889年西特于他的书籍《关于城市建设》（*Der Stadte-Bau*）第一版的前言中，列举了那时出现的对城市规划技术方面的不满：

> 相比之下，对现代城市规划艺术性缺失的谴责，甚至嘲笑和轻蔑，似乎成为流行。这是有道理的，事实上很多城市设计被当作纯技术事务来完成，在艺术方面则毫无建树。庄严并充满纪念性的现代建筑，通常紧临着最难用的广场，和分割得乱七八糟的地块。[8]

西特伟大的开创性工作是当今研究的起点和灵感。他研究过往城市设计的华丽细节，从中得出构成其完美品质的原理，西特曾被极其错误地描述为现代城市规划的奠基者。即使是粗略地阅读他的著作《依据艺术原则的城市规划》，也能非常清楚地看到，其主题不是今天英国所定义和实践的城市规划。

西特全神贯注的，是街道与广场的艺术性设计和装饰，他应该被更准确地描述为城市设计的奠基者。今天的研究，都是追随西特当年的方法，用优秀的历史案例建立城市设计范围内的基本构图原则。尽管优秀历史案例的绘图很多，但这并不是城市形态的历史，也不应该混同于那个领域的工作。本书中所选择的街道与广场案例，都是被广泛认可的优秀城市建筑，且事实上都对旅游者具有很大的吸引力，并认为值得一看。这里准备讨论的，是如果我们能够分析过去良好城市街道与广场的特性，也许我们就可以在未来的开发建设中再现一些相同品质，不是原样照抄，而是采用那些手法中原理的作品。

西方建筑理论著作始于奥古斯都时代建筑师维特鲁威（Vitruvius）的专著《建筑十书》（*De Architectura*）。从他开始，才有了当今对城市设计理论研究的适当开端。然而比城市设计更重要的，是文艺复兴时期的学者们——莱昂·巴蒂斯塔·阿尔伯蒂（Leone Battista Alberti）、菲拉雷特（Filarete）、塞利奥和安德烈亚·帕拉第奥（Andrea Palladio）的作品。《德莱启蒙主义》（*De re aedificatoria*）① 是阿尔伯蒂于15世纪30年代开始撰写

4

---

① 中文版书名为《建筑论——阿尔伯蒂建筑十书》，中国建筑工业出版社出版。——译者注

的著作，于 1452 年呈交给教皇尼古拉斯五世（Pope Nicholas V）。在这部杰出的著作中，阿尔伯蒂基于清晰而有结构逻辑的理性，建立了建筑学的学术原理。书中阿尔伯蒂也论及了街道、道路和广场这些城市设计要素。以"菲拉雷特"而知名的安东尼奥·阿韦利诺（Antonio Averlino），是第一位建筑学著述的作者。用现代语言来说，《建筑学专业》（*Libro architettonico*）① 这本书会因其主要对首都城市的描述而引发城市设计学生的兴趣。书中对首都斯福钦达城（Sforzinda）以及港口城市普洛西亚波利斯（Plousiapolis）的阐述，不仅有城市的规划、设计及结构，还包括其制度组织。塞利奥所撰写的《所有建筑作品》（*Tutte l'opere d'architectura*，即《建筑五书》）中最有名的，是其对建筑五项原则的详尽论述，以及当中描述比例和用途的精美插图。

然而，16 世纪最具影响力的建筑学著作是帕拉第奥的《建筑四书》（*I Quattro Libri dell'Architettura*），该书在意大利及欧洲其他国家多次再版，并在出版之后的数个世纪，对建筑师和建筑学产生了空前的影响。该书涵盖了建筑学设计的一般原理、经典秩序、宫殿、别墅、桥梁、市政建筑、庙宇和教堂等设计。像他之前一个世纪的阿尔伯蒂一样，帕拉第奥也讨论了街道和广场的设计。在他的书中几乎没有抽象理论，大多数文字讨论的是真实的建筑以及由设计引发的问题。帕拉第奥自己设计的建筑所具有的突出的经济性、简约的均衡以及恰当的比例，也许是其著作有影响力的主要原因，这种影响现在仍然可以激发年轻建筑师的想象力。[9]

西特反对将古典传统简化后置于大尺度城市设计的教条中。他对贫乏而机械地效仿奥斯曼（Hausmann）的巴黎轴线规划的反对意见，主要基于他对中世纪城镇的详尽研究。相对立的城市设计观点来自巴黎美术学院（Beaux Arts）。以朱利安·加代（Julien Guadet）及其著作《建筑要素与理论》（*Elements et Théorie de l'Architecture*）[10] 为代表。然而，这些研究更为重要的结果，是直接由西特以及那些受到他翻译为多种欧洲语言书籍影响的人们组建的城市设计学校。在英国，雷蒙德·昂温（Raymond Unwin）、"田园城市"运动中的关键人物之一，就是受西特影响的早期皈依者。他自己的著作《实践中的城镇规划》（*Town Planning in Practice*）、一本城市规划设计方面的巨著，对 20 世纪早期的城市规划职业产生了深远的影响。[11] 与此同时，20 世纪早期的美国，有沃纳·赫格曼（Werner Hegemann）和埃尔伯特·皮茨（Elbert Peets），他们撰写了《美国的维特鲁威——建筑师的市政艺术手册》（*The American Vitruvius, An Architect's Handbook of Civic Art*）这部著作，为城市设计的发展作出重要贡献，并且，就算如今再去拜读，依旧令人愉悦。[12]

以勒·柯布西耶为代表的，现代建筑运动或者国际现代建筑协会（CIAM）的宣言，遵循的都是现实规则而非西特所关注的内容。现代建筑运动的一位重要捍卫者西格弗里德·吉迪恩（Sigfried Giedion），无视西特的良方，代之以提倡大规模集中居住、宏大的工程路网和广阔的城市中心开发——都是现在普遍受到批判的主题。然而，这也许是太过于急迫写就的对于 20 世纪早期流行的"早期后现代"建筑风格的客观批评。能够澄清那些事件时间和距离的著作，是吉迪恩的《空间·时间·建筑》（*Space, Time and*

---

① 中文版书名为《菲拉雷特建筑学论集》，中国建筑工业出版社出版。——译者注

*Architecture*），时至今日，这本书也是值得建筑学和城市设计专业学生关注的书籍，尤其是其中教皇西克斯图斯五世（Pope Sixtus V）的罗马规划部分。[13]

人们对城市设计的兴趣在第二次世界大战之后一直持续，结果是在20世纪50年代有许多重要书籍出版。弗雷德里克·吉伯德（Frederick Gibberd）的《城镇设计》（*Town Design*）直到现在也是城镇形态要素设计的标准教材[14]，他的很多理念明显受西特启发，尤其是对市镇广场的分析。像吉伯德一样，保罗·朱克（Paul Zucker）在他的《城镇和广场》（*Town and Square*）中基于西特的观点，介绍了更多类型的公共广场。斯坦·埃勒·拉斯姆森（Steen Eiler Rasmussen）的《城镇与建筑》（*Towns and Buildings*），则像朱克一样，高度依赖历史背景中的城市类型进行了分析。[15]

三部有关城市认知的重要著作出现在20世纪50年代末期和20世纪60年代早期，它们是：拉斯姆森的《体验建筑》（*Experiencing Architecture*）、戈登·卡伦（Gordon Cullen）的《简明城镇景观设计》及凯文·林奇（Kevin Lynch）的《城市意象》（*The Image of the City*）。[16]拉斯姆森著作的主要内容，是关于我们如何对建筑的室内外空间作出不同反应，以及赏析建筑形式、色彩和肌理的方法。对比而言，卡伦汲取了西特著作中的系列视觉景象概念，以漂亮的透视草图，身临其境般地剖析了城市领域大量的形式细部。显然，许多被最为推崇的如画般的城镇风景，感觉上很符合以卡伦的表现系列景象的分析技法。林奇同样对认知城市的方法感兴趣，其实证研究，是让一些城市居民为他画出城市意象地图并加以分析，通过这些分析，林奇总结出了"意象"理论，即城市结构的诸要素，需要在旁观者的眼里和意识里，呈现出一种强烈的视觉意向。林奇的城市形态理论，也许是20世纪城市设计领域最重要的理论。

克里斯托弗·亚历山大（Christopher Alexander）是建筑和城市设计方面最多产的作者。他的一篇早期随笔《城市不是一棵树》（*The city is not a tree*），是对当前分级配置市政基础设施和公共服务设施规划概念最有力的批判。[17]为支持自己的观点，他指出现实世界相互联系的复杂性和多样性。这里还要提到亚历山大的另外两部著作：《建筑模式语言》（*A Pattern Language*）和《城市设计新理论》（*A New Theory of Urban Design*）。在这两部书中，亚历山大寻求建立一种自然或有机的设计建造方式。[18]首先，他建立了一套253种的模式（Pattern），例如一个入口的组织方式或者一扇窗户的位置设置，而亚历山大认为，用来界定及描述这些模式的标准，可以运用于所有相似的案例。运用这套模式的设计师，可以在从睡眠区域到室外聚会场所的范围内，做出很容易被接受的、无所不在的有机统一体形式的解决方案。在亚历山大的城市设计理论中，他更进一步试图建立一种自然和有机的设计方法，这种方法可以再造传统城镇的统一性。亚历山大的著作具有挑战性，其理论主体是城市设计专业学生的必修课程。

两部对建筑学思潮产生显著影响的著作出现在1966年。它们是阿尔多·罗西（Aldo Rossi）的《城市建筑》（*L'Architettura della Citta*）和罗伯特·文丘里（Robert Venturi）的《建筑的复杂性与矛盾性》（*Complexity and Contradiction in Architecture*）。[19]罗西开创了新理性主义的思想议程，同时，文丘里对丰富含义的偏爱胜过清晰简明，为城市设计的经验主义和弹性方法给予了更多的支持。

20世纪70年代中期，柯林·罗（Colin Rowe）和弗瑞德·科特（Fred Koetter），在他们高深莫测的著作《拼贴城市》（Collage City）中，用诗一样晦涩的语言重点讨论了城市建设的复杂过程。[20] 无论是对平民论者还是精英论者，这本书都是针对乌托邦愿景的一个警示。他们还推出一个多元城市形态，一种容纳了各种理念和愿景的拼贴城市。同期流行的，还有克里斯蒂安·诺伯格-舒尔茨（Christian Norberg-Schulz）的理论，重点阐述的是所有人造场所独特品质和符号主义的重要。[21] 符号主义，像"环境的丰富"使人感到兴奋一样，被很多所谓的"英雄主义年代"的现代建筑师彻底忽略，或认为不重要。阿摩斯·拉普卜特（Amos Rapoport）和他的开山之作《宅形与文化》（House Form and Culture），以及他后来的著作《城市形态的人文视角》（Human Aspects of Urban Form），引发了建筑师和规划师对建成形态与文化之间紧密联系的关注。[22] 应用社会人类学的建筑学理念，将城市设计范围从"大写的建筑学"拓宽为一个现在包括社会科学在内的学科。城市形态被清楚地看作一系列因素例如区位、交通网络、土地价值和地形等相互作用的结果。定居点形态是文化的物质表现，并非当下才开始讨论的话题，而是早已有很多论述，例如，《豪萨族建筑》（Hausa Architecture）。[23]

在后现代建筑反对现代建筑霸权过程中涌现的其他主题之一是"新理性主义"，正如我们所看到的，它源自罗西的智慧。新理性主义的信条是《第三种类型学》（The Third Typology）。[24] 新理性主义将注意力转移到城市主义，在《雅典宪章》（Charter of Athens）中加入了反对现代建筑运动中"反历史相对论"的观点。一些建筑师如莱昂·克里尔和罗布·克里尔（Leon and Rob Krier）转变为用类型学要素代替城市。莱昂·克里尔说道："建筑和城市文化的历史可以被看作类型的历史：定居点的类型、空间（公共和私有）的类型、建筑物的类型、建造的类型。资产阶级的建筑学历史概念——基本上只关心纪念碑——扩展到包括城市肌理的、无名建筑构成之城市主体的，以及公共空间界面的类型复杂性。"[25] 新理性主义对城市主义的最初关注点是城市领域的设计，莱昂·克里尔还说道："在这些新项目中，公共空间领域是终极关怀，作为限定的、整体的、理性空间。"[26] 对于那些追随像西特那样的人，而不是拜倒在建筑界伪上帝脚下的规划师来说，所有这些听上去都会是似曾相识的感觉。

《重构与解构，我的意识比你略胜一筹》（Reconstruction Deconstruction, My Ideology is better than Yours）这本著作捕捉到了后现代时期理性主义和经验主义之间的矛盾，其作者彼得·埃森曼（Peter Eisenman）和莱昂·克里尔讨论了建筑和城市房屋的"现实性"和"传统性"。[27]

理性主义的保护战始于亚历山大·楚尼斯（Alexander Tzonis）和利亚纳·勒费夫尔（Liane Lefaivre），他们以古典建筑为样板，清楚地表达了富有诗意的建筑秩序。[28] 经过20世纪80年代的离经叛道或称建筑潮流，再次阅读强调秩序分析和构图的古典设计的教规，有一种回归理智的新鲜感。楚尼斯和勒费夫尔并不倡导回到过去式样的辉煌，"模仿主义"的拙劣手法不是这部学术著作的目的，相反，它是为适时地提醒我们，正是那些系统的思考过程在过去创造了大量的优秀建筑。

解构主义者追随雅克·德里达（Jacques Derrida）的著作来解构美学。德里达试图从固有限制中解放哲学体系：依据他的理论，几个世纪的思想已经桎梏了思维过程。在他的文学和哲学批判中，传统信念中的逻辑和理性争论是理解事物的关键——理性解释让所有事物变得清晰，而德里达的目标就是解构这种说法。因此，德里达希望证明，用理性的方法并不能让理性主义起作用。[29]

杰弗里·勃罗德彭特（Geoffrey Broadbent）在他的《城市空间设计概念史》（*Emerging Concepts in Urban Space Design*）中，毫无遗漏地列举了大量对城市设计有重要贡献的人。[30] 这部有用并详尽注释了参考文献的著作，详尽阐述了后现代的哲学辩论，并且是对前人论著的补充。之所以选择这些论著是因为它们对本书后面的章节具有相关性和重要性。此时，将引用勃罗德彭特把文丘里、德里达和理性主义联系起来的话：

> 文丘里喜欢良好的牢靠坚固的墙体，它构成显而易见的围合体，用来保护内部空间，只有窗户是穿透的洞。他无法忍受现代建筑运动的"流动空间"；透过玻璃墙体的内外部空间流通会"被眼睛忽略"，但内外部空间是，也必须是不同的。恰如德里达所说，口头语言过于透明，就像文丘里所说的玻璃墙——这也是德里达为何优先选择写作。

勃罗德彭特继续阐述了德里达的论证：

> 不可能在感知外部之前就构想内部。只有外部才可以界定内部！所以德里达也许在"打晕"了理性主义的同时，又给了文丘里式的经验主义更多的权威！[31]

那么，理性主义是否遭受了致命一击呢？在赞同外部优先的同时（西特的追随者不会赞同），这位作者非理性地墨守在"经验事实"的世界里验证概念的理性过程：先有理念或概念，然后再对其进行检验。而那些理念却来自理论，甚至是德里达的理论！此处的文字完全承袭了西特的传统，而西特传统的最新明证，就是新理性主义。然而，这里所要尝试阐述的，并非像戴维·戈斯林（David Gosling）在《城市设计的定义》（*Definitions of Urban Design*）中所说，"去发现是否真的存在一种远离第三种类型学并转向新方向的现象。"[32] 新理性主义者公开地将城市设计之议程带回到城市中寻得的必要正统元素之上。

20 世纪的最后 10 年，三个相互联系的主题——公众参与（participation）、环境文脉（context）和可持续发展贯穿了整个关于"城市化"或城市设计的讨论。随着开发建设中城市设计重要性的增长，最终，由用户来判定环境质量成为城市规划的重要目标，公众参与也因此被看作优良城市发展的一个关键组成部分，而优良的城市发展既被市民接受，也为市民所拥有。20 世纪 60 年代出现了大量批评当时开发建设过程的书籍，并推动了城市规划及设计的政治化运动，例如雅各布斯（Jacobs）的《美国大城市的死与生》（*The Death and Life of Great American Cities*）出版于 1965 年，甘斯（Gans）1968 年在《人与规划》

（*People and Plans*）上发表的系列散文,对建筑师和规划师的态度转变都产生了极大影响。古德曼（Goodman）的《规划师之后》（*After the Planners*）出版于1972年,通过"游击队建筑学"（guerrilla architecture）及"社区需被作为一个整体制定其需要的棚户区环境"的建议,为关于城市开发的正式过程的评判提供了积极的建筑学维度。[33]

追求环境卓越,等同于当今的"文脉主义"（contextualism）或开发设计,即由环境和文化来定义地方文脉。就像1992年蒂博尔德（Tibbalds）在《使人民友好的城镇》（*Making People Friendly Towns*）中写道"地方需要给用户提供多样性,而其相互之间的唯一性和差异性,则应该根植于特定的历史、地理、自然及文化脉络。"[34] 缔造公共领域环境卓越的文脉,源自"批判地方主义"（critical regionalism）。据弗兰姆普敦（Frampton）（他也参与了这一概念的发展）的著述,"批判地方主义"由亚历山大·楚尼斯和利亚娜·勒费夫尔首创于1981年。[35] 然而,在1989年波莫纳大学（Pomona）的国际研讨会上才首次公开提出这个概念,而会议记录在1991年才出版。按照会议记录编辑阿莫吉斯（Amourgis）的说法,"地方主义"这个词背后的意图,是表达自然和社会文脉这两个让文明和生活进化及物化的基本因素。[36]

本书的其余部分包含十个章节。第1章阐述城市设计的方法及方案拟定,是建立准则的基础研究。进而引出问题:"设计理念从何而来?"并像爱德华·德·博诺（Edward de Bono）和布赖恩·劳森（Bryan Lawson）所概括的那样,专注于创造性思考。[37] 城市设计方案,或者说社会的经济需求,被证明是城市建设活动的动因或基础。城市形态被定义为文化的物质表达,同样也与用户的满意度直接相关,并最终与设计过程中的公共参与直接相关。

第2章研究建筑的构图法则,以确定怎样,以及什么样的方法将之运用于更大规模的城市设计。城市设计尺度上的构图运用方法,与音乐和文学中的方法相似,乐曲的构成都包含序曲、终曲、主旋律、乐章、和音和音符;同样,每篇小说都有开端、结尾、主题、章节和词汇。这一章将研究城市设计的语法和句法。

第3章到第9章是本书的核心。第3章研究建筑群的布置方法,同时考虑在一定空间内布置和构成空间两个方面,发展出建成环境大致类型的理念。第4章讨论广场的设计,以广场在建成环境中的作用和功能的概述为开始,随后用实例分析形式。第5章讨论街道——城市中另一个要素的设计,结构与第4章相同,以街道在建成环境中的作用和功能的概述为开始,并通过实例分析形式。第6章专门研究水在公共空间设计中的作用:讨论河流、运河及滨海的形式和功能,并着重探讨沿水道形成的空间形态。

第7章介绍影响街道与广场设计的可持续发展原则。这一章的第二部分专注于街道和广场当中的公共交通,尤其是有轨电车或轻轨的建筑设置。第8章将视觉分析作为工具,理解城市片区中街道与广场的作用。该章节以概述视觉分析原理为开端,然后以葡萄牙阿尔加维（Algarve）的一座小城塔维拉（Tavira）为例总结了城市设计过程中视觉分析的技术方法,以及这些方法可以为更好地理解与设计街道和广场提供怎样的城市设计的引导。第9章是五个案例研究,汇集前面章节的主要理念,也就是公共领域的设计,尤其是街道与广场的设计。

第 10 章是一个简短的结论章节，探究为何在 20 世纪设计和建造充满活力和高品质的街道与广场如此之难。这一章回溯了前面的章节，以从前辈们的错误和伟大成就当中汲取经验与教训。

## 注　释

1 卡米洛·西特（Camillo Sitte），《关于城市建设》（*Der Stadte-Bau*），冯·卡尔·格雷泽尔出版公司（Verlag Von Carl Graeser and Co.），维也纳，1889 年。

2 塞巴斯蒂亚诺·塞利奥（Sebastiano Serlio），《建筑五书》（*The Five Books of Architecture*），1611 年未删节的英语重印版（an unabridged reprint of the English edition of 1611），第 4 卷，对开本（Folio），多佛出版社（Dover Publications），纽约，1982 年。

3 戴维·埃弗斯利（David Eversley），《社会中的规划师》（*The Planner in Society*），费伯出版公司（Faber & Faber），伦敦，1973 年。

4 保罗·达维多夫（Paul Davidoff），"致力于公正的再分配"（Working towards redistributive justice），载于《美国规划师协会学报》（*Journal of the American Institute of Planners*），第 41 卷，1975 年 9 月，第 5 期，第 317–318 页。

5 D. 戈斯林（D. Gosling）和 B. 梅特兰（B. Maitland），《城市设计概念》（*Concepts of Urban Design*），学院版书局（Academy Editions），伦敦，1984 年，第 7 页。

6 交通部（Department for Transport），地方政府及区域（Local Government and the Regions），《规划绿皮书》（*Planning Green Paper*），"规划：传递一种根本改变"（Planning：Delivering a Fundamental Change），伦敦，DTLR，2002 年。

7 威尔士亲王（Prince of Wales），《英国的愿景》（*A Vision of Britain*），双日出版社（Doubleday），伦敦，1989 年。

8 G. R. 科林斯（G. R. Collins）和 C. C. 科林斯（C. C. Collins），《卡米洛·西特：现代城市规划的诞生》（*Camillo Sitte：The Birth of Modern City Planning*），里佐利出版社（Rizzoli），纽约，1986 年，第 138 页。

9 多拉·韦本森（Dora Wiebenson），《从阿尔伯蒂到勒杜的建筑理论和实践》（*Architectural Theory and Practice from Alberti to Ledoux*），芝加哥大学出版社（University of Chicago Press），芝加哥，1982 年。

下列是文中所用的英语翻译：

A. 维特鲁威（Vitruvius），《建筑十书》（*The Ten Books of Architecture*），多佛出版社，纽约，1960 年。

B. 莱昂·巴蒂斯塔·阿尔伯蒂（Leone Battista Alberti），《建筑十书》[由科西莫·巴尔托利（Cosimo Bartoli）翻译为意大利语，詹姆斯·莱昂尼（James Leoni）翻译为英语]，伦敦，迪兰蒂出版公司（Tiranti），1955 年。

C. 菲拉雷特（安托尼奥·迪·皮罗·阿维利诺）[Filarete（Antonio di Peiro Averlino）]，《建筑论》（*Treatise on Architecture*）[J. R. 斯宾塞（J. R. Spencer）译]，耶鲁大学出版社（Yale University

Press），纽黑文，1965 年。

D. 塞巴斯蒂亚诺·塞利奥，《建筑五书》[1611 年未删节的英语版（an unabridged reprint of the English edn of 1611）]，多佛出版社，纽约，1982 年。

E. 安德烈亚·帕拉第奥（Andrea Palladio），《建筑四书》（*The Four Books of Architecture*），多佛出版社，纽约，1965 年。

10 J. 加代（J. Guadet），《元素和建筑理论》（第 16 版）（*Elements et Théorie De L'Architecture*, 16th edn），现代建筑图书馆（Librarie de Ia Construction Moderne），第 1 至 4 期，1929 年及 1930 年。

11 雷蒙德·昂温（Raymond Unwin），《实践中的城镇规划》（*Town Planning in Practice*），本杰明·布罗姆出版公司（Benjamin Blom Inc.），纽约，1971 年（1909 年首版）。

12 维尔纳·赫格曼（Werner Hegemann）和艾尔伯特·皮茨（Elbert Peets），《美国的维特鲁威：市政艺术的建筑师手册》（*The American Vitruvius, An Architect's Handbook of Civic Art*），本杰明·布罗姆出版公司，纽约，1922 年。

13 西格弗里德·吉迪恩（Sigfried Giedion），《空间·时间·建筑》（第三版）（*Space, Time and Architecture*, 3rd edn），哈佛大学出版社（Harvard University Press），剑桥，马萨诸塞州，1956 年。

14 弗雷德里克·吉伯德（Frederick Gibberd），《城镇设计》（第二版）（*Town Design*, 2nd edn），建筑出版社（Architectural Press），伦敦，第二版，1955 年。

15 S. E. 拉斯姆森（S. E. Rasmussen），《城镇与建筑》（*Towns and Buildings*），利物浦大学出版社（Liverpool University Press），利物浦，1951 年。

16 S. E. 拉斯姆森，《体验建筑》（*Experiencing Architecture*），麻省理工学院出版社（MIT Press），剑桥，马萨诸塞州，1959 年。

凯文·林奇（Kevin Lynch），《城市意象》（*The Image of the City*），麻省理工学院出版社，剑桥，马萨诸塞州，1960 年。

戈登·卡伦（Gordon Cullen），《简明城镇景观设计》（*The Concise Townscape*），建筑出版社，伦敦，1986 年（1961 年首版）。

17 克里斯多弗·亚历山大（Christopher Alexander），"城市不是一棵树"（"A city is not a tree"），载于《建筑论坛》（*Architectural Forum*），纽约，1965 年 4 月，第 58–62 页，1965 年 5 月，第 58–61 页。

18 C. 亚历山大（C. Alexander）等，《建筑模式语言》（*A Pattern Language*），牛津大学出版社（Oxford University Press），牛津，1977 年。亚历山大（C. Alexander）等，《城市设计新理论》（*A New Theory of Urban Design*），牛津大学出版社，牛津，1987 年。

19 A. 罗西（A. Rossi），《城市建筑》[*L'Architettura della cilta*，马克希利奥（Macsilio）编辑]，帕多瓦（Padua），1966 年。R. 文丘里（R. Venturi），《建筑的复杂性与矛盾性》（*Complexity and Contradiction in Architecture*），现代艺术博物馆（Museum of Modern Art），纽约，1966 年。

20 C. 罗（C. Rowe）和 F. 科特（F. Koefler），《拼贴城市》（*Collage City*），麻省理工学院出版社，剑桥，马萨诸塞州，1978 年。

21 克里斯蒂安·诺伯格 – 舒尔茨（Christian Norberg–Schulz），《存在·空间·建筑》（*Existence, Space and Architecture*），远景工作室（Studio Vista），伦敦，1971 年和《场所精神——迈向建筑现象学》（*Genius Loci, Towards a Phenomenology of Architecture*），里佐利出版社，纽约，1980 年。

22 A. 拉普卜特（A. Rapoport），《宅形与文化》（*House Form and Culture*），普伦蒂斯 – 霍尔（Prentice–Hall），恩格伍德·克里夫（Englewood Cliffs），新泽西，1962 年和《城市形态的人文视角》（*Human Aspects of Urban Form*），帕加马出版社（Pergamon Press），牛津，1977 年。

23 J. C. 芒福汀（J. C. Moughtin），《豪萨族建筑》（*Hausa Architecture*），民族志（Ethnographica），伦敦，1985 年。

24 A. 韦德勒（A. Vidler），"第三种类型学"（"The third typology"），载于《理性建筑学》（*Rational Architecture*），现代建筑档案（Archives d'Architecture Moderne），布鲁塞尔，1978 年。

25 L. 克里尔（L. Krier），"城市重建"（"The reconstruction of the city"），载于《理性建筑学》（*Rational Architecture*），现代建筑档案（Archives d'Architecture Moderne），布鲁塞尔，1978 年，第 41 页。

26 同上，第 42 页。

27 P. 埃森曼（P. Eisenman）和 L. 克里尔（L. Krier），《重构解构，我的意识形态比你略胜一筹》（*Reconstruction deconstruction, my ideology is better than yours*），载于《建筑设计》（*Architectural Design*），第 59 卷，第 9–10 期，1989 年，第 7–18 页。

28 A. 楚尼斯（A. Tzonis）和 L. 勒费夫尔（L. Lefaivre），《古典建筑学：秩序的诗意》（*Classical Architecture：The Poetics of Order*），麻省理工学院出版社，剑桥，马萨诸塞州，1986 年。

29 J. 德里达（J. Derrida），《文本学》[*Of Grammatologie*，G.C. 斯皮瓦克（G.C. Spivak）译]，约翰斯·霍普金斯大学出版社（Johns Hopkins University Press），巴尔的摩，1976 年；《写作与差异》[*L'Ecriture et la Difference*，A. 巴斯（A. Bass）译]，芝加哥大学出版社，芝加哥，1978 年；《言辞与现象》（*Speech and Phenomena*），西北大学出版社（Northwestern University Press），埃文斯顿（Evanston），1973 年；《德里达与解构》[*Derrida and Deconstruction*，H.J. 西尔弗曼（H. J. Silverman）编辑]，劳特利奇出版社，伦敦，1989 年。

30 G. 勃罗德彭特（G. Broadbent），《城市空间设计概念史》（*Emerging Concepts in Urban Space Design*），范·诺斯特兰·莱因霍尔德出版社（Van Nostrand Reinhold），伦敦，1990 年。

31 同上，第 320 页。

32 D. 戈斯林（D. Gosling），"城市设计概念"（"Definitions of urban design"），载于《建筑设计，城市化》[*Architectural Design：Urbanism*，戴维·戈斯林（David Gosling）编辑]，第 54 卷，第 1/2 期，1984 年，第 16–25 页。

33 J. 雅各布斯（J. Jacobs），《美国大城市的死与生》（*The Death and Life of Great American Cities*），企鹅出版社（Penguin），哈蒙兹沃思（Harmondsworth），1965 年。H. 甘斯（H. Gans），《人与规划》（*People and Plans*），基础书局（Basic Books），纽约，1968 年。R. 古德曼（R. Goodman），《规划师之后》（*After the Planners*），企鹅出版社（Penguin），哈蒙兹沃思（Harmondsworth），1972 年。

34 F. 蒂博尔德（F. Tibbalds），《使人友好的城镇》（*Making People-friendly Towns*），朗曼（Longman），哈洛（Harlow），1992 年。

35 A. 楚尼斯（A. Tzonis）和 L. 勒费夫尔（L. Lefaivre），"批判的地域主义"（"Critical regionalism"），载于《批判的地域主义：莫波纳会议论文集》[*Critical Regionalism：The Pomona Meeting Proceedings*，A. 莫尔吉斯（A. Amourgis）编辑]，加利福尼亚州立理工大学（California

State Polytechnic University），加利福尼亚州，1991 年。

36  S. 莫尔吉斯（S. Amourgis），"引言"（"Introduction"），载于《批判的地域主义》（*Critical Regionalism*），同上。

37  E. 德·博诺（E. de Bono），《横向思考》（*Lateral Thinking*），企鹅出版社，哈蒙兹沃思（Harmondsworth），1977 年和 B. 劳森（B. Lawson），《设计师如何思考》（*How Designers Think*），建筑出版社，伦敦，1980 年。

# 第1章　城市设计与人

## 引　言

　　本章的标题表达了一种进退两难的困境，一方面是对基于方法和原理实现一种艺术形式的渴望，另一方面又要积极地将人纳入设计过程。这种矛盾可以概括为"专业主义（professionalism）相对于平民主义（populism）"。查尔斯王子通过支持规划和建筑设计中的公众参与，同时又倡导一种古典设计形式而与这种困境有所接触："建筑物应该反映这些和谐，因为建筑就像一种语言。除非你谙熟语法普遍规则，否则你不可能造出令人愉快的英语句子。如果你放弃这些基本的语法原理，结果就是不和谐与不协调。好的建筑应该像好的教养，遵从公认的法则。共通的行为准则可以使文明生活更加愉悦。"[1] 而后他写道："民众应该在改善环境的初始就自愿参与其中……但公众参与不能是强制的，它必须是自下而上的。"[2]

　　在任何"民众"与"专家"观点的争论中，孰先孰后？英国巴斯（Bath）的一个案例阐明了这种进退两难。新月广场（The Crescent）的一位业主希望将她的门漆成黄色，而专家的观点是，所有小约翰·伍德（John Wood junior）时期的经典城市建筑的门，都应该是白色。这个案例最终的法定裁决，是支持私人业主表达她自己品位的权利。

　　本章的目的并非要解决这种困境，而只是想简单地使之更为明晰，并为公众参与城市设计的过程制定基本理论规则。困境不会消失，但矛盾的缓和也许会激发有创意的设计。

## 公众参与的分析框架

　　城市设计，或言建造城市的艺术，是创造建成环境之人用以实现其愿望和表达其价值的方法。[3] 他会按自己的喜好去做，16 世纪的理论家和建筑师约翰·舒特（John Shute）将城市比作人："一座城市应该像人的身体，因此，它应当充满一切可以给予人生命的事物。"[4] 城市设计和其姊妹建筑艺术一样，是人们为社会、经济、政治及宗教需求，运用积累的技术知识去控制并适应环境的方式。它是人们学习并用来解决城市建设中所有需求的方法。城市是精神和物质文化的要素，同时也是文化的最高表达之一。

城市设计研究的核心是人，人的价值观、愿望以及实现这些的能力。城市建设者的任务，是理解并以建成形态表达客户群体的需求和愿望。城市建设者的设计应如何最好地服务于社区需求？设计者如何保证最终产品在文化方面得以接受？这些以及其他相似的问题，都是城市设计执业者的重要课题。

新近包括英国和其他很多国家的历史经验中，都有完全不合时宜却是刻意为之的建设性破坏。从20世纪60年代大量缺乏个性的住宅，到大规模写字楼街区或商业区域，完全毁坏了城市亲密的空间肌理（intimate fabric）。而保护运动也作为一种反作用力快速成长。胆怯，因为惧怕造成更大的错误，甚至阻止了平平无奇老建筑的取缔。然而，舒特、英国最早的理论家之一和第一本英文建筑学书籍的作者承认，所有建筑都有自然寿命，需要被替换，即使有时并非所愿："你可以说一个人在吃，但即使如此依旧会离世。时间必会使建筑衰落，就像一个人会比另一个人死得早，或者拥有更好或更坏的健康状况。"[5] 抄袭过去的建筑式样一度成为世界范围内城市建设者的一种时髦，好像设置一个洋葱式穹顶、一座尖塔或者马蹄铁拱廊，他们自己就会将一个平庸的设计转变为文化方面广为接受的开发项目。

建筑学界后现代运动的混乱，其对陈词滥调的依赖和对过去符号的折中使用，如果可能取得进步，则必须让步于一种植根于规则和方法、更为理性的建筑设计。城市设计同样需要方法上的溯本求源，这种溯本求源的核心是设计者和客户之间的关系。

然而显而易见的是，建筑师已经脱离了客户。在传统实践过程中，建筑师为个人或者土地所有者的代表、教堂圣会、一家公司或者政府开发部门工作。个人客户已成过去：那时建筑师和客户还分享同样的文化、价值观，甚至可能曾处在同一个"盛大巡游"中。现在民主的培育和增长要求建筑师和城市建设者认可更多的客户组群，包括教堂圣会、普通选民和一般的建筑用户。很多这样的客户组群，价值观与设计师截然不同，这就很有可能会导致巨大的文化鸿沟，将城市建设者与新客户——街上的男女割裂开来。

承认问题的存在并界定其特性，才可以弥合城市设计师和客户之间的鸿沟：城市设计师接纳客户组群的复杂性和异质性，并认识到文化永远不会是静态，它总是处在不断变化以及一些拓展的状态中，他或者她——设计师——是那些变化的一个代理。最后，设计师和社区组群一起工作时，也需要改进方法和技术。

13　　只需看新闻或者很多评论类电视节目对规划师和建筑师的粗暴对待，就可以发现设计行业和普通民众之间的明显隔阂。这些观点的最佳概括，莫过于1984年初在汉普顿宫举行的建筑节上查尔斯王子的评论。在对英国建筑业界的猛烈抨击中，他将阿伦斯（Ahrends）、伯顿（Burton）和科拉莱奇（Koraleik）设计的国家艺术画廊扩建部分比喻为"一位可爱而优雅朋友脸上的一块丑陋的红榴石"，把密斯·凡·德·罗（Mies van der Rohe）设计的大厦广场称作"一个更适合芝加哥的巨大玻璃碴"。[6] 这些看法之所以重要，不仅因为它出自一位皇室成员，且因为它契合了普通民众的声音。

现在公众对很多近期的城市开发反感的原因，可以直接归咎于建筑师和规划师所受的训练。相当多的建筑师、城市设计师和规划师在接受训练的过程中，几乎没有或者根本不曾涉及产品的使用者——公众。新近的城市建设教育被搔首弄姿的先锋派艺术所支配，打破坚实的传统，追求未经实践检验的理论。结果是在我们的同辈群体自我的心中有了一种非常特别的亚文化设计。英国国内城市设计行业内所认可的设计过程，造就了一个不与大量普通用户接触的设计师阶层。尽管在这样的趋势中有值得称道的例外，也有支持更多平民主义方法的业内运动，但是总体而言，设计师与客户之间的隔阂还是很深，且还在被很多人所忽视。

众多城镇社区是由具有不同价值和愿望的不同亚文化组成的复杂特质组群，因此是我们研究的重点。理解外来文化或亚文化十分困难。在我们理解周围世界时，我们都是从自身的文化框架出发，以个人参考体系进行调节。这样一种分析构架植根于文化，并在必要的构建思想的过程中限制我们的理解。文化可以被看作一种过滤器，在外部环境和接受者之间作用。理解他人，首先需要理解一个人自身文化和参考体系的局限性。[7] 这里所倡导的合理设计方法，与那些大设计师主张的以自我为中心的态度有所不同。我建议设计行业转变态度的根本，是为了理解社区的需求和愿望，以及和人们一起工作。

文化从来不是静止不变，它处在不断变化中。世界越来越小，人们之间的接触越来越多，而作为结果，文化也在改变；且不仅如此，改变的速度也在不断加快。城市设计师正在向前看，我们规划和设计，不仅是为了此地和当下，也是为了将来。因此，向后看甚或静态的观点，对职业极其有害。正视文化的动态改变，必须是城市设计师的首要关怀。正如人类学者所说，这是互渗的过程——更多的新理念以这种方式移植到既有的文化中——这应当是志在为将来进行设计之人的首要关怀。[8] 这是变化的载体，那些驱动变化的因素或过程，它们必须被明辨并加以利用。当建筑师、城市设计师或规划师，意识到他或者她是一个重要的变化推动者时，情况会更加复杂。即使是和人们一起工作的设计师，也不是一个中立者或客观的观察者，而是文化演变过程中的一个明确角色。

设计师的一项重要技能，是建立一个合作技巧的清单并将其融入设计过程。这些技巧从人类学研究以建立基本的文化数据、用户研究及规划调查，再到信息化技术、展览及新闻公告，再到行政管理过程例如公众查询及规划申诉等。民众的观点同样可以通过公众会议获得，或通过包括了规划事务政治宣言的选举过程获得。最后，还有很多公众参与的积极形式例如社区设计练习、自建以及社区管理及控制。图 1.1 所列出的公众参与技巧实用性十分有限，因为这些技巧或方式并不能预测在任何特定情况下的最佳解决方案，或者反过来说，情景的转变也需要对技巧进行相应的调整。

公众参与对于不同人有不同含义。值得庆幸的是，对于业内人士而言，雪莉·阿恩斯坦（Sherry Arnstein）已描述了这个词含义及其背后的细微差别。[9] 她关于公众参与的阶梯图（图 1.2）尽管已历经 30 年之久，但至今仍是初步分析公众参与的一个良好工具。她的类型范围从公众的虚拟参与形式，即她所称的操纵和治疗，到具有一定象征主义的形式例如告知、咨询及安抚。最高层级是合伙关系、委托权力及公民控制，所有这些都

| 一、公众参与技巧 |
| :--- |
| 1. 社区管理 |
| 2. 自建 |
| 3. 社区规划与设计 |
| 4. 政治宣言 |
| 5. 公众会议 |
| 6. 公众质询 |
| 7. 规划申诉 |
| 8. 展览 |
| 9. 出版发表 |
| 10. 规划调查 |
| 11. 用户研究 |
| 12. 人类学研究 |

图 1.1　公众参与技巧

| 二、公众参与的层级 | |
| :--- | :--- |
| 1. 公民控制 | 公民权力层级 |
| 2. 代表权力 | 公民权力层级 |
| 3. 合伙关系 | 公民权力层级 |
| 4. 安抚 | 象征主义层级 |
| 5. 咨询 | 象征主义层级 |
| 6. 告知 | 象征主义层级 |
| 7. 治疗（Therapy） | 无公众参与 |
| 8. 操纵 | 无公众参与 |

图 1.2　公众参与的层级

意味着一定程度的公民权力，由此，一旦市民意识到这种权力，他们必定会要求重新分配权力。

阿恩斯坦的类型学，让"被规划的"对象与规划师、城市设计师及政客之间的交流隔阂容易被理解。前者，有他或她自己的关于公众参与的解释，经常认为在决策过程中有最终的话语权，同时对于专业人员和政客来说，却经常意味着公开和咨询。"更多公众参与"对公众而言或许意味着一种更彻底的公众参与形式，也就是达到阶梯图中更高的层级，而同时对于专业人员和政客，也许只意味着更多更公开形式的咨询。

从图 1.1 和图 1.2 可以看出，按阿恩斯坦的说法，更彻底的公众参与形式，也就是接近阶梯图中最高层级的公众参与，需要有让个人积极参与开发建设的规划编制、设计、建造及物业管理（包括参与有经济收益的开发）的技巧。中等层级的公众参与，是西方国家中常见的情况，通常由管理部门的专业人员官僚地倡导和组织。较低层级也就是阿恩斯坦定义的无公众参与，则是更客观和科学地为规划设计过程收集信息的方法，但最好的结果，也仅仅是管理部门多一点同情和人性化形式，本质上还是完全的家长式做法。

较高层级的公众参与要求重新分配权力，也就是，权力必须从社会的某些部门手中撤走，而转交到其他部门手中。进入阿恩斯坦的更高层级，就意味着具有更高程度的权力转换，例如，处于公众参与中的职业规划师、城市设计师和建筑师，就要让出相当一部分开发产出结果的决策能力。这种观点将规划、设计和开发过程直接带入政治领域。[10]

美国学者在他们的著作中已经非常明确地表明，规划决策的本质是政治的，不能被视为简单技术的。如保罗·达维多夫（Paul Davidoff）所述："政治的本质是谁能获得什么，或者可称之为'分配的公平'。在规划师所面临的工作问题中，公共的规划过程作为政治体系的一部分，无法回避地与社区所面临的分配问题相关联。"[11]这点也被其他作者多次提及，例如英国的戴维·埃弗斯利（David Eversley）：

15　　　　但必须清楚，正如这里所界定的，既然规划师是决定人们应该或不应在哪里建设，哪里应该是新建或拓展城镇或者是生长区域，哪里是国家公园或者哪里是应该控制建设的自然保护区，电站应该选址在何处以及运河应该重新开通，以及高速公路应该建设以及铁路应该关闭的人，因此事实上，他就是负责分配这些大型国家产品及其所带来利益的人。[12]

可以说，城市设计在很多方面与规划类似，因为它涉及城镇和城市的大部分相关内容，也关注资源和财富的分配。城市设计师希望技术设计过程保持在安全范围内，不涉足公众参与，以及不直接面对重新分配权力和财富问题的做法是十分明智的，因为这样会把项目引向政治中心。

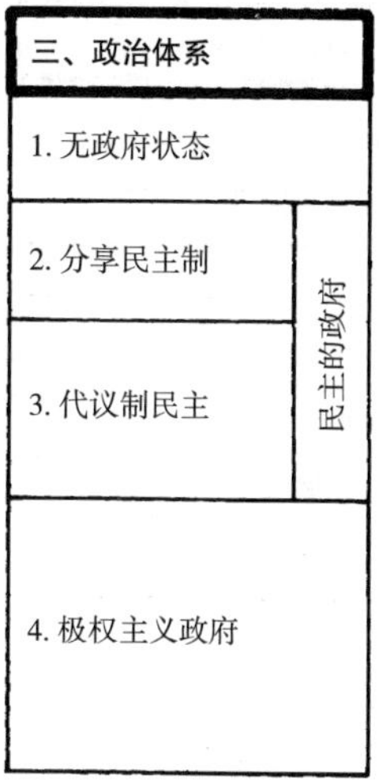

图 1.3 展示的是政治系统结构的简化形式，囊括了现有的大部分形式，从无政府状态到各种各样的民主，再到各式专制。以开发建设中的公众参与角度看，专注于此图的中间部分是方便的。无政府状态尽管在一些思想家和激进主义分子看来是一种理想状态，但其最终不会长久存在，且会被一个更有纪律的政权所取代。极权主义政府，从定义上讲，不会允许普遍和广泛的公众参与。

依照卡罗尔·佩特曼（Carole Pateman）的总结，民主有三个主要定义。[13] 第一，代议制或者是现代民主；第二，与 18 世纪政治哲学家著作关联的古典民主；第三，基于对让·雅克·卢梭（Jean Jacques Rousseau）关注工业化社会著作的重新解释的、供人分享的民主。

代议制民主的理论基础，由约瑟夫·熊彼得（Joseph Schumpeter）和其他人所建立。熊彼得对此陈述道："民主的方法，是为了达成政治决策的制度安排，在这当中，个体依靠选举竞争的方法获得决策权力。"[14] 选举竞争和经济市场的运作相似。选民在参与竞选的政治家所承诺的政策中进行选择，经济圈中的贸易协会和规范竞选中的政党相似。因此，"参与"对于代议制民主中的大多数人，仅仅是在既定决策中选择。

代议制民主不需要高层级的参与和对政治事件的兴趣，除了小部分人。佩特曼指出，这是"大多数人的冷漠和不关心，为维持该制度的稳定起了重要作用。"[15] 规划师和城市设计师们应该知晓这个对于使规划合法化和开发得以实施的政治过程之愤世嫉俗观点当中的缺陷。在处理例如人们在哪里以及怎样生活、工作，怎样教育他们的孩子等问题时，我们应当质疑在这些领域将决定权交给"人民代表"的可取性和必要性。剥夺人们做这些决定的权利，也就是剥夺和降低了他们的自尊和作为人的尊严。

对卢梭和分享民主制的追随者而言，"参与"是决策制定过程的一个基本要素，同时也是一种保护私人利益的方法。这个理论同样关乎社会与政治制度的心理效应。卢梭理论的核心功能具有教育意义，而他的主要观点，是应当在政治体系中发展负责任的个体。事实上他曾比喻说，就像一个人只有通过游泳的过程才能学会游泳一样，只有参与到民主过程中，一个人才能学会民主。卢梭及其 20 世纪追随者认为，民主过程应该渗透到社会的所有方面，当然也包括规划和发展的决策。

比较阿恩斯坦的图 1.2 公众参与的层级和图 1.3 的政府类型，可以预见，在近乎无政府状态的情形中，群体决策占个人决策总数的比重更高，即参与程度更高。也可以预测，代议制民主参与的普通形式，用阿恩斯坦的术语来说，就是象征主义。参照图 1.1，在如此政见中最常用的技术往往处于中等水平，简而言之，就是那些由官僚机构所定

三、政治体系

1. 无政府状态

2. 分享民主制

3. 代议制民主

4. 极权主义政府

民主的政府

图 1.3　政治体系

16

| 四、空间单元 |
| --- |
| 1. 房间 |
| 2. 家庭 |
| 3. 街道 |
| 4. 邻里 |
| 5. 片区 |
| 6. 城镇 |
| 7. 城市 |
| 8. 地区（region） |
| 9. 国家 |

图 1.4　空间单元

| 五、规划模式 | |
| --- | --- |
| 1. 无规划 | 建筑式样：轴向的－几何学的－正式的－非正式的－特别的－无设计 |
| 2. 行动规划 | |
| 3. 增量规划 | |
| 4. 混合审视 | |
| 5. 结构规划 | |
| 6. 总体规划 | |

图 1.5　规划模式

义和设计的管理程序。还可以看出，使用表现更高程度参与的技巧，需要高度政治化和积极的民众，加上中央政府对地方民主形式很高程度的宽容。

图 1.3 极其简化；它并未考虑行政制度，甚或没有考虑任何代议制民主中的中央政府与地方政府之间的关系，这二者都非常重要。即使是在同一个国家，中央政府和地方政府之间的关系也可能不同。例如 20 世纪 80 年代在英国就有过从外围到中央的权力运动，而在 20 世纪 90 年代后期，似乎又出现了向苏格兰、威尔士、北爱尔兰及一些英格兰地区下放权力的运动。

对于完全的参与，可以假定下放权力到地方社区是必要的；区域内的决策制定例如住房和地方社区服务等，都交付于这些社区的居民手中。而这样的地方分权的前提是积极且高度政治化的民众。

图 1.4 描述了改编自康斯坦丁诺斯·道萨迪亚斯（Constantinos Doxiadis）的一个空间单元的层次结构——这是他的城市规划尺度的简化版本。[16] 向下移动的规模涉及更多的用户，他们对影响要素形式的任何决策结果都感兴趣。将图 1.4 与图 1.1 及图 1.2 进行比较可以看出，尽管在政治或行政环境中可能存在其他有利条件，但在更大的空间层次上，制定与公民控制、规划以及决策相关联的技巧都不切实际。如果在更高的空间层次上协调服务、基础设施和经济，则可能需要放弃全民参与，并将权力下放给当选代表。在城镇及以上空间层次，那些官僚程序例如公众会议、查询和申诉，还有政治宣言的开明使用，也许在不考虑政治体系的情况下，可以做到最好。要提高任何大规模空间单元的参与水平和强度，就需要将其细分为邻里和街区单元尺度的小型规划和设计单元；每一个这样的单元都有适当的下放责任。

图 1.5 是一系列规划类型。从较不正式的规划类型，即从无规划：经济力量以各种特殊决策决定着聚居形态，短期项目被生硬地组合进现状；到更为刚性的规划方法：即总体规划的终极目标，未来理想状态蓝图。可以设想一个相似的建筑式样范围，从完全由投资导向最糟糕形态的投机住宅，到增加的、叠加的以及不规则的种种设计概念，最终到由几何学支配的设计和高度正式的轴向构图形态。将这些规划和设计概念与前面的图相比较，可以看出，高层次的公民参与，与较不正规的建筑及规划类型更加兼容。然而，在无规划情形中，个体的参与能力水平取决于其支付能力，实际结果从欧洲郊外富人区的大型独立住宅，到内罗毕外围的临时窝棚。在城市长远发展蓝图及刚性的轴向构图等其他极端情况下，按定义，无益于高层级的公民参与。

17

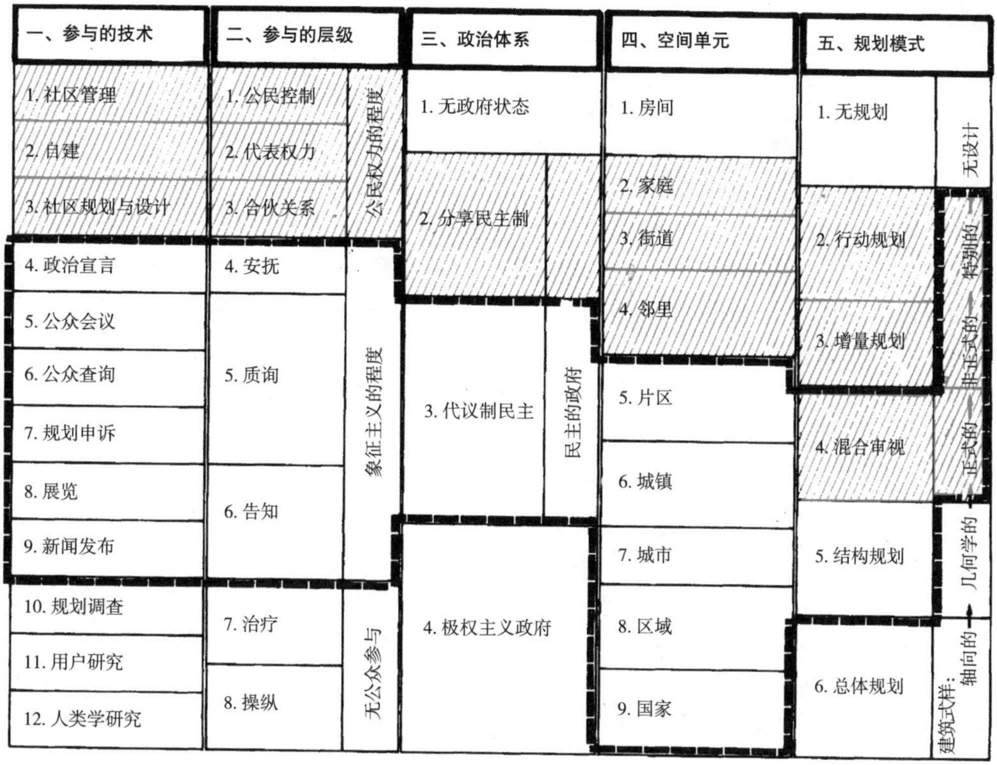

| 一、参与的技术 | 二、参与的层级 | 三、政治体系 | 四、空间单元 | 五、规划模式 |
|---|---|---|---|---|
| 1. 社区管理 | 1. 公民控制 | 1. 无政府状态 | 1. 房间 | 1. 无规划 |
| 2. 自建 | 2. 代表权力 | | 2. 家庭 | |
| 3. 社区规划与设计 | 3. 合伙关系 | 2. 分享民主制 | 3. 街道 | 2. 行动规划 |
| 4. 政治宣言 | 4. 安抚 | | 4. 邻里 | 3. 增量规划 |
| 5. 公众会议 | 5. 质询 | 3. 代议制民主 | 5. 片区 | 4. 混合审视 |
| 6. 公众查询 | | | 6. 城镇 | |
| 7. 规划申诉 | | | 7. 城市 | 5. 结构规划 |
| 8. 展览 | 6. 告知 | | 8. 区域 | |
| 9. 新闻发布 | | 4. 极权主义政府 | 9. 国家 | 6. 总体规划 |
| 10. 规划调查 | 7. 治疗 | | | |
| 11. 用户研究 | 8. 操纵 | | | |
| 12. 人类学研究 | | | | |

（侧栏文字：公民权力的程度／象征主义的程度／无公众参与；民主的政府；无设计／特别的／非正式的／正式的／几何学的／轴向的／建筑式样）

图 1.6　参与的分析尺度

图 1.6 是讨论过的模式的综合总结，它表明了参与过程的一些分析方法。此图可以被看作一种复杂的计算尺，其刻度可以在相邻项的关系中上下移动，由此就有可能概括或描述在任何特定情形中可操作的条件。[17]然而，也可能有一些没有呈现在图中的因素，也必须加以考虑。

在期待高层级参与的地方，规划 / 设计师就必须将社区管理和自建同社区规划与设计一起考虑，这种情形也意味着高层级的民主参与，以及特定形式的权力分散和决策权。这样的条件仅适用于家庭、街道和邻里的规划。房间则假定为一个纯粹的个人空间，几乎不要求任何社区行为，而城市地区或片区对于有效的社区行为而言又太大。最适合这些条件的是增量规划及临时规划，有可能导致正式性较低的建筑解决方案（见图 1.6 中的阴影部分）。

相反，最适合于城镇、城市、区域及国家规划的参与技巧，似乎是政治宣言、公众会议、公众查询、规划申诉、规划展览及媒体发布，阿恩斯坦会将这种参与定义为象征主义，但它也会要求一些民主结构的形式。在这些范围内，混合审视或结构规划最为合适。据推测，建筑式样将取决于在地方层级实行的真正的公民控制的程度（见图 1.6 中粗虚线框出部分）。

18

## 城市设计过程

城市发展是一个过程的结果。因此，除非将参与的类型和过程当中每个步骤所使用的技术具体化，否则有关规划和设计参与性的讨论就有些过于简化。

规划方法一度基于帕特里克·格迪斯爵士（Sir Patrick Geddes）的格言："调查、分析、规划。"然而，规划调查中需知道要调查什么资料以及分析这些资料的目的。有不少人过分复杂化了格迪斯的方法，嵌入了额外的中间步骤。图 1.7 就是一个复杂化的例子。规划方法的描述表明，规划过程不是一个简单的"一个阶段完成后进入下一个阶段"的线性进程，而被认为是一个具有中间循环的往复过程。例如，在评估比选方案之后，也许需要重新界定规划目标，或者收集额外数据，或者用不同的方法分析数据。

建筑师所倡导的设计方法在本质上与规划师的相似。英国皇家建筑师学会的实践与管理手册将设计过程划分为四个阶段[18]：

阶段 1　**吸收**（Assimilation）：一般信息和尤其与问题相关信息的积累。

阶段 2　**一般研究**：调查问题的本质；调查可能的解决方案。

阶段 3　**发展**：发展一个或更多个解决方案。

阶段 4　**交流**：同客户交流选定的一个或多个解决方案。

托马斯·马库斯（Thomas Markus）和托马斯·迈耶（Thomas Mayer）将设计方法的描述进行了深化。[19] 他们主张，在越来越细分的设计过程中，设计师经历了一个决策序列——分析（analysis）、综合（synthesis）、评估（appraisal）和决策（decision）（图 1.8）。在分析阶段，目的和目标被分类，同时，也寻找出了信息中的模式。综合是理念生成的阶段。接下来是针对目标、成本及其他限制条件，对比选方案进行机制性评估，随后依据评估作出决策。然而，和任何其他设计方法一样，重要的是进程间的循环往复。

19

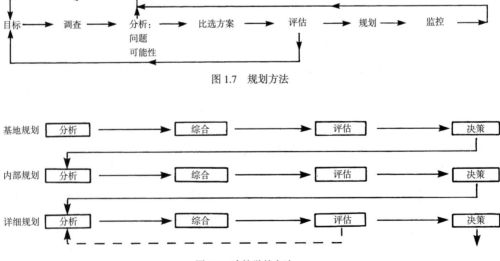

图 1.7　规划方法

图 1.8　建筑学的方法

这种着眼于单体建筑设计过程的方法，可以扩展到城市、城镇和区域规划当中（图 1.9）。在这种情况下，较高层次的决策应该向下一个、较低层级的设计阶段提供指导，例如，区域规划指导城镇规划。而当每一个环境因素始终契合于更高序列的规划框架时，其意义最大，例如，一个建筑设计以一个城市设计计划为准，而这个城市设计计划则是基于区域规划建议的城市结构规划。然而，这并不是一个简单的从大尺度到小尺度的单向过程。准确地说，每一个单体建筑的设计都会对更大规模的城市组群有影响，而这种对城市较大区域的三维设计，应该为更高层次的城市规划提供信息。因此在图 1.9 中，在城市规划发展过程的不同层面之间存在循环往复。

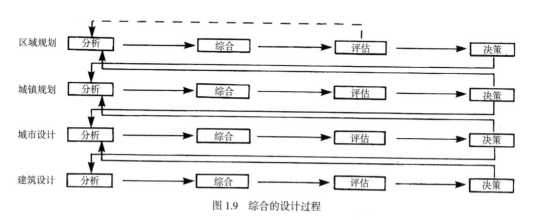

图 1.9　综合的设计过程

到现在为止讨论的规划和设计方法论中，一直没有提及理论。没有理论基础的事实是无意义的信息片段，只有用理论结构使之相互关联才有意义。城市设计问题的解决方案、城市空间组织的比选方案、城市结构与功能之间的关系，都有其理论渊源。为了在设计过程中插入理论，可以用科学方法直接类比。依据沃尔特·华莱士（Walter Wallace）所说："科学的过程或可被描述为由六种方法控制的五种主要信息成分以及成分之间的相互转换……"[20] 五种信息分别是：理论主体、假设、对周边环境的独特观察、源自独特观察的经验性概括，以及最后是与接受或拒绝假设相关的决策主体（图 1.10）。六种方法或转换的技术表述在图 1.11 中。理论，这种信息的最一般形式，通过逻辑推论的方法转换为假设。通过将假设转述为可观察对象、可使用的器具、可缩放的比例，以及可采集的样本而将过程转换至观察。而通过度量、摘要取样及参数评估从而由观察转换至经验性概括。然后就可以检验假设与概括的一致性。进而由检验得到最终的信息组，即有关假设合理性的决策。整个过程的最后一步，是通过逻辑推论、概念构成、建议构成以及排列，来确认、修正或否决理论。

虽然这个科学方法的略图看上去清楚、精确和系统化，并兼容无尽的变化形式，但过程中的一些要素，对于一些研究项目却更为重要。一些科学家严格依照方法规则进行实践，同时另外一些却更倾向于仅以之作为参考，更直觉且不拘小节地行事。

然而，科学似乎有两种主要组成：理论构建和经验性研究。图 1.12 的左边展示的是来自观察理解的归纳性理论构建，右边展示的则是将推演的理论运用于观察的过程。图

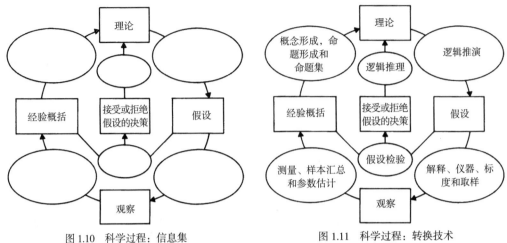

图 1.10  科学过程：信息集                 图 1.11  科学过程：转换技术

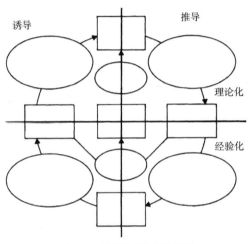

图 1.12  诱导的和推导的过程

的上半部分描绘了归纳及推演逻辑的理论化过程，下半部分展示的则是执行经验性研究的过程。[21]

图 1.13 是依据华莱士对科学思想分析，并结合理论和结构化而制作的设计方法示意图。[22] 可以从三个可能的点进入设计循环：设计理论阶段、理念阶段，或直接切入调查阶段。从问题的界定，直接到理念以寻求解决方案，或者直接到有助于发现解决方案的数据研究，从理论上讲，皆是可行的。然而，这两个程序都需要一些关于理论的预备概念加以支持，无论这些预备概念有多么模棱两可；只有通过理论，理念与数据才能关联成为一种模式。更常见、更经典的步骤，是从问题界定到对问题的理论化理解，然后按图表的顺时针方向逐步进行。

科学方法的核心是提出一个或多个正确问题。我们都很清楚，愚蠢的问题只会得到愚蠢的答案。在设计中同样如此，提出问题是设计的艺术。有一个当下不是很流行的思

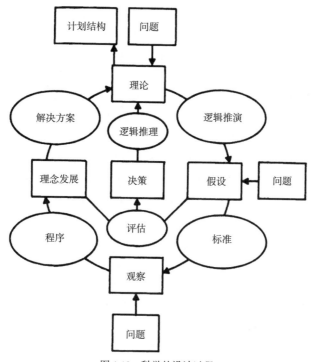

图 1.13　科学的设计过程

潮学派，主张是"方法的运用带来良好的设计"。"方法学派"，以其更为极端的形式让我们相信，对问题研究、进而以逻辑分析的方法分析所有可能的解决方案，将有助于选出最佳解决方案。在复杂的设计情况中，并非总能够界定问题，也不总能收集所有的事实、并产生所有可能的解决方案，这是对"通过检验解决方案进而暴露问题"的设计过程的误解。一种设计方法的运用也许会导致问题的重新界定和澄清，并启动一整轮新的调查循环。

设计过程不是线性的而是辩证的，以问题与解决办法之间的争论的形式呈现。如布赖恩·劳森（Bryan Lawson）所说："从我们对设计问题本质的分析可以很明显地看出，设计师必须花费相当多的精力去识别他面临的众多问题。现代思想的核心在于，问题和解决方案被视为同时涌现的，而不是逻辑化地一个跟随另一个出现。"[23] 追随这个设计观点，问题的本质也会随着过程的发展而更加明晰。劳森还继续说道："既然发现问题和产生解决方案都不能被看作主导地位的逻辑行为，那么我们就必须期望设计过程会要求最高层次的创造性思想。"[24] 设计，包括城市设计，确实包含创造性思维，然而，若错误地假设创造性思维并没有同样被运用在科学调查领域则是十分荒谬的。同样的误识，是认为设计解决方案并不能通过理论的逻辑推论，或数据抑或证据的归纳产生，或者实际上，认为问题的发现不是标准设计过程的结果。然而，确实有理由建议设计师通过检验几个解决方案或局部解决方案来探索问题的本质。

尽管理论是城市设计理念发展的一个重要来源，但并非唯一来源，理念可以通过归纳推理或演绎推理之外的方式得到。艺术家和设计师经常在他们的工作中采取类推的方法，而类推是有创意的艺术家最有用的工具之一。类推为清除思想障碍提供了一种便利的技巧，它是一种激活设计方法的出路，一种取代耐心等待灵感、寻找新路径的新出路。德·博诺（De Bono）认为："类推作为工具的主要用途，是把功能、过程和关系转化为考虑中的问题。"[25]

城市设计所用的理念或概念，可以通过参考由推导过程得出的一般理论或由归纳逻辑的过程而得到的事实而产生。然而，理念也可能是通过横向思维过程产生；这些理念在稍后可以用逻辑技术加以评估。所有这些听上去都离常人的生活非常遥远，那么怎样才能让社区参与到过程当中？民众应当在什么时间点才得以参与设计及开发的过程？

大建筑师的理念以及引导新建筑潮流的"大理念"（big concept）根深蒂固于我们的行业。规划师也不得不让外行来控制规划编制中有创意的部分以及探询解决方案。理念被认为是专业的范畴，从理论基础以及抽象概念开始的设计过程，必须交由专业人员进行，因为他们长期所受的教育和经验，比之外行具有很大的优势。但是，如果期望一种积极的参与形式，就必须放弃这些专业人员最为了解的概念。

外行也有知识和经验，他或者她是其所在家庭需求和愿望的专家。这是一门高度专业化、有关家庭需要与可承担性的，关于居住、教育、健康关怀以及休闲设施的知识；是他或者她的日常事务。外行人也能够拓展这种个人知识，为其邻居的需求构建准确的理念，那么外行的他或者她就是其居住片区邻里问题的专家。鉴于外行人在这个领域的知识最直接，因此专业人员进行用户需求调查时，也要粗略地估量这些知识。对于如何解决问题，以及如何利用任何存在的可能性，普通公民也会有其见解。为进一步确认这个判断，只需去调查那些第三世界国家城市里面的自建住宅，或者回溯定居点不需要专业人员帮助而照样发展的传统根源。[26]

取得最大程度的经验财富始于设计过程；通过调查问题、允许社区描述问题，以及由社区依据以往经验提出最切合自己的解决方案，然后依据评估规则，检验这些解决方案。贝尔法斯特、诺丁汉以及纽瓦克的实践确实表明，居民非常胜任组织他们自己的调查，也能够提出规划和建筑的解决方案。[27]

在以公民参与为主的设计中，专业人员并非无所作为。相反，他们需要变得更加细心、耐心，而最重要的是倾听的技巧，同时还需要设计师谦虚且只在被要求的时候才提出建议。[28]专业人员在技术方面的建议是至高无上的，经验表明这种建议深得外行人的尊重。然而，专业人员的作用却不仅如此，它还具有教育性。外行人只能从他或者她的经验出发提供解决方案，而专业人员可以通过其他相似情形的知识，为客户展开新的经验领域。与客户分享这种知识，就是专业人员作用的一部分；在参与过程中更是如此。

外行人在邻近社区以外的地方进行规划和设计的知识和经验，与他们的兴趣一样都会减少。这些宽泛的问题，以及它们对当地的意义，要通过专业人员向社区阐明。然而，如果期待更高水平的公众参与，那么规划和设计过程就应该强调自下而上的顺序，而不是从区域或者城市向下到邻里及街道。更高水平的规划就成为小规模规划的混合物，以确保更高水平的服务不落空。

文化合宜的开发并非一定是设计师深入的、内省的和自我探索的结果，也不一定是对客户公共需求的敏锐感知。然而，很明显，人们与环境的联系更紧密，他们可以通过自己的行动创造自己的环境。为促进积极的社区参与以及环境的规划和开发，需要全套的方法和技术。这些方法，可能会随着政治及行政系统、正在设计的空间单元、当前规划模式以及设计过程步骤的形式变化而变化。如果很多行政领域是民主的、参与度高的政府，很多决策都是分散作出的，且规划模式是渐进的，那么公民参与就会最大化。即使是在这种理想情形下，最高水平的参与，也只能出现在街道上一小组家庭之间，或者出现在一个小邻里单元中的小社区当中。而正是在这样的居住地区，一般的公共知识和经验最为重要。

## 注释与文献

1 威尔士亲王（HRH，The Prince of Wales），《英国的远景》（*A Vision of Britain*），双日出版社（Doubleday），伦敦，1989年，第80页。

2 同上，第96页。

3 A. 拉普卜特，《宅形与文化》（*House Form and Culture*），普伦蒂斯霍尔（Prentice–Hall），恩格尔伍德（Englewood Cliffs），新泽西，1969年。

4 约翰·舒特（John Shute），《建筑的首个首要理由》（*The First and Chief Grounds of Architecture*），约翰·舒特出版，伦敦，托马斯·马什（Thomas Marshe）印刷，1563年，第4册，第45页。

5 同上，第1册，第14页。

6 《建筑师学报》（*Architect's Journal*），1984年6月第6期，第30页。

7 见 A. 拉普卜特，《城市形态的人文视角：走向人性化环境的城市形态和设计方法》（*A. Human Aspects of Urban Form：Towards a Man Environment Approach to Urban Form and Design*），帕加马出版社，纽约，1977年。

8 J.C. 芒福汀（J. C. Moughtin）和 T. 沙拉比（Shalaby, T.），"穆斯林城市中的住房设计：迈向新方法"（"Housing design in Muslim cities：towards a new approach"），《发展中国家的低成本住房》（*Low Cost Housing for Developing Countries*），第2卷，中央建筑研究院（Central Building Research Institute），新德里，1984年，第831–851页。

9 谢里·R. 阿恩斯坦，（"Arnstein, Sherry R."），"公民参与的阶梯"（"A ladder of citizen participation"），《美国规划师协会学报》（*Journal of the American Institute of Planners*），第35卷，1969年7月第4期，第216–224页。

10 J.C. 芒福汀，《为民规划》（*Planning for People*），女王大学（Queen's University），贝尔法斯特，1972年。

11 保罗·达维多夫（Davidoff, Paul），"致力于公正的再分配"（"Working towards redistributive justice"），《美国规划师协会学报》（*Journal of the American Institute of Planners*），第41卷，1975年9月第5期，第317–318页。

12 戴维·埃弗斯利（Eversley, David），《社会规划师》（*The Planner in Society*），费伯出版公司，

伦敦，1973 年。

13 卡萝尔·佩特曼（Pateman, Carole），《公众参与与民主理论》（*Participation and Democratic Theory*），剑桥大学出版社，剑桥，1970 年。

14 J.A. 熊彼特（Schumpeter, J.A. ），《资本主义、社会主义与民主》（*Capitalism, Socialism and Democracy*），艾伦和昂温出版公司（Allen and Unwin），伦敦，1943 年。

15 C. 佩特曼，引文同前，第 7 页。

16 C.A. 道萨迪亚斯（Doxiadis, C.A.），《人类聚居学：人类住区科学导论》（*Ekistics：An Introduction to the Science of Human Settlements*），哈钦森出版社（Hutchinson），伦敦，1968 年。

17 J.C. 芒福汀，"公众参与与建设实施"（"Public participation and the implementation of development"），《城乡暑期校园报告》（*Town and Country Summer School Report*, London），英国皇家城市规划学会（Royal Town Planning Institute），伦敦，1978 年，第 81-84 页。

18 英国皇家建筑师学会（RIBA），《建筑实践与管理手册》（*Architectural Practice and Management Handbook*），英国皇家建筑师学会出版社，伦敦，1965 年。

19 T.A. 马库斯（Markus, T.A），"萌芽绩效测量与评价在设计方法中的作用"（"The role of budding performance measurement and appraisal in design method"），《建筑设计方法》[*Design Methods in Architecture*, G. 勃罗德彭特（G. Broadbent）与 A. 沃德（A. Ward）编]，伦德汉弗莱斯出版公司（Lund Humphries），伦敦，1969 年。

T.W. 迈耶（Mayer, T.W.），"建筑设计过程中的评估"（"Appraisal in the building design process"），《环境设计与规划中的新兴方法》[*Emerging Methods in Environmental Design and Planning*, G.T. 穆尔（G. T. Moore）编]，麻省理工学院出版社，剑桥，马萨诸塞州，1970 年。

20 沃尔特·华莱士（Wallace, Walter），"科学过程中的要素概览"（"An overview of elements in the scientific process"），《社会研究：原则和程序》，[*Social Research：Principles and Procedures*, 约翰·宾纳（John Bynner）与基思·M. 斯特里布利（Keith M. Stribley）编]，哈洛，1978 年，第 4-10 页。

21 同上（图表 1.10、1.11 及 1.12 来自华莱士）。

22 同上。

23 布赖恩·劳森（Lawson, Bryan），《设计师怎样思考》（*How Designers Think*），建筑出版社，伦敦，1980 年。

24 同上。

25 爱德华·德·博诺（De Bono, Edward,《水平思考》（*Lateral Thinking*），企鹅出版社，哈蒙兹沃思，1977 年。

26 J.C. 芒福汀，《豪撒族建筑》（*Hausa Architecture*），民族志（Ethnographica），伦敦，1985 年。

27 J.C. 芒福汀，"市集区重建"（"Markets areas Redevelopment"），《建成环境》（*Built Environment*），1974 年 2 月，第 71-74 页。

J.C. 芒福汀与 A. 辛普森（Simpson A），"在罗利街自己动手做规划"（"Do it yourself planning in Raleigh Street"），《新社会》（*New Society*），1978 年 10 月 19 号，第 136-137 页。

28 托尼·吉布森（Gibson, Tony），《人民的力量》（*People Power*），企鹅出版社，哈蒙兹沃思，1979 年。

# 第 2 章  基本设计概念

## 引  言

　　已经有很多概念被用来分析建筑构图，以获得对判定良好或美丽形式的各种特质的理解。这些基本设计概念的使用方法，以及其相对重要性，因建筑师而异。建筑理论的始祖维特鲁威认为"……建筑取决于秩序（order）、排列（Arrangement）、律动感（eurhymy）、对称性、适宜性（propriety）和经济性……"[1] 自从维特鲁威在公元 1 世纪写下这些话以来，构图分析的语言已经发生变化，主要是在品质描述的标准范围方面。美学和建筑评论方面的著述，经常由于所用术语的数量和模糊性而颇具迷惑性。赛维（Zevi）曾列举了些许经常使用却又很少说明其精确意义的建筑术语："真实（truth）、动感（movement）、力度（force）、活力（vitality）、轮廓感（sense of outline）、和谐（harmony）、优雅（grace）、宽容（breadth）、尺度（scale）、平衡（balance）、比例（proportion）、光和影、律动协调（eurhythmic）、实和虚（solid & void）、对称（symmetry）、韵律（rhysm）、体量、强调（emphasis）、特征（character）、对比（contrast）、个性、类比（analogy）。"[2] 这里还将讨论一些更为重要的基本设计概念，以便确定它们对城市设计研究的效用。

## 秩  序

　　秩序，维特鲁威列举的第一个品质，已被普遍接受。或许存在少数设计师，意图创造无序，蓄意的混乱，就好像"秩序"并不是建筑学的正统目标。然而，秩序的定义各不相同；维特鲁威将"秩序"定义为，对"……一个作品的各个成分分别采取不同措施，并使它们皆与整体比例匀称一致。这是一种基于数量的调节。因此我的意思，是从作品本身的成分中选择出模块，并以这些单独成分为开始，构建整件作品的协调。"[3]
　　文艺复兴时期的作家遵循维特鲁威对秩序的定义，例如，阿尔伯蒂写道："……由于每个事物都必须简化为精确的尺度，因此所有的部分都能够相互一致，右边和左边、下面和上面，没有任何可能损害秩序或材料的干扰，每一部分都归置为精确的角度和相似的线条。"⁴ 其后，安德烈亚·帕拉第奥，16 世纪的建筑师和秩序化设计的有力倡导者之一，使用和阿尔伯蒂几乎一样的术语阐述了美的定义，它来自"……整体的形式和一致性，关乎各个部分及其相互关系，以及它们与整体的关系；这个结构可能会呈现为一个完整的主体，且在其中各个成分相互协调，而所有的这些对于构成最终所想都是必不可少的。"⁵

建筑理论家所持的一般观点一直以来都是，建筑的秩序是更加宏伟大自然秩序的一部分。存在这样一种争论：科学积累的证据符合理性世界的理念，抑或更为重要的是，人类对自己所占据世界和宇宙的感知是理性的。时下的观点是对一个秩序化宇宙的信仰；它帮助确定了人关于理性的理念，而有效的生活也要求理性的行为。有效的建筑和人类的其他行为一样，符合宇宙的秩序；建筑的原型就是宇宙的设计。⁶

对于那些相信宇宙是由上帝设计的人来说，相关理论家也可以号召更高的权威来确认他们的立场。建筑协调一致时，与上帝或自然是一体的——无序和混乱是其对立面。阿尔伯蒂召唤古代世界以作支持："远古的人们……在他们的作品中主要劝服自己模仿自然，和所有最伟大艺术家的构图风格一样；以此为目的劳作……去发现他创作时所施行的法则，以将它转化并施行于建筑行业。"⁷ 这一论调后来被帕拉第奥所继承，他断言道："……建筑，以及其他所有的艺术形式，都是对自然的模仿，任何与其相符的事物都不会遭受它的疏远或背离……"⁸

20 世纪的著述者沉浸在这种继承于维特鲁威及其文艺复兴时期追随者的哲学当中，重复其语汇，支持着一种截然不同于基于文艺复兴古典语汇的建筑风格。⁹ 例如，伊利尔·沙里宁（Eliel Saarinen）这样谈论基础理论："当我们谈到基础理论时，并非是指'人造的种种'，而是所有来自太初之事物。"¹⁰ 他还写道："……所有创作中建筑的普世法则"，以及"自然的艺术与人的艺术因而紧密关联。"¹¹ 沃尔特·格罗皮乌斯（Walter Gropius），这位 20 世纪备受批判的现代建筑运动领导者曾写道："除非我们选择将满足那些可以创造充满生机与人性化房间的条件——即空间的和谐、安宁、均衡——作为一种理想的更高秩序，否则建筑将仅限于实现它的结构功能。"¹² 建筑设计中的秩序，被视为一种基本品质，且被大多数理论家看作与更大的自然秩序相关联。

很多反人性的罪恶以宗教为名，同样，很多建筑上"越界"的事，也以秩序为名产生。查尔斯王子在他对英国一些现代建筑的抨击中列举了几个知名的例子。"看看斗牛场（Bull Ring）项目，没有魅力、没有人的尺度、除了自大没有任何人性的特点，它是一个蓄谋已久的事故"，王子如此评说伯明翰的开发。而这虽然在外行人当中形成了普遍的共鸣，但业界人士却依然无动于衷。¹³

查尔斯王子对斗牛场项目的看法，让人回想起一个世纪之前普金（Pugin）对粗俗的伯明翰作品的抨击。他将它们描述为"那些不知休止的低级趣味"。此外，对那些当时的非基督教建筑，他这样写道："这些可憎事物的设计师从来没有考虑过相对的比例、形式、目的，或是风格的统一。"¹⁴ 而很多这样"可憎的事物"现在都还被热情地保护着。然而，尽管在制定当代或新近建筑时必须一再小心谨慎，但是依旧很难想象还有比阿姆斯特丹的庞基莫米尔（Bijlmermeer）更没有人性且比例失调的建筑（图 2.1）。其依据勒·柯布西耶这位理性和设计秩序的狂热支持者的准则设计。勒·柯布西耶说："必要的秩序，一

27

图 2.1　庇基莫米尔（Bijlmermeer），阿姆斯特丹，荷兰

个不可避免的建筑要素，控制线是摒弃随意性的保证，它带来理解的满足。"[15]

　　建筑专业领域中的很大一部分人，都可以理解地选择忽视不久前的过去。查尔斯·詹克斯（Charles Jencks）说道："现代运动仅仅证实了过分的局限、偏狭和枯竭——就像清汤寡水，每隔三天吃一次很好，但难以坚持。"[16] 罗伯特·文丘里（Robert Venturi）呼吁对设计中复杂性的认可，一种基于混乱经验的刻意的模糊表达——他并非放弃了秩序的概念，而是扩展了它的含义："一个得以容纳复杂现实中偶然矛盾的有效秩序，同时也容纳了牵强附会，并进而容许'控制与自发性'和'正确性与安逸'——即整体内的即兴创作。"[17] 文丘里批判了正统现代主义建筑师对设计教条近乎宗教般狂热的倡导："作为改革者，他们极端古板地倡导要素的分离和排除，而非对各种不同要求的包容和并置。"[18] 很多早期后现代主义运动的先锋派，如同"幼狮"一般，他们的著述对于对手的理论毫不留情。而后现代主义者也有着同样好高骛远、道貌岸然的语气，且也宣称要追求同样的"正义事业"："全部风格都是简单社会或者极权政权的产物。折中主义——并非形式的历史——是老练的白话，自由的语言。"[19]

　　被新折中主义（new eclecticism）引用为原因的"自由"，或许可以用视觉与无政府状态的阴险色彩来证明其自身的虚幻。要理解后现代主义，必须将其作为北美文化产物的一部分看待，而后现代主义也诞生于此，并从中得到了滋养。它的各种形式源自对炫耀国际合作力量，以及寻求垄断者正式形象的渴望，它不受也不可能受到民主选举政府的控制——这也是金融市场国际化丛林里大生意不受欢迎的面孔。这就是自由的模样，仅属于那些绝对的权威。从这个角度看，后现代主义不过是旧概念的新立面、摩天大楼装饰，或者是只能买到水果挞的巨大超市——"外强中干，徒有其表"。

　　很多人会同意约瑟夫·莫当特·克鲁克（Joseph Mordaunt Crook）的论断"……一些形式的折中主义确实会一直持续下去。"[20] 基于过往经验的设计，确实是一种受建筑师尊重的合理过程。很多我们认为的最好的建筑，都是因一个遥远过去的样板而得以存在，而帕提农神庙化石而成的木材细节，或许就是这种过程的伟大范例之一。然而，

28

在一些现代折中主义著述中，对于理论概念、理性的衰弱，以及何为理性行为的阐述，似乎都有些含糊其辞。似乎建筑只要是"好玩""可爱""似非而是""意味深长"，或整体上充满其他违背精确定义的特质，以至不可能有一般用途，就全是好的。如此缺乏严格定义，几乎让人看不到建筑法则的发展前景。然而，如果建筑回归本源，重新建立和客户组群、街上男女之间的联系，那么显而易见，折中主义和一般传统之下的建筑才是根本。

赋予折中主义潜在无政府状态和混乱结构和秩序的，是城市设计。鉴于大部分的建筑是从街道、广场或城市景观中被看见，那么就应首先考虑建筑的公共面貌。这是一个公共领域，通过建立秩序，可以让建筑在一个受约束的框架中具有恰当的位置。18世纪巴斯（Bath）的城市设计，即是一个这种框架使用的精彩范例。约翰·伍德（John Wood）和他的儿子小约翰·伍德，划分了地块并做了包括立面在内的总体三维设计。随后独立地块被转租给其他发展商，只要外部设计和总体规划设计的要求保持一致，内部可以按客户需求自由设计。由此，这个城市设计便成为欧洲城市设计的杰作之一（图2.2－图2.5）。优先公共领域或赋予建筑文脉，是良好城市建筑的基础，同时也是必要的建筑师准则。

图 2.2　圆形广场立面细部，巴斯

图 2.3　皇后广场，巴斯

图 2.4　从圆形广场看向新月广场，巴斯

图 2.5  新月广场，巴斯

很久以来建筑师一直是由内而外地进行建筑设计，勒·柯布西耶曾说："平面是一切的来源"（the plan is the generator）[21]，而这种说法是颇为有害的。城市文脉才是来源，也就是说，街道和广场才是建筑形式的决定条件。沃纳·赫格曼（Werner Hegemann）和埃尔伯特·皮茨（Elbert Peets），早在 1922 年就扼要地指明了这一点："只有在很少的情况下，才可以从混乱中看出一件好作品的优越，而当邻里都决然不同甚或是令人不快时，高贵、有魅力的和谦逊的风格就是荒谬的。指望好的作品会因与众不同而显得比作为衬托的周边环境更好，只是一个幻觉。典型现代城市街道建筑的外貌，恰似乡间噪声配上很多个管弦乐队同时演奏不同的曲调，而其中一个乐队演奏贝多芬的作品并不能解决这种混乱。"[22] 自那以后到现在似乎没有多少改变：我们依旧在寻找可以带给我们城市秩序的工具。

赫格曼和皮茨以恰当的视角看待建筑，他们说："尽管在这肤浅的利己主义时日中，维特鲁威的那些传统伟大的理念经常被遗忘，即建筑设计的基本单位，并非独立的建筑，而是整座城市。"[23] 阿尔伯蒂追随维特鲁威的传统，将城市描述为："一栋巨大的房子。"[24] 吉博德强调，这栋大房子，即城市设计的最基本特征是 "……不同对象在一个新设计中的结合：设计师不仅必须考虑对象本身的设计，还要考虑它和其他对象的联系……虽然良好的建筑对于满意的城市景观十分重要，但建筑师仍必须意识到，他的建筑的形式也会对邻近形式有所反应……他需要将自我表达的强烈愿望，限定在整体景观的利益当中。"[25] 这里吉博德所写的，是城市景观的更大秩序，而不是单独的建筑设计中所包含的秩序。而对这条原则的忽略，是很多现代建筑的主要失败之处。

城市设计师和他们的同行建筑师一样，著述有机秩序（organic order），即城市或者公共设计当中的自然秩序；他们也将秩序化设计看作更大宇宙所呈现秩序的一部分。例如，克里斯多弗·亚历山大写道："让我们以有机秩序理念开始。每个人都清楚当今大部分的建成环境都缺少自然秩序，这个在数世纪以前就强烈地呈现在场所中的秩序。这种自然的或有机的秩序，出现在单一个体的环境需求与整体需求达成完美平衡时。"[26] 这一对城市设计的陈述，是文艺复兴时期伟大理论家的观点在 20 世纪晚期的回响。

事物的外貌，尤其是复杂的人造物，例如城市或者城市的一部分，不能与其功能分离。无论一座城市拥有多么良好的秩序和结构，就像亨利·沃顿爵士（Sir Henry Wotton）所说，仅在它"包含可用商品（commoditie）、坚固（firmness）和喜悦（delight）"[27] 时，才有价值。

简·雅各布斯（Jane Jacobs）在她对现代规划直率的批判作品《美国大城市的死与生》（*The Death and Life of Great American Cities*）当中，提出了相似的观点和一个显然被 20 世纪规划师遗忘的问题："事物的外形与他们的功能密不可分，城市尤其如此……如果不了解什么是其固有的功能秩序，那么规划一座城市的外观，或者推测如何赋予它一个令人愉悦的秩序外观将是徒劳的。将寻求外观结果作为最根本目的或主要内容，除了麻烦不会有任何结果。"[28] 这是毋庸置疑的，但仅寻求功能上的解决方案同样也是目光短浅的。且不论雅各布斯的苛评，城市形式的分析实则也已经吸引设计师的注意达好几世纪。一些大规模城市失败的原因，也许就是由于忽略了这个将美丽、效用以及持久串联起来的重要原则。就像帕拉第奥所指出的："所有有用但不持久，或者持久但没有用，或是既有用又持久但不美丽的作品，都不能被称之为完美。"[29]

城市秩序与人们感知或阅读以及理解环境的方式密切相关。这种可感知的秩序和环境的易识别性有关系，或者和环境中各个部分的可辨识性以及这些部分怎样可以再组成一个连贯的模式有关。例如，凯文·林奇主张："一个生动且完整协调的物质环境布局，会产生一个强烈的意象，同时也有社会作用。它能将生疏的物件转化为符号并形成集体记忆。"[30] 如果真是如此，那么城市设计师的任务就是创造具有强烈意象的场所，即林奇所定义的具有"可意象性"（imagiability）的环境，也即"那种很有可能唤起任何特定观察者强烈意向的物质环境布局。"[31] 依据林奇的理论，形成意象性或者可感知秩序的主要元素是路径（paths）、边界（edges）、地区（district）、节点（nodes）和地标（landmarks）。

## 统一

设计的角色是从混乱中找出某种秩序。然而，建筑师或者那些涉足城市设计之人有关于城市设计的行为的结果却与此大相径庭。即使是那些可以被描述为"有秩序"的产品也呈现出非常不同的质量。城市设计理论的发展，要求使用秩序以外的众多分析概念，以界定良好的建筑设计或良好的城市设计。

为了寻求分析良好建筑的工具，理论家转向其他艺术形式以寻找有用的类推。由此语言就成为建筑创作的一项重要资源；例如："对功能设计的理解，以及对建筑物及其不同部分的研究，并不能简单地直接被转化为满意的建筑创作，除非通过构图法则与设计语法的雕琢。"[32] 像语言一样，建筑有其自身的词汇和语法，"然而即使在同一表达领域会同时有多个截然不同的词汇，但语法只有一个。"[33] 亚历山大将建筑模式语言，扩展至囊括城镇的视觉语言："理论上，这种语言足够复杂丰富到成为一座城镇的语言。"[34]

在抽象构图一般性原理的研究中，必须尝试辨识那些好的城市设计构图中可以被分析的品质，霍华德·罗伯逊写道："分析者的一项职能，应当是可以确定一座建筑在一个构图中是成功还是失败，而为此，他应当首先建立一个必须遵循的第一原则"。[35]

完美掌握语法技术，并不代表就能创作出伟大的文学作品。如同一本好书总是有一个主题或者理念，而语法仅是表达理念的工具。同理，建筑的品质，取决于建筑师想要表达理念的品质。因而，建筑即是一个抽象理念的实体表达。这里，需要明确的是，我们现在分析的只是亨利·沃顿爵士建筑品质三部曲中的第三项"喜悦"（delight）。[36] 任何方法中的任何理念都必须先验完整；不能由分散且毫无关联的要素组成。将分散的建筑或城市设计要素随意地收集在一起，仅代表了虚弱且不完整的理念。一个建筑及城市设计理念的完整展现，必须表现出完全的统一，"统一"是正式建筑构图语法中，首位最重要的基本设计概念。

统一（unity）概念最明确的表达出现在意大利文艺复兴时期。阿尔伯蒂声称："我将把美定义为所有部分之间的琴瑟合鸣，无论以何种形式呈现，比例和关系都恰到好处，增加、减少或者替换任何部分，都只会破坏这种完整和谐。"[37] 由多纳托·伯拉孟特（Donato Bramante）设计，竣工于 1502 年的罗马蒙托里奥（Montorio）的坦比埃多（The Tempietto of S. Pietro），就是阿尔伯蒂哲学的一个缩影（图 2.6）。

建筑物自身即是完整的；没有哪个部分对构图而言是多余的，每个要素都各归其位，且都具有预先确定甚或是预先设定的尺度："……建筑物和希腊神庙一样具有纯粹的体量。"[38] 在文艺复兴新城镇的理想规划中，明显可以看出同样的思想过程。第一个得到充分规划的文艺复兴理想城市，出现在菲拉雷特（Filarete）的《建筑学论著》（*Treatise on Architecture*）中。[39] 在菲拉雷特为斯福钦达（Sforzinda）所绘的图中，他将城市围合在维特鲁威式的圆圈中，但城镇平面的基础，是由两个交叉的四边形构成的一个八角形。温琴森佐·斯卡莫齐（Vincenzo Scamozzi）是一位少数得以实践他理想城市理念的 16 世纪意大利理论家。始建于 1593 年的小型卫城新帕尔马城（Palma Nova），通常被认为是他的作品。[40] 和同时代很多其他理想镇规划一样，新帕尔马城的规划受到维特鲁威著作、他的追随者阿尔伯蒂以及追求完美形式的强烈影响（图 2.7）。

图 2.6　伯拉孟特设计的坦比埃多，蒙托里奥

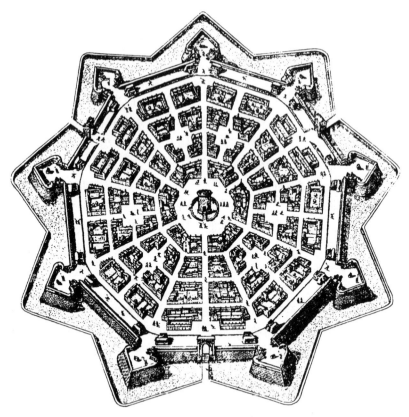

图 2.7　新帕尔马城（1593 年）

　　"所有严肃的建筑都以统一的效果为目标。"[41] 罗杰·斯克鲁顿（Roger Scruton）的这个陈述,也许表达了那些致力于或者正在致力于建筑艺术的大多数人的观点。正如布鲁诺·赛维（Bruno Zevi）所说:"每一位艺术家的目标都是在其作品中表达一个唯一的理念。"[42]然而,这并不是一出现就被普遍接受的主张。文丘里倡导:"……凌乱的活力超越明显的统一。我包含了非相关性（non sequitur）,宣告了二元性。"[43] 他偏爱"混杂"（hybrid）要素胜过"纯净"要素、"扭曲"胜过"直接",以及"含糊"胜过"清晰",还偏爱"无聊"及"有趣"等。虽然没有提供条理分明的理论,但他的理论最终还是落回统一的一方,尽管定义有些奇怪:"必须体现包容的困难统一,而不是排斥的简单统一。"[44]然而,正如亚瑟·崔斯坦·爱德华兹（Arthur Trystan Edwards）所指出的,建筑中没有任何一种风格是不与他者相排斥的;风格就意味着设计师所表达的,或建筑中代表其风格的某些事物,是不被允许的。[45]打破这些禁律,忽略自我约束的原则,将导致散漫和草率的设计。然而似乎是自相矛盾的,也只有接受这种原则才可以将能量导向创意的方向,没有原则就只有混乱。在对 20 世纪上半叶建筑风格进行批判时应当格外小心,以免丢失 2000 多年或更长时间里积累的传统价值。统一的概念是我们原则的主要支柱之一。

　　林奇和其他一些试图明晰"统一"复杂概念的人,尤其是当将这个概念运用于城市设计领域时,都在后来部分地转向了人类感知的研究。[46]林奇指出:"……观察者会将复杂的事实扭曲为简单的形式。"[47] 他使用诸如"图–底"（figure-background）等使用于格式塔心理学派的概念来解释他的论点。[48] 他主张，在制造城市设计中的图–底的清晰，或"奇点"（sinsularity）时，几何意义上可见形式的简洁尤为重要。人为了确定其在城市中的方位，会根据个人需要将环境简化为可理解的标识和线索的模式。用诺伯格–舒尔茨（Norberg-Schulz）的话说："如果我们要用更普通的术语解释感知心理的基本结果，我们也许会说基本组织模式，包含了中心或场所 [ 近距离（proximity）]、方向或路径 [ 连续性（continuety）] 以及区域或领域 [ 围合（enclosure）] 的建立。"[49] 城市设计中的构图首先是从多元的元素中，为城市的每一个组成部分创造视觉统一的艺术。这样做的目的是为了加强看见、理解和回应生动而协调意象的正常趋势。其次，是为将那些统一性较低的事物，聚合进一个具有可视和有序统一的城市或城镇结构中。林奇给出的塑造强烈城市意象的城市设计目标，填补了很多现代城市规划的空白。

## 比例

对统一概念的考察导向对统一构图特征的研究，即各个组成部分可能被安排进一种连贯方式的方式。再次使用类比语言，就像罗列词汇而不将之组合成有意义的语句是不可思议的一样，在建筑和城市设计中的各个要素将被安排以构成一个协调的视觉陈述。该方法即是通过比例的使用来建立视觉秩序和统一，或者说是赋予各个构图要素以恰当的分量。文艺复兴的著述者为这个广义原则的理解提供了不错的模型，如海里奇·沃尔夫林（Heinrich Wölfflin）指出："文艺复兴时期的人们更倾向于一个更宏大或更微小的系统，在这个系统当中，相对较小的部分通过预示整体的形态，而以小见大。"[50] 而为保持构图的统一性，"一些处于中心或焦点的理念……应务必清楚明晰。"[51] 视觉要素或彼此相关的要素组群，应该清晰地主导整体构图；其常被称为主导体。这种支配建筑构图的焦点，就像一曲管弦乐中的主调，或者是一出戏剧中的主题情节。在城市设计中，它可能是城镇主广场，周边环绕公共建筑，或者是相互关联服务于同一市政功能的一组广场。[52] 统一的形成，或可以通过使用一种主要的地方建筑材料，重复的屋顶坡度、屋檐和屋脊的细部或者连续使用相似的门或窗。奇平卡姆登镇（Chipping Campden）以及其他一些科茨沃尔德（Cotswold）的村庄，就是通过这种方法实现统一的优秀范例，历经几代人众多不同的建造者，当地人始终都只使用一种特别的当地建筑模式。[53]

有一些专门针对特殊的比例系统而提出的夸大主张。然而，有一个比例原则被普遍接受；鉴于统一是每个设计师都认同的目标，因此应该避免将事物划分为完全相等的两个部分的构图。爱德华（Edward）三原则的第一项"相当数目的人……宣称自然和艺术都憎恶一种二元性，这种二元性未经某种程度的修改，可能会让统一特质丧失殆尽。"[54] 在同一著作后面的部分中，爱德华的语气更为强硬："一座被狭窄中垂线分成完全对称两部分的建筑，就是暴行和怪胎。"[55] 二元性常见于英国的半独立住宅（图 2.8）。在任何被分成相同两部分的要素以及分量对等的比例中，原本的统一都将被削弱。因此所有容易被划分为完全相等两部分的几何形式，在使用时都应格外小心。也因为这个原因，一些

34

图 2.8　半独立式住宅，诺丁汉

作家曾经建议，应该避免使用双正方形这种虚弱形状。人的眼睛，有争议地习惯于捕捉简单的形状，极易觉察两个正方形的存在，进而就会将原本的一个单元划分为两个分开而又相同的单元，并由此创造出一种二元性。

　　然而，双正方形的形式也曾有出色的效果，例如，它是日本住宅规划的基础形式。将"双正方形"作为一种比例运用于立面，对阿尔伯蒂而言也没有问题："如果平台的长度是其宽度的两倍；而且屋顶是平的，那么其高度就必须等于宽度。"[56] 一个建筑要素的外在比例，受其所处的周围环境的影响，这也是其与相邻要素之间的联系。例如，一道门，被看作依着环绕它的墙，而墙又依着相邻的墙和所坐落的地坪（图 2.9 – 图 2.10）。而一个要素的外在尺度或比例也会因其细部而有所改变（图 2.11）。尽管可以增加很多附加和限定，但一般原则还是需将未处理的二元性，或是分成两个相等部分的统一，都视为应该避免的有缺陷的构图。文丘里，是一个可能不接受这种二元性在建筑构图中作用清晰而明确论断的人，他确实坚持："一座具有复杂性和兼容性的建筑不会舍弃整体。"[57] 后来他又发表声明以表明其立场，例如，"然而，对整体的义务……并不会排除那些尚未明确

图 2.9　大清真寺尖塔，凯鲁万

图 2.10　圣安东尼奥巴西利卡教堂，帕多瓦（Padua）

图 2.11　低矮路面，诺丁汉　　　　　　　　图 2.13　残柱，波士顿

图 2.12　财务总监住宅，约克

的建筑物。"[58] 即使是罗伯逊（Robertson）这样的作者，对于二元性问题也犹豫不决。在他自己文章的注释中，他介绍了一个法则的例外："二元性的介绍也许被故意强调了其弱点，例如，有些构图中的要素如果不被平分为二，就会显得过于具有压倒性。"[59] 他引用约克郡的财务总监住宅作为例证，如果将这建筑的突出侧翼处理为一个完整单元，就会显得过于突出，而破坏整个建筑的平衡感（图 2.12）。

　　被一个教堂尖顶所主导的小城镇或村庄，在一般景观中则呈现出一幅和谐统一的景象。林肯郡波士顿（Boston in Lincolnshire）的景象，即是被一座从远距离就能看见的，名为"残柱"（the Stump）的塔楼所主导，这就是一个统一的例子（图 2.13）。而两

36

图 2.14　圣吉米尼亚诺塔

个这样的要素出现在视野里则会引起混淆和二元性。然而，林肯郡斯坦福（Stamford in Lincolnshire）很多尖顶的重复使用，以及圣吉米尼亚诺塔（Towers of San Gimignano），却表达了统一的主题，并由此创造了构图的平衡感（图 2.14）。罗马人民广场（Piazza del Popolo）上奇迹圣母堂（S. Maria dei Miracoli）和圣山圣母堂（S. Maria di Montesanto）的二元性，是通过它们相对于城镇门户，以及中置方尖碑的主广场，处于从属地位的视觉作用而解决的，两座教堂的角色只是通往整体主题系列的一个小插曲。在城市设计中，整体感的寻求是从城镇体量或城市空间角度来考虑的，正如沃尔特·博尔（Walter Bor）所指出的："设计师的任务是将地面和墙体统一到空间当中，以满足所有功能需求并使之愉悦和有吸引力。"[60]

## 尺度与比例

在最基本的层面，一个房间或者一座公共广场的比例（proportion）意味着高度、宽度及长度之间的关系。对于一个二维物体而言，例如一扇门，比例就是高度和宽度的关系。而渗透于建筑思维中的比例定义要稍微复杂一些；它是各部分相互之间以及和各部分与整个建筑之间的关系。换句话说，它是一套运用于整个建筑或者建筑组群的比例系统。尺度（scale），相对于比例而言，依赖于一套尺度及比例和另外一套尺度及比例之间的比较。建筑师和城市设计师最为关注人类尺度，人类尺度是现实尺寸的一个标尺，建筑物、广场和街道的尺度被用来与人类形体比例相比较。因此，人，就是建成环境的度量："建筑物应该考虑人类形体的比例，并且，应该尽可能以其细部来表达这种尺度，这是一个共识。"[61] 例如，一个人的比例，他大体的宽度和高度，显示了一扇普通门的正常比例，我们期望一扇普通门的尺寸约 2 米（6 英尺 6 英寸）高 ×0.75 米（2 英尺 6 英寸）宽；这是开着时我们可以舒服地通过并习惯的比例。我们也期望更大的门重复这种比例，将门等比例放大的方法是延长普通门矩形的对角线。一扇看起来明显错的对于其高度而言过宽的门，是尺度不当且比例糟糕的（图2.15）。[62]

当我们谈论城市规划的尺度时，两个来自经济学和社会学相关领域的类比便跃入脑海。经济学家讨论的"规模（尺度）经济"（economy of scale），即生产的规模与产品及市场的效益相关。从公司收购的热潮来看，最大的规模似乎确保了在21世纪的全球市场中得以生存。"小就是美"的理念暂时，或至少，是一个几乎没有成功过的实业家才会认同的概念。另一个极端是很多人相信，衰亡内城的复兴只有通过创建和刺激小型企业的发展才能实现；英国非常强调企业文化的着重发展。在社会学术语中，"人类尺度"被定义为一系列组群，其中每个人都彼此认识。柏拉图建议，一座良好的城市应该有5040名公民。[63]亚里士多德则稍微更慎重一些，他仅会提供经验性指导以帮助界定最大和最小的城邦尺度：

图2.15　入口，牛津

"……如果人口太少，就不能自给自足……但人口规模过大又不易于体察民意。"[64]当然，亚里士多德所考虑的是公元前5世纪希腊的政治生活，他所关心的是一个组群不能过大到不能决策"公平事务以及按职责分配事权的目的，公民应该相互了解并知道他们都是什么样的人。"[65]这个社会尺度的理念已经被规划教条所接受，甚或是不加批判地接受，但却也被过于草率地摒弃。众所周知，现代城市生活的复杂性，以它社会结构的多样性，刺激了非空间形式社区的发展。[66]社区的利益跨度超越狭窄的教区边界，扩展到大都市范围，甚至是互联的国际网络。然而，即使如此却依旧需要由数百个家庭构成的邻里社区，以分享同一地方性和基础设施。也许就像林奇所建议的，小政府辖区需要20000到40000人口，以使公民在其中"如果希望，就会积极参政，并感觉到和一个政治身份明确的社区联系在一起，以及拥有一定程度的对公共事务的控制感，如同限定在一个也许由区域、国家以及合作决策驱动的小城镇中。"[67]尺度的范围，从人与人、亲密社会关系及经济组织，到大都市结构，在城市设计中都存在平行的物质形式；在城市设计师的词典里，每个特定的尺度都有其适当用途。

"美"，如亚里士多德所述，"通常产生于尺寸（size）和数目（number）的背景之下……各种事物都有一般尺寸……动物、植物、器具以及诸如此类的一切。"[68]例如，如果一只苍蝇的重量超过了特定界限，它就不再能作为一只苍蝇而"运作"。同样的道理，一个飞行航模有其固定的重量－动力比率，而其有效运作则受限于这个比率——这叫作"尺度效应"（scale effect）。任何事物都有尺度的限定，一旦突破这一界线，就只有改变功能或

38

转变成其他事物才得以存在。这个关于尺度与比例的问题，在建筑和城市设计领域都很重要。建筑物的尺寸有结构和功能的限定，同样，也有城市公共服务设施可承受的极限，以及决定我们感知和欣赏城市景观方式的物质形态限制。建成环境的视觉质量，是本书最为关注的焦点，就此而言，从住宅集群中人类私有空间的小尺度，到大都市地区特大人类尺度的确定，正确的城市景观的尺度对于我们欣赏周围环境的方式至关重要。

要确定以"人"为标准的尺度，人就必须是可见的。尺度衡量的数学算法与建筑设计的关联，由梅尔滕斯（H. Maertens）呈现于他 1877 年出版的著作《造型艺术中的视觉尺度》(*The Optical Scale in the Plastic Arts*) [69] 中的设计作品之上。该作品后来成为很多城市设计师尺度研究的基础。[70] 本章以下的部分便是得益于这些研究。我们对任何物体的视野部分，取决于物体外部轮廓线反射于眼睛的光线。视野的一般范围是两个重叠的不规则圆锥形区域，大约向上 30°、向下 45° 以及左右两边 65° 的范围。一般视野范围之外，还有一个视觉的细节化范围，是大圆锥当中一个非常狭窄的小圆锥。最小的可识别差异由这个小圆锥的度量决定，如果观看的距离大于物体本身尺寸的约 3500 倍，就无法识别任何物体。正是这种几何学的限定，决定了城市尺度的多样性。例如，梅尔滕斯建议鼻骨是识别个人的关键特征，当距离达到 35 米（115 英尺）时，人脸就会变得无特征且模糊。以鼻骨作类比，梅尔滕斯还指出，正是这个距离，决定了人类尺度下建筑物最小部分的尺寸。我们能在 12 米（40 英尺）的距离认清（distinguish）一个人，在 22.5 米（75 英尺）的距离认出（tecognize）一个人，在 135 米（445 英尺）的距离识别肢体动作，这也是识别男人还是女人的最大距离，最后，我们可以看见并认出一个人的最远距离是 1200 米（4000 英尺）。

如果我们追随亚里士多德和文艺复兴时期的理论家，认为感知一座建筑物的统一和整体感是可取的，那么就意味着这种感知可以发生在一瞥之间。以这种方式清楚地观察建筑的最大角度是 27°，或者是位于相当于建筑高度两倍的观察距离。这其中，垂直方向上的限制最为明显，只有三分之二的一般视野视觉范围在视线之上。在 22 米（72 英尺）的距离，依据汉斯·布卢门菲尔德（Hans Blumenfeld）的理论，一座建筑物的最大高度应该是 9 米（30 英尺）或者 3 层。[71] 而若为了更近距离地认出自己的邻居，并用彼此熟悉的紧密联系的社区或群体作为衡量标准，那么面部表情就很重要。由此，在这个尺度上合理的水平距离就是 12 米（40 英尺），或建筑物高两层。街道宽度为 21–24 米（70–80 英尺）、街边建筑三层，以及街道宽度是 12 米（40 英尺）、街边建筑两层，在视觉上符合人类尺度定义的普遍感觉。

"可以感知一个人"的距离，对于纪念性设施布局的成功设计也许是重要的。很少有良好的、不间断的城市景观延伸长度超过 1.5 公里（1 英里）。例如，从华盛顿方尖碑到林肯纪念堂的距离刚好是 1200 多米。从华盛顿方尖碑到国会大厦的距离大约是 2.4 公里（1.5 英里），而在这个距离仍能保持视觉印象的主要原因，是其因坐落在一座小山上而被抬高。罗马巴洛克宏伟景观的长度不超过 1.5 公里（1 英里），也许代表了公共空间人类尺度的限定；突破这个屏障需要不同的感知、理解和设计方法。城市形态，例如中世纪城镇的形态，通常具有一个从 1.5 公里（1 英里）的距离可以看到整体的、为 800 米（0.5

英里）的最大尺度，因而仍然保留了一种人的尺度。而如果其坐落在一座山上，其形态也能给观者留下深刻印象。

大都市则完全是另外一回事，需要一套截然不同的结构和组织原则。纪念性尺度可以采取两种形式。一种是刚才案例中讨论过的，运用一般的比例规则设计也是和人类相关的尺度；另一种是可以打破原则边界的开发形式，过渡到一种"超人"的层面，一种上帝、国王以及独裁者的尺度。这种尺度类型的纪念性作品，若不是高贵的、使人得到精神上升华的，就是过于强势且对人的尊严予以压迫和破坏的。

哥特式大教堂的雄伟，是感官的欣赏：进入其中，便可以听见并感受到脚步踏在磨光铺装上金属般沉重的声响；唱诗班哼唱的圣歌、管风琴雷鸣般的巨大轰鸣萦绕耳间；巨大石墩的阴冷渗透每一寸皮肤，移动头部，景仰细腻和谐拱顶的高耸。最后，沿着被彩色光线围绕的、极富韵律感的中央拱廊，穿过大厅向着远处的唱诗班，走向高大的祭坛和宏大的东窗。对环境中尺度的欣赏是感官的也是心灵的，在佛罗伦萨欣赏圣母百花大教堂(Duomo, S. Maria del Fiore)就是这种类型的感受。教堂大于生活，远大于周围空间，即使走到广场的尽头也拍不出一张全景照片。整个建筑只能以部分观赏，只有围绕它走一整圈才得识全貌；敬畏地仰望着布鲁内莱斯基(Brunelleschi)的穹顶，赞叹这个大胆的工程杰作；然后看到的是乔托钟楼(Campanile of Giotto)和它宏大且醒目的飞檐（图 2.16 – 图 2.19）。这是一个纪念性尺度上的城市设计。然而，它的延伸和布置却也是限定在街道框架之中的，这个框架将城镇的尺度带回到地面、带回到"人的尺度"（图 2.20）。

图 2.16　圣母百花大教堂，佛罗伦萨

图 2.17　圣母百花大教堂受洗堂，佛罗伦萨

图 2.18　圣母百花大教堂钟塔，佛罗伦萨

图 2.19　圣母百花大教堂，佛罗伦萨　　　　　图 2.20　圣母百花大教堂，佛罗伦萨

　　在人和超人这两种尺度上设计的空间和建筑，如果超人尺度能够关联回人类尺度，就能因对比而相互加强，否则，整体构图会变得异常巨大。"巨人症"（Giantism）通常和衰败的艺术有关，也可能和衰败的社会有关。例如，比较欧洲中世纪宗教建筑上超人尺度的运用，德国和意大利 20 世纪 30 年代那些极权主义政治制度的建筑构图，就丧失了人的尺度，目的是为了赞颂国家的权力：权威的死亡之手。殖民时期新德里的笨重布局，只有埃德温·勒琴斯（Edwin Lutyens）令人深刻的建筑才能将其拯救。作为一个为人民的布局，它既没有旧德里的凌乱魅力，也没有泰姬陵的宁静空间（图 2.21– 图 2.23）。幸运的是，在印度独立后，随着人们对国王大道上宏大草坪每日的使用，新德里已经逐渐逝去很多压迫性内涵。这样的宏大构图只有在重大的国家场合才会具有生气，例如圣雄

图 2.21　新德里

图 2.22　新德里

图 2.23　新德里

甘地（Mahatma Gandhi）、尼赫鲁（Nehru）和英迪拉·甘地（Indira Gandhi）的葬礼，这也是它们最适合的目的。

　　城市尺度的极端层次是乔治·班斯（George Banz）定义的"超大尺度"（megascale），[72]以及布卢门菲尔德（Blumenfeld）所称的"超人类尺度"（extra-human scale）。[73]布卢门菲尔德将之从过度复杂的或是五倍于日常生活尺度、带有古典细部的巨大公共建筑的非人尺度中区分出来；在他看来，这种尺度的建筑与大型桥梁、飞机场、大坝、水库、电站和现代高速公路网络（图 2.24）无异。正如布卢门菲尔德所说："这是一种和自然现象更有关的尺度……胜过任何'超人尺度'的创造，即使其中的一些可能大小一致。"[74]这些超人类尺度工程通常十分功利，试图控制自然的力量或者用于高速交通，被从较远的距离或者在快速移动的车辆上观看，与休闲性质的人行道毫无关联。它们的尺度更近似于山脉、广袤森林以及海洋，而人只能从部分接近并感知。整个大都市的形态，也许可以依据意象、模式、路径以及系统的概念定义，然而感知上的定义则被限定在一系列不完整的、来自 1.5 公里（1 英里）范围内的事物与场所的视觉印象中。源于建筑理论家原则的构图形式，对于大都市的超人类尺度，或那些从行进的汽车上看到的城市要素而言，都没有什么意义。

41

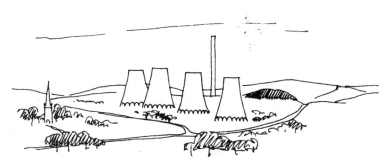

图 2.24　超大尺度

　　城市设计涉及大都市形态的分析，及通过运用不同层次的尺度对未来的开发进行设计——12 米（40 英尺）的亲密人类尺度距离是一个关键的水平方向标准；一般水平距离的人的尺度大约是 21 米 –24 米（70 英尺 –80 英尺）；公共空间的 1.5 公里（1 英里）是人类尺度感知的上限距离；纪念设施具有超人或精神尺度；最后是野性自然景观的超人类尺度，还有那些扩展及利用资源的结构和技术。城市设计的艺术就是适当使用这些尺度：为尺度之间的顺利转换创造机制——为"换档"设置相应同等的"离合器"——使尺度变换达成优美，并避免视觉混乱。例如，将一个大型购物中心街区引入内城的良好街道模式中。然而，在 800 米（1/2 英里）为半径的城市片区进行城市设计，才是城市设计的真正挑战。因为正是在这个尺度上，人才能够充分欣赏他所处环境的视觉品质。

## 和谐与比例

　　在西方建筑学中，有两种宽泛的方法来秩序化建筑要素。古典设计学派是第一种，它源自希腊设计理论家，并被维特鲁威及其文艺复兴追随者所演绎。第二种源自中世纪的大师建造者，哥特式建筑的伟大作品由各种要素和特征部分组成，相对于人呈现出恒定尺度，对于建筑整体则是绝对的。古典秩序的尺度和整个秩序是相对的，柱子、檐口以及装饰线条，会随建筑高度的变化放大或缩小。建筑物的每个部分和柱础尺寸相关，因而建筑物的尺度相对于人是绝对的（图 2.25）。在古典建筑中，建筑要素例如柱子、檐口和门的数量是不变的，但其尺寸却是变化的；中世纪建筑物的建筑要素在其尺寸上保持不变，但数量却有所不同。将哥特式大教堂与希腊庙宇的立面进行比较，便可以清楚地了解这些尺度概念的不同（图 2.26）。

图 2.25　帕埃斯图姆神庙（Temple of Paestum）

　　两种尺度方法的不同，始于不同的前提，却仍有很多共同之处，它们两者都能产生和谐构图。古典及哥特学派的伟大建筑，彼此都不完全排斥对方方法中的尺度特性。哥特大教堂有清晰的结构组成模块，其西立面可以被视为一个要素关系清晰的整体。伯纳德·乔治·摩根（Bernard

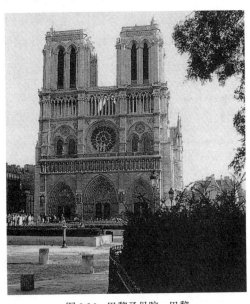

图 2.26　巴黎圣母院，巴黎

George Morgan）提出，是圬工角尺（mason's square）的使用，促成了哥特式大教堂明显的规律性，以及在这一时期作品中发现的比例系统："简单的圬工角尺——自他学徒时就熟悉的器具——为设计师的作品提供了获得规律的工具，确保了'相似关系的递进'，并在设计的每一个部分中注入了'一些和谐'。"[75] 希腊古典庙宇从未失去和人类尺度的联结。庙宇的高度不超过 20 米（65 英尺），可以在正常视距内看到其整体。模数也与一般人类尺度相关，而细部也可以和人的身体部分直接关联；例如，柱子上的凹槽与手臂的宽度相关。这种模式设计系统确实能够在古代罗马和巴洛克建筑中造成"巨人症"。当两个使用不同模数的建筑彼此相邻时，也会导致混淆（图 2.27）。然而，如果模数和总体建筑尺度都是由 21–24 米（70–80 英尺）的视距决定，那么除了和谐的比例，建筑也会自然呈现出人类尺度。

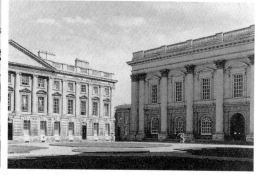

图 2.27　基督教堂学院的佩克沃特四方院，牛津

　　建筑学的和谐理论主要起源于文艺复兴时期的古典主义作者。据约翰·萨默森（John Summerson）："……古典建筑的目标永远是达成各部分间可论证的和谐。这种和谐在古代建筑中大量存在，且在很大程度上被认为是'内置'（built-in）于主要古代元素的特征——尤其是'五种柱式'。"[76]（图 2.28）通过比例用于实现和谐的模数或标尺，是被划分为30 份的柱础的半径，所有结构要素都是这个模数的倍数。建筑的五种柱式都各有其自身的比例系统，例如，塔司干（Tuscan）柱式的柱子高度是其模数的 14 倍，爱奥尼（Ionic）和科林斯（Corinthian）是 19 倍，而组合柱式是 20 倍。[77] 柱式其他部分的变化方法与此相似。这种比例的目的是建立遍布整个建筑的协调。和谐的实现是通过使用一个或多个柱式来作为建筑的主导部分，或更简单地，在维度上重复简单的比率："设计的本质，就是确定建筑及其每个部分的合理的位置、数量、恰当的比例和美的秩序；进而使得结构的整体形式比例得当。"[78] 阿尔伯蒂对于比例又再次声称："毋庸置疑，多样性在所有事物中都很美，尤其当各个不同的部分用正常的方式，相互间比例恰当地结合在一起时；而当相互间不合适或不和谐时，也会触目惊心。就像在音乐中，当低音回应高音、男高音与低、高音和谐一致时，不同的音调就会构成一种比例的和谐、奇妙的汇合，并产生令人愉快及有魔力的感觉……"[79] 根据阿尔伯蒂及其他文艺复兴的理论家，建筑内在的和谐渗透于比例系统中，这种比例系统不是个人奇思怪想的产物，而是客观推理的结

44

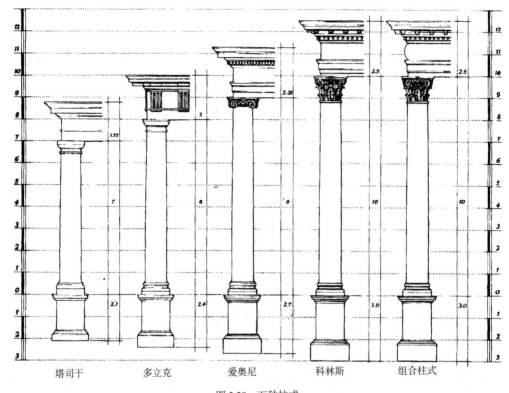

图 2.28　五种柱式

（图下标注：塔司干　多立克　爱奥尼　科林斯　组合柱式）

果。古典设计师正确比例的关键是"音乐和谐的毕达哥拉斯系统"（"Pythagoras" system of music harmony）。[80]

　　阿尔伯蒂遵循古典时代的传统，对音乐和几何一视同仁，对他来说，它们如出一辙；音乐是声音的几何形式，建筑则是凝固的音乐。建筑的和谐构图中同样有听得见的和谐。

45　阿尔伯蒂在很多短文中对这一点进行了有效的阐述："由此我得出结论，愉悦我们耳朵的声音效果，和愉悦我们意识与眼睛的，是完全一样的数字。因此我们应该完全借鉴音乐的规则来完善比例……"[81] 在帕拉第奥关于房间比例的专门建议中，他运用算术的、几何的以及和谐的方法，以房间的长度和宽度来计算房间的高度。

　　1."对于那些长度大于宽度的矩形，就需要通过它们的长度和宽度寻找高度，它们相互之间也许会有比例关系。通过将长度和宽度之和，分为相等的两部分，其中的一半就可以作为拱顶的高度。"（算术平均）

　　2."举例，如果我们准备修建拱顶地方的尺寸是 9 英尺（1 英尺为 0.3048 米）长、4 英尺宽，拱顶的高度就是 6 英尺；9∶6 等于 6∶4，这是一个等比数列。"（几何平均）

　　3."依据第一种方法，房间的高度来自其长度和宽度，长度、宽度和高度须依照下表所列，用 9 乘以 12 和 6，而后将其和 12 相乘的得数放在 12 下面，和 6 相乘的得数放在 6 的下面；再者，用 12 乘以 6，将其得数 72 放在 9 的下面；然后发现乘以 9 可以得到 72 的数是 8，因此我们可以说 8 英尺就是拱顶的高度。"[82]

$$\begin{array}{ccc} 12 & 9 & 6 \\ 108 & 72 & 54 \\ & 8 & \end{array}$$

在所有的情况下，用于二维要素每边的比率，都是简单且可以度量的，除了 $\sqrt{2}$ 矩形。这个正方形的对角线，是文艺复兴建筑理论中唯一的无理数。

$\sqrt{2}$ 矩形边长的比率为 1 ∶ $\sqrt{2}$，这被很多建筑师看作是一个令人愉悦的比例，矩形的边长比是 1 ∶ 1.412，其特性是当其被分为两半时，则又是两个 $\sqrt{2}$ 矩形（图 2.29）。这个比例系统的结果，是一系列连续的具有相同边长比率的矩形，这个用于 A 系列纸张的比例系统，也经常用于建筑目的。黄金分割也同样用于建筑立面部分，黄金分割的连续比例系列，来自以下公式：$\dfrac{a}{b} + \dfrac{b}{a+b}$

其中，a 和 b 是一条直线 c 的两段，得出的矩形见图 2.30。b 是其中一半正方形直角三角形的斜边，如果正方形的边长是 1 个单位，那么这半个正方形斜边的长度就是 $\sqrt{5}/2$，形成矩形的边长比率就是 1 ∶ 1.618。马蒂拉·吉卡（Matila Ghyka）指出"黄金分割在人类身体的比例中同样具有支配作用，一个也许是由希腊雕塑家意识到的事实，他们喜欢证明理想庙宇与人类身体比例之间的平行关系，甚或追寻和谐的一致性（一种介于'宇宙 – 庙宇 – 人'之间的比例或类比）。"[83] 此外他还进一步强调了"黄金分割在植物学和活有机体中的主导优势。"[84] 杰伊·汉布里奇（Jay Hambridge）在 20 世纪早期表达过很多和

46

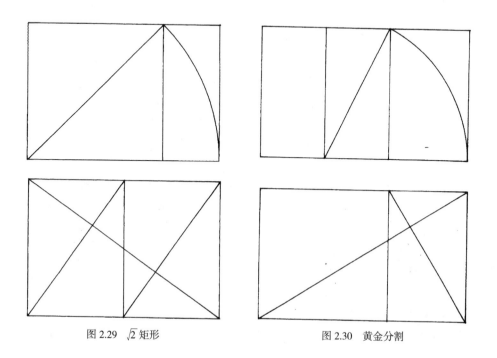

图 2.29　$\sqrt{2}$ 矩形　　　　　　　　　　图 2.30　黄金分割

吉卡同样的观点，1919 年他首次发表他名为《动态对称》（*Dynamic Symmetry*）的理论著作；他在这本著作再版的开篇中说道："迄今为止世界上最伟大的艺术基本原则，也许都可以在人体和生长着的植物的比例中发现……从人和植物的建筑学中发现的设计原则，被命名为'动态对称'。这种对称，和希腊大师在伟大的古典时期用于几乎所有艺术作品中的完全相同。"[85]

勒·柯布西耶将黄金分割和希腊数学比例作为他自己模数体系的起点。只是他将尺度的真实维度关联回了人体；以一个身高 1.8 米（6 英尺）向上伸展手臂的男人作为斐波那契数列尺度的基础，而由此得出结果是："一个男人手臂向上伸展后的高度是 2.2 米；将他放入两个紧临的正方形中，每个正方形皆为 1.1 米 × 1.1 米，用第三个正方形框住这两个正方形，而这个第三正方形会给出答案。直角的位置将帮助决定放置第三个正方形的位置。将这个网格用于建筑基地，以给出适宜将被放入其中之人的设计，我保证你会获得一系列与人体身高（手臂上举的男人）相调和的尺度和数学关系。"[86]用这个神秘莫测的指示，他让一个叫汉宁（Hanning）的助手完成了第一个成果，一个 $\sqrt{2}$ 矩形和（1 + $\sqrt{5}$）/2 矩形的组合（图 2.31）。

最终，勒·柯布西耶推导出了他用于建筑设计的红色和蓝色系列维度。依据丹比（Danby）的观点，勒·柯布西耶的建筑并非这个体系的产品，"而是一个有创见的艺术家，运用该体系将很多不同的事物联系起来，既务实，也符合美学，进而获得建筑问题平衡又综合的解决方案。"[87]从尺度的维度进行考量，很难不发现一个符合特定情况的尺度。也或许对于一些人而言，"调色板"过于宽泛，因此也或应该对和谐设计所需的原则做更多的必要限制。

47 　　探寻每一种建筑美学形式背后数学的和谐秘密，并不仅限于文艺复兴时期。据斯克鲁顿所述，从埃及人到勒·柯布西耶，这项原则都是最普遍的建筑理念。[88]这其中的基本概念很简单。一些特定的形状及排布看起来是和谐和愉悦的，而其他的则显得不成比例、不稳定和不令人满意。存在一个普适的信念，那就是只有在房间、窗户、门的形状，以及事实上建筑所有要素的形状都符合一种和其他比率连续关联的比率的情况下，才能达到和谐的效果。而这样的比例系统是否会产生眼睛和大脑能意识到的效果则值得怀疑。正如拉斯姆森（Rasmussen）所指出的："然而，真相是一个听音乐的人并不知道产生音乐的琴弦的长度……并没有可见的、可以和我们通常所称音乐中的和谐及不和谐产生相同效果的所谓比例。"[89]维特科尔（Wittkower）赞同这个普遍立场："很明显，走在建筑里的人，并不能正确感知到平面和剖面之间的数学关系。阿尔伯蒂显然也和我们一样清楚知道这一点。此后他继续补充说，由这种比例所产生的和谐秩序，代表了一种高于主观感知的绝对价值：……这种人造的和谐，是上天和宇宙原本和谐的可见回响。"[90]萨默森则将整个争论简化为更普通的感觉和实际的观点："对这一理性系统在何种程度上可以让眼睛与大脑有意识地捕捉，我表示极大怀疑。而就个人感觉，这种系统的关键实则很简单，就是其使用者（大多数是其作者）对其的需要：那些想象力过于丰富且善于发明的头脑，需要用这种系统且强硬无情的原则，以在矫正的同时刺激创造。"[91]

48 　　建造所使用的技术技巧，自然而然地导向标准化单元的使用。建筑有其内在的比

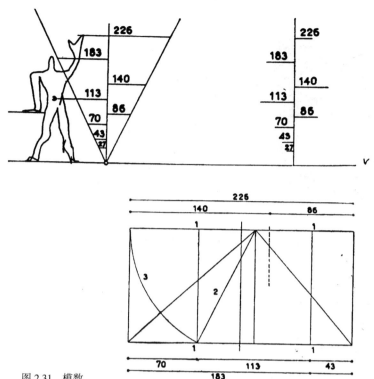

图 2.31　模数

例构成方法。很多建筑的基本建筑材料都是砖（brick），具有标准维度，进而也决定了墙的标准长度体系。木材、石料以及窗框通常是在建筑基地之外制模；而它们须适合结构上预留的位置。在一些情况下，房间的比例由一些实用的需求决定，例如，哥本哈根克林特医院（Klint's Hospital）的房间尺寸，就是依据床的尺寸以及其效用安排而确定。[92] 这种模数形式的一个极端例子，是一种依据睡席来确定尺寸的日式住宅，睡席的尺寸是 1.8 米 ×0.9 米（6 英尺 ×3 英尺），这个矩形的组合形式各式各样。每个房间的尺寸以席子的数目而论，墙的嵌板数量也同样以这个矩形为基本单位。整座住宅包含一套木材嵌板的构架，尺寸在三维度量上以模数相互关联，皆为 1.8 米 ×0.9 米（6 英尺 ×3 英尺）。[93] 平面形状也会由承重墙及柱墩之间跨度所使用材料的结构质量来决定。例如在尼日利亚，传统豪萨族（Hausa）重泥浆屋顶的最大跨度为 1.8 米（6 英尺）。豪萨族人使用的是一种被称为阿萨拉（azara）的托梁材料，这是一种限制结构力度的、复杂的支柱及拱系统（图 2.32）。[94]

　　有些人质疑了普通人可以看到并欣赏建筑所使用的更为深奥的比例系统形式中微妙之处的能力。然而，当模数设计回归人类维度时，其实则也许是一种观察世界的自然方式。因而普通人也有可能欣赏到帕拉第奥设计的别墅上深思熟虑的、非凡的、几乎是庄重的比例。当然，一个人无法欣赏到他优美比例房间的准确尺度，但却有可能对属于更大整体的每个房间都是其中不可或缺一个部分的综合构图产生深刻印象。不一定所有人

图 2.32　北尼日利亚，泥土建造模数

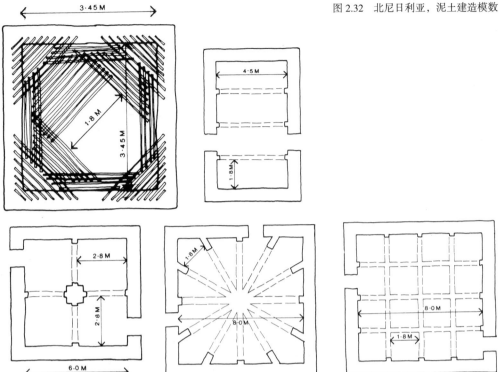

都能感知或者体验到一栋建筑中房间之间的尺寸关系，但显然这些关系在城市景象中也是不清晰或不明显的。毋庸置疑，从一座规则的广场中分辨一个不规则图形几乎不可能。站在佛罗伦萨新圣母玛丽亚广场（Piazza S. Maria Novella）的任何一点上，仅凭一眼就分辨出这是一个五边形的空间实为无稽之谈，对任何意图和目的而言，它看起来都是一个普通的正方形广场（图 2.33– 图 2.36）。

　　我们已经看到建筑具有来自建设过程的自然模块，同样，城市区域也是由特定功能基地开发的一般模块构成。新加坡旧城中心为中国人开发的社区就是一个良好的

图 2.33　新圣母玛丽亚广场，佛罗伦萨

图 2.34　新圣母玛丽亚广场，佛罗伦萨

图 2.35　新圣母玛丽亚广场，佛罗伦萨

图 2.36 新圣母玛丽亚广场，佛罗伦萨

图 2.38 新加坡

图 2.39 侍女玛丽安大道，诺丁汉

图 2.40 侍女玛丽安大道，诺丁汉

图 2.41 侍女玛丽安大道，诺丁汉

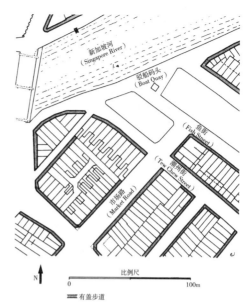

图 2.37 军事测绘，新加坡

案例。标准的三层高拱型铺面，在数英亩范围 50
内重复，形成了城市的统一和模块（图 2.37-
图 2.38）。相似的效果可以在很多小型英国集镇中
找到，紧临街道的地块拥有相似的尺度，赋予了
土地规划尺度和比例。直到最近，竖向的人类尺
度一直保持为两层、三层，或者最多四层楼；确
定这种高度的部分原因，是可以舒服步行上楼的
高度。然而这种相似比例的正常和谐，已经被空
前增长的大规模开发扰乱。所有的土地都被积聚
并组织成为大面积地块以满足开发者的需要，而
结果通常就是亲密人类尺度的丧失，就像诺丁汉
侍女玛丽安大道（Maid Marian Way）的开发效果，
其一度被描述为"欧洲最丑的街道"。[95] 侍女玛丽
安大道切断了连接伫立着圣玛丽的萨克森老城与
以城堡为中心的诺曼镇之间自然小尺度的街道肌
理。相互冲突的尺度并置，没有为城市增添任何
品质（图 2.39 - 图 2.41）。以在街道两侧植树的方
法来减小侍女玛丽安大道的尺度，是城市当局目
前试图改善始于 20 世纪 60 年代，没有尺度感，
且具有最坏影响的开发的微小努力。

城市只有提供"体验"才能得到欣赏，且 51
最好能够是悠闲步行的体验方式。城市并非一

件仅用来观看的人工制品，观众也是城市的一部分。他或她都会体验到远处钟声的喧闹、同行者的喋喋不休、烘焙咖啡豆诱人的香气、铺石路面反射的热量。他或她也会探索昏暗的小巷、体验市集广场的灯火通明以及各种商务的奔忙。这些体验的基础模块便是步伐；距离以步数衡量，这就是赋予城市比例的模块。能够以这种方式欣赏的城市片区，范围大约是20分钟的步行距离，或者是1.5公里（1英里）见方的区域；这是城市设计最大的空间单元，也是最需要关注的空间单元。城市设计中的尺度和比例有社会内涵。一片领域只有在它小的时候才会成为"家"；领域的总体和各个部分都必须保持在可想象的尺度范围内，才成其为家。正如诺伯格－舒尔茨（Norberg-Schulz）所指出的："已知场所的有限尺寸，自然汇集成集中的形式。一个汇集的形式，根本上意味着'集中'，也因而，一个场所基本上就是'圆的'。"[96] 奥斯卡·纽曼（Oscar Newman）在他的美国防卫空间研究中发现，工程尺度会影响犯罪率："如果建筑高度和工程尺度两个变量耦合，犯罪的可能性就会增加，即可以确定的是所有过高以及尺度过大的工程都会有更高的犯罪率。"[97] 艾丽丝·科尔曼（Alice Coleman）在英国的发现与纽曼一致，即来自匿名人群的犯罪和故意破坏会随尺度的增加而增多。"匿名"，她说道："是社区结构形成失败后'毫无人情味'（impersonal）的特征，这种社区中的人几乎不认识其他居民，甚至从未见过彼此。这让犯罪者获得了不会被认出的安全感，因此自由地在建筑和场地间徘徊，寻找犯罪机会。"[98] 当然，对于犯罪模式，也许不止有物质环境布局的原因，简单的物质环境决定论不是本段阐述的主旨。然而，在城市设计中采用正确的尺度，肯定是建立城市物质环境正确比例的关键，就城市的部分是整体的一个缩影而言，可能也是建立社会环境正确比例的关键。

## 对称、均衡与韵律

对称意味着在一条轴线的两边完全一样的要素布置。在20世纪初的装饰艺术运动中，这种对称性用于表现宏大形式。这种设计的静态形式，与古代希腊或者文艺复兴时期所使用的概念完全不同。汉布里奇及其追随者吉卡，将这些以及其他更多微妙的秩序化建筑要素，统称为"动态对称"（Dynamic Symmetry）。[99] 这些理念，正如我们已经看到的，有其希腊美学及数学理论渊源，事实上也许还有埃及法老时期伟大工匠的一些传统。正如柏拉图所构想的"更大的统一秩序"（Greater Ordering One）中，与以即存永恒的原型或理念来布置宇宙相同，依据这个经典理念，艺术家也一样将其作品秩序化，以符合永恒的、上帝赐予的比例系统，而这一比例系统受到与音乐律动相呼应的空间对称动态的支配。[100] 维特鲁威提供了理解在建筑中运用这个特别对称概念的关键："对称，是按照一个被选为标准的确定部分，作品自身各个部分之间的相互协调，以及部分与部分、部分与整体架构之间的恰当关系。因此，在人体的前臂、脚、手掌、指头以及其他小的部分间，也存在一种对称的和谐。"[101] 随后他在书中谈及了对称的原则"……应归于希腊（类似）比例。"[102] 音乐律动之美被维特鲁威定义为"……各部分相互协调的契合与美，当一件作品各部分的高度与宽度、宽度与长度都相互调和，即当所有部分对称地相关联时，

52

就会得到这种契和美。"[103] 很难将古典的对称概念翻译成现代英语，由于当今该术语对应了更为严格的对称构图，也许术语"均衡"（balance）是这个理念最简单明了的解释。

在英语中有两个俗语——"分寸感"（sense of proportion）和"均衡观"（balanced outlook）——这两个中的任何一个用于形容一个人时，表达的都是一种通情达理（reasonable and well-adjusted）的形象。同样的，一座达到均衡感的建筑必是经过妥善调整，且展示出各个部分合理分配的。天平是公平的象征符号，代表了赋予相应证据与恰当措施的重要性，从而保证了协调的合理及公正。在简单情况下，重力保证了在距支点两边相同距离的位置放置相同重量，就会均衡。这个物理均衡的理念，被延伸到了视觉形态的世界，并且无论在建筑结构还是视觉上都很重要；均衡理念在设计领域被用作一种类比。明显的不均衡看上去是笨拙的、头重脚轻的、偏向一边的或者是如喝醉般晃晃悠悠的。对称，在现代，用于轴向形式的建筑或者城市设计组群。它可以运用于雅典帕提农神庙的正面、泰姬陵，或者是罗马圣彼得大教堂前的开阔空间。这种类型的对称暗示着一条运动轴线。大多数生物或是人造的物体，无论是飞虫、鸟类、哺乳动物或者飞机以及轮船，在其运动方向上都有这样一条对称轴线。轴向对称布局的建筑和其他人造结构一样，运用的都是这个源于自然的运动类比。因此，沿着这个轴线，也是欣赏对称建筑构图的最佳途径。

自然界中的严格对称外貌，并不完全反映内部各个工作部分对称、相似的排列。例如，人的心脏和肝脏。任何个体正面外观明显的不对称，都会被看作不那么令人愉悦。一些理论家将这个外部对称与内部功能布局不相一致的理念加以发展类推并用于建筑设计。这个理念受到了坚持忠实表达建筑功能的功能性现代建筑学派的挑战。蓬皮杜文化中心就是这样的一个范例，通过展现机械服务结构，蓬皮杜中心就像一个被剥去皮肤的人，露出了内脏和其他的工作器官。然而，像蓬皮杜文化中心这样的建筑，无论何等有趣或激动人心，却只能作为规则或良好构图总体原则的例外。这里无意贬低一座优秀建筑的声誉，只是简单指出，如果实验性作品被重复，就会失去震撼和刺激思想的力量。

形式的对称是一种易于看见和理解的均衡，但却包含了实现内部功能与高度规则化外表之间均衡的巨大难度。罗伯逊以一个良好的图解，解释了以"对称"作为统一化概念来实现统一的一些问题。[104] 这里使用的是罗伯逊关于这个概念的简单解释。两个相同建筑物组成的构图（图 2.42）虽是均衡的，但也形成了双中心。既然二元性是需要避免的，那么就需要探寻回归统一的方法。在这种情况下设计师面临的问题，是如何为整个构图创造一个主要的视觉中心。此处"连接"（link）便被作为第三个要素引入构图。正如柏拉图所荐："不可能在没有第三个连接物作为纽带的情况下，将两个物体恰当地连接起来。"[105] 任何将二元化中心转换成一个方向、使彼此间相互关系更加紧密的手段，都有助于建立一个对称的统一构图（图 2.42）。

克里斯多夫·雷恩（Christopher Wren）在他格林尼治医院的设计中运用了一种"统一"的手段。由于他既无法用一个可以统一整个构图的更大建筑来替代由伊尼戈·琼斯（Inigo Jones）设计的小小皇后住宅（Queen's House），又不能让其他结构挡住这个重要建筑的视野，因而，雷恩用退而求其次的方法建立了统一，他将侧翼建筑的视觉中心，即双子穹顶从偏离其自身体量的中心位置，移到了整个构图的轴线之上（图 2.43）。

53

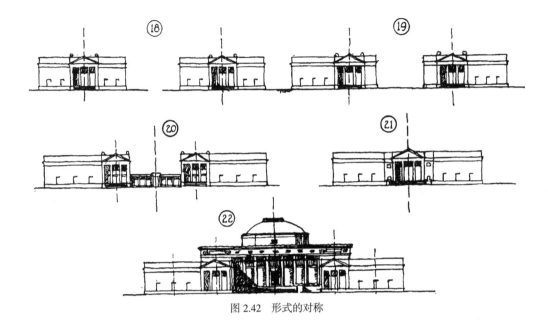

图 2.42　形式的对称

图 2.43　格林尼治医院，伦敦

54　　　　引入第三要素以连接视觉中心，进而完善构图的做法，能够提高统一感（图 2.42）。
而将主要体量放在侧翼，则会削弱整体的统一效果。科克雷尔（C.R. Cockerell）设计的
55 牛津阿什莫尔博物馆（The Ashmolean Museum）及泰勒学院（Taylor Institute）的主立面
便展示了这种构图缺陷："两翼高于中央，通常就是视觉上的冒险，而此处尤其如此，由
于差别不大。"[106]（图 2.44－图 2.45）

　　图 2.42 中可以看到取得统一的更好方法。第一种方法，是将两栋建筑合二为一，形
成一个完整的构图。第二种方法是引入完全主导其他两栋建筑的第三栋建筑。由此我们
就有了一个由多个要素形成的构图，具有三个视觉中心，但是中央的要素则是统一所需
的支配核心。我们已经讨论过的位于新德里由勒琴斯和巴克（Baker）设计的市政厅和临
近的秘书处政府建筑规划的致命缺点，是其从重要的轴线视点看去，缺少了市政厅的主
导作用（图 2.21－图 2.23）。[107] "从国王大道接近市政厅，参观者从距雷西纳山不到半
英里（1 英里约为 1.61 千米）的地方就开始逐渐丧失对这纪念性门廊的视野，而当站在

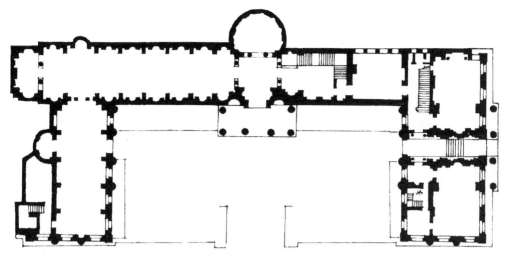

图 2.44　1839–1945 年，扩建前的牛津阿什莫尔博物馆、大学画廊及泰勒学院

图 2.45　阿什莫尔博物馆，牛津

大广场时，便只能勉强看见略高于地面的宫殿穹顶。而最后，当他到达通向国家法院及其侧翼秘书处街区的斜坡道顶点时，连这些也彻底看不见了。"[108] 根据《城镇规划评论》（*Toun Planning Review*）的社论，这个构图和华盛顿国会大厦"宏伟的强势"没有任何相似之处："而是一个令人不满意的整体，非统一的概念，德里制高点上的特征，呈现

为截然相反两部分的德里的至高特征。"[109]

　　不对称是非轴向建筑的不正式均衡，它对应人的侧面轮廓。相对于静态的正面对称，它更适合极复杂的均衡位置。在过分简化的术语中，一个靠近均衡支点的巨大重量，可以被一个远离支点但较轻的重量加以平衡。相似地，建筑体量的概念重量，也可以取得复合的均衡。对于围绕一个均衡点或者一个支配性焦点形成构图要素的数量并没有限制。这个点首先吸引视线，而在检验完整体构图的其余部分后也又会再回到这个点。构图组群（compositional grouping）的效果和力学中力的分解相似，就像作用于一个主体的所有力可以合为一个单一、合成的力一样，各个要素不同的重量也可以组合成一个视觉构图；当这些明确的、想象的重量通过其重心时，构图就会达成均衡。只有当不对称建筑都遵循均衡和平衡的规则时，它们才符合"统一的教规"（图2.46）。[110]

图2.46　不对称均衡的概念：阿西西城（Assissi）的圣弗朗西斯科教堂（Church of San Francesco）

56　　迄今为止呈现的不对称均衡的图片都颇为静态，并且在某些方面都更适合于二维设计分析。然而应该被记住的是，在建筑组群中，建筑体量间的明显关系，会随着视点的变化而变化，不同的建筑视点让观者看到不同的构图画面（图2.47–图2.48）。而城市设计中的不对称均衡则更为复杂，要求更高的敏感性，视觉力不能像机械力一样由计算得出，它们只能被"感知"。除了远距离景象，建筑物、城镇空间和景观，都是当一个人在构图中移动时才能欣赏到的。城镇呈现出一系列不断变化的不同画面，每一个画面都是单独的构图。在一个现状城镇中进行填补设计，或者在绿野里设计城市组群，都要求城市设计师拥有同时看见所有这些画面的想象力，并安排建筑物来创造、支持或完善一系列均衡的构图。戈登·卡伦（Gordon Cullen）在他的《城镇景观》（*Townscape*）中，给出了为城市设计师运用系列景观作为工具来进行设计和分析的方法。[111]均衡构图的精彩实例，在欧洲任何一座伟大的中世纪城镇中都能找到。锡耶纳（Siena）的坎波广场（the Piazza 57 del Campo），就是一个极好的实例（图2.49–图2.50）。

图 2.47　圣弗朗西斯科教堂和修道院，阿西西城

图 2.48　圣弗朗西斯科教堂和修道院，阿西西城

图 2.49　锡耶纳，坎波广场

图 2.50　锡耶纳，坎波广场

一个糟糕的合成画面看上去会头重脚轻或者偏向一边。为避免这个错误，均衡线就应避免放在不恰当的位置，例如不能放在构图的边缘位置，而是应该在接近构图中心的某处：作为一个粗略的标准，它应该位于三等分的中间位置。相似的道理，城市构图的焦点，无论是一栋建筑或是一个空间，都应位于接近组群中部的某个地方。在一个片区、地区、邻里或者住宅群组的设计中，其群落的峰极都应朝向中心，以便所有的路线都通向这里。

## 韵律、和谐与对比

韵律（节奏）的神秘感必须经过体验获得；它们是自然界的一个基本特性。黑暗中的孩童，倾听时，钟的滴嗒声魔法般地转化为一种极具韵律的节奏，一种由精神强加于意识的模式。伟大的舞者随着音乐节奏起舞，在经验的驱使下既控制着运动，也被运动控制着。浸透了高度能量飞速旋转的非洲仪式舞蹈，完全把参与者带入另一个层面。建筑的节奏具有相似的特性。它可以用合乎逻辑的分析来解释；理解它激动人心而持久的效果并不止是一种简单反应。归根结底，它是体验性的。

建筑的韵律是要素组合的产物；它们包括强调（emphasis）、间隔（interval）、重音（accent）和方向（direction）。韵律是由形成构图的各部分相结合而达成的动感："一个单柱在平面图上只是一个点；充其量是平面上一个很小的圆圈——它所能给予的只有秩序的模数别无他。而两根柱子立刻就会产生一个柱间距，继而一种韵律，以及一个你可以借此感知整栋建筑的模数。"[112] 和古典建筑中柱间距重要性相匹配的，是中世纪大教堂巨大柱墩之间的空间，这是建筑的脉搏。《城市形态》（Forma Urbis）里的古罗马化石记忆，记述了城市尺度的脉动韵律。宏大的巴西利卡、广场及拱廊，击败了柱状结构的稳定感：着实是凝固的音乐。阿姆斯特丹的韵律在运河两岸并肩排列的狭窄山墙建筑中永生，它是房屋临水面的价值以及其为运河实用需求所提供服务的价值体现。主体结构土地划分的平稳步调，伴随着更灵活却仍然规则的楼层窗户的步调，整条街道组成连续的弧线构图，沿着河道展开，倒映其中。

统一的凯旋战胜混沌，秩序的胜利，是建筑和城市设计美学的成功条件。然而，好的设计，应该避免千篇一律，且应该因而努力更有趣味和着重点。一些生活中极大的愉悦源于自然中的对比，阳光和阴影、大西洋中赫然矗立的爱尔兰莫赫断崖（Cliffs of Moher）、广阔红色豪萨兰（Hausaland）平原上突起的犹如巨大黑色疣突的花岗岩孤山。在建筑中，也有很多愉悦来自相似的对比。穿过锡耶纳城市肌理中割裂出来如洞穴般幽暗的街道，进入坎波广场中明亮的圆形剧场，便是一种类似的绝妙城市体验，而市政厅的纵横对比，则进一步加深了参观者的愉悦感。如果没有这样的对比，我们的生活将失去很多强度与活力。而对比也需通常保持在适度的比例中才能避免感知超载。建筑中复杂性与静止之间的正确平衡，是秩序的关键："美学成果的条件是秩序的胜利，但只有充足的复杂性，才让这种胜利是值得的。"[113]

好的构图一定是和谐的。好构图，概括而言，取决于如何通过比例取得统一。和谐设计的定义包含对"对比"的适当考虑，对比是建筑构图和谐的基本要素。然而，和谐并不等于一致；通过材料、细部甚至高度的重复取得的一致性，仅仅是城市构图设计过程中导向统一的最初想法。如果没有对比的要素和意外惊喜，就会退化为平淡现状条件的复制。

在建筑和城市设计中的对比，可以运用于几乎无限的领域。形式与反形式之间的对比，即建筑物与空间、街道与广场，甚或是软与硬质景观之间的对比。建筑物中，可能存在形式之间的对比，例如，球体与立方体、穹顶和尖塔之间的对比。在细部间有直线与物体轮廓间的对比，在方向上有垂直和水平的对比，或者还有颜色和纹理的对比。无论哪一种对比形式用于建筑主线或者城镇景观，都应该产生一种决定性的效果，而构图中的所有要素，都应该让其自身浸透相似的品质。

例如，在开窗设计中，墙体或窗户应该有一者清晰地主宰立面。简单形状的使用也应该遵循同样简单的原则，正方形就应该是精确的，而不是一个稍大或稍小的矩形，同理一个椭圆也不应该是一个鼓胀的圆，而应该精准地保持着它的椭圆形状。总而言之，更为可取的是，保持建筑构图中形式的完全、果断和清晰。如果保持了这个品质，对比就能取得和谐："无论在两个信息网的何处有了并置或冲突，意识都会寻求建立一种秩序化的关系。建立成功时就有了和谐的基础，而失败的结果就是不和谐。因而和谐的概念，可以扩展到任何成功地从复杂性中提取秩序的过程。"[114]

设计师面临的困难，是正确把握对比的程度。极端的对比只会产生不和谐，当对比要素的比例过于独立，相互竞争，以致不能成为彼此的衬托时，就会发生这种情况。检验对比要素适宜度的一个有效工具，即是黄金分割（希腊字母 $\varphi$, phi），黄金矩形 1∶1.618的比率，是确定矩形各边关系的一个下限。两边中的主从关系清晰可见。

在开窗设计问题中运用黄金分割的经验法则，就有了古典术语中最为和谐的均衡，墙面占视觉重量的60%，窗户占40%。然而，对于人们是否具有将黄金分割比例的矩形区别于其他尺寸接近的矩形的一般能力是存在质疑的。还有一个计算各设计要素视觉重量的问题，各要素的视觉重量往往取决于包含其中的建筑细部、颜色、纹理或者符号重要性。此外，计算一个和谐构图中对比的恰当程度，实则是一个设计直觉和感觉的问题。但是，经验法则似乎指明，在一个兼容性秩序的对比中，需要一个显而易见的支配主体。而极端的对比也会产生无序与清晰的缺乏。

## 结语

一些建筑构图分析的概念构成了本章的主题。秩序、统一、均衡、对称、尺度、比例、韵律、对比，以及和谐，都是界定"好建筑"的重要工具，这些概念相互重叠和互补加强，前述段落阐明了它们的相互联系。任何一个单独概念不会也不能独立存在，但如果当中有一个最为重要，那就是统一。这些概念可以用于分析城市形态的美学品质，但不能以完全一样的方法分析大规模的城市开发。这些以及其他的概念，也将用于下面的章节，以研究建筑物布局的各种方法，更具体地说，是街道与广场的设计。

## 注释与文献

1 维特鲁威（Vitruvius），《建筑十书》（*The Ten Books of Architecture*），多佛出版社（Dover Publications），纽约，1960年，第1册，第2章，第13页。

2 布鲁诺·赛维（Zevi, Bruno），《建筑空间论》[*Architecture as Space*，M. 甘德尔（M. Gendel）译]，地平线出版社（Horizon Press），纽约，1957年，第21页。

3 维特鲁威，引文同前，第13页。

4 莱昂 巴蒂斯塔·阿尔伯蒂（Alberti, Leon Battista），《建筑十书》[*Ten Books of Architecture*，科西莫·巴尔托利（Cosimo Bartoli）译意大利文，詹姆斯·莱昂尼（James Leoni）译英文]，蒂兰蒂出版社，1955年，第6册，第5章，第119页。

5 安德烈亚·帕拉第奥（Palladio, Andrea），《建筑四书》（*The Four Books of Architecture*），多佛出版社，纽约，1965年，第1册，第1章，第1页。

6 布鲁斯·奥尔索普（Allsopp, Bruce），《现代建筑学理论》（*A Modern Theory of Architecture*），罗德里奇 & 凯根保罗（Routledge & Kegan Pau）合作出版，伦敦，1977年，第18页。

7 莱昂·巴蒂斯塔·阿尔伯蒂，《建筑十书》（1955年莱昂尼版），多佛出版社，纽约，1986年，第4册，第5章，第195页。

8 A. 帕拉第奥（Palladio, A.），引文同前，第1册，第20章，第25页。

9 约翰·萨默森爵士（Summerson, Sir John），《建筑的古典语言》（*The Classical Language of Architecture*），泰晤士与哈德孙出版社（Thames and Hudson），伦敦，1963年。

10 伊利尔·沙里宁（Saarinen, Eliel），《在艺术和建筑中寻找形式》（*The Search for Form in Art and Achitecture*），多佛出版社，纽约，1985年，第70页。

11 同上，第27页。

12 沃尔特·格罗皮乌斯（Gropius, Walter），《新建筑与包豪斯》[*The New Architecture and the Bauhaus*，尚德·P. 莫顿（P. Morton, Shand）译，弗兰克·皮克（Frank Pick）引荐]，麻省理工学院出版社，剑桥，马萨诸塞州，1965年，第44页。

13 《卫报》（*The Guardian*），1988年10月29号，第1页，以及《观察家报》（*The Observer*），1988年10月30号，第18页。

14 A.W. 普金（Pugin, A.W.），《尖顶建筑或基督教建筑的真正原则》（*The True Principles of Pointed or Christian Architecture*），亨利·G. 博恩出版公司（Henry G. Bohn），伦敦，1841年，第22页。

15 勒·柯布西耶（Le Corbusier），《走向新建筑》（*Towards a New Architecture*），建筑出版社（Architectural Press），伦敦，1946年，第9页。

16 查尔斯·詹克斯（Jencks, Charles），《后现代建筑语言》（*Language of Post-Modern Architecture*），学院版第4版，伦敦，1984年，第5页。

17 罗伯特·文丘里（Venturi, Robert），《建筑的复杂性与矛盾性》（*Complexity and Contradiction in Architecture*），当代艺术博物馆（MoMa），纽约，1966年，第46页。

18 同上，第23页。

19 J.M. 克鲁克（Crook, J.M.），《风格的困境》（*The Dilemma of Style*），约翰默里出版公司（John

Murray），伦敦。

20 同上，第 270 页。

21 勒·柯布西耶，引文同前，第 45 页。

22 W. 赫格曼（Hegemann, W.）和 E. 皮茨（Peets, E.），《美国的维特鲁威：市政艺术的建筑师手册》（*The American Vitruvius, An Architect's Handbook of Civic Art*），本杰明布卢姆出版公司（Benjamin Bloom），纽约，1922 年，第 1 页。

23 同上，第 2 页。

24 阿尔伯蒂，引文同前，第 1 册，第 9 章，第 13 页。

25 弗雷德里克·吉伯德（Gibberd, Frederick），《市镇设计》（*Town Design*），建筑出版社，伦敦，第二版，1955 年，第 11 页。

26 克里斯多夫·亚历山大等（Alexander, Christopher, et al.），《俄勒冈实验》（*The Oregon Experiment*），牛津大学出版社（Oxford University Press,），纽约，1975 年，第 10 页。

27 亨利·沃顿爵士（Wotton, Sir Henry），《建筑的要素》（*The Elements of Architecture*），格雷格出版社，伦敦，1969 年。

28 简·雅各布斯（Jacobs, Jane），《美国大城市的死与生》（*The Death and Life of Great American Cities*），兰登书屋（Random House），纽约，1961 年，第 24 页。

29 帕拉第奥，引文同前，第 1 层，第 1 章，第 1 页。

30 凯文·林奇（Lynch, Kevin），《城市意象》（*The Image of the City*），麻省理工学院出版社，剑桥，马萨诸塞州，1960 年，第 4 页。

31 同上，第 9 页。

32 霍华德·罗伯逊（Robertson, Howard），《建筑构图原理》（*The Principles of Architectural Composition*），建筑出版社，伦敦，1924 年，第 1 页。

33 A.T. 爱德华兹（Edwards, A.T.），《建筑风格》（*Architectural Style*），费伯与格怀尔出版公司（Faber and Gwyer），伦敦，1926 年，第 17 页。

34 克里斯多夫·亚历山大，《建筑的永恒之道》（*A Timeless Way of Building*），牛津大学出版社，纽约，1919 年，第 336 页。

35 H. 罗伯逊，引文同前，第 2 页。

36 H. 沃顿爵士，引文同前。

37 阿尔伯蒂，引文同前，第 6 册，第 2 章，第 113 页。

38 尼古拉斯·佩夫斯纳（Pevsner, Nikolaus），《欧洲建筑纲要》（*An Outline of European Architecture*），企鹅出版社，哈蒙兹沃思，第七版，1977 年，第 204 页。

39 海伦·罗西瑙（Rosenau, Helen），《理想城市》（*The Ideal City*），远景工作室（Studio Vista），伦敦，1974 年，第 51 页。

40 A.F.J. 莫里斯（Morris, A.F.J.），《城市形态史》（*History of Urhan Form*），乔治戈德温出版公司（George Godwin），伦敦，1972 年，第 117 页。

41 罗杰·斯克鲁顿（Scruton, Roger），《建筑美绪》（*The Aesthetics of Architecture*），梅休因出版社（Methuen），伦敦，1979 年，第 11 页。

42 布鲁诺·赛维，《建筑空间论》[*Architecture as Space*，M. 根德尔（M. Gendel）译]，地平线出版社，纽约，1957 年，第 193 页。

43 R. 文丘里，引文同前，第 22 页。

44 同上，第 23 页。

45 A.T. 爱德华兹，引文同前，第 13 页。

46 K. 林奇，引文同前。

47 K. 林奇，引文同前。

48 戴维·卡茨（Katz, David），《格式塔心理学》（*Gestalt Psychology*），罗纳德出版社（Ronald Press），纽约，1950 年；K. 科夫卡（Kofka, K.），格式塔心理学原则（*Principles of Gestalt Psychology*），哈考特布鲁斯与世界出版公司（Harcourt, Brace and World Inc.），纽约，1935 年。

49 C. 诺伯格 – 舒尔茨（Norberg-Schulz, C.），《存在·空间·建筑》（*Existence, Space and Architecture*，），远景工作室，伦敦，1971 年，第 18 页。

50 海因里希·沃尔夫林（Wölfflin, Heinrich），《文艺复兴与巴洛克》（*Renaissance and Baroque*），柯林斯出版社（Collins），伦敦，1964 年，第 43 页。

51 H. 罗伯逊，引文同前，第 5 页。

52 G.R. 柯林斯（Collins, G.R.）与 C.C. 柯林斯（Collins, C.C.）《卡米洛·西特：现代城市规划的诞生》（*Camillo Sitte：The Birth of Modern City Planning*），里佐利出版社（Rizzoli），纽约，1986 年，第 181 页。

53 克里斯多夫·亚历山大等，《建筑模式语言》（*A Pattern Language*），牛津大学出版社，纽约，1977 年。

54 A.T. 爱德华兹，引文同前，第 29 页。

55 同上，第 32 页。

56 阿尔伯蒂，引文同前，第 4 册，第 3 章，第 190–191 页。

57 R. 文丘里，引文同前，第 89 页。

58 同上，第 101 页。

59 H. 罗伯逊，引文同前，第 13 页。

60 沃尔特·博尔（Bor, Walter），《城市的制造》（*Making Cities*），希尔出版社（Hill），伦敦，1972 年，第 164 页。

61 A.T. 爱德华兹，引文同前，第 127 页。

62 迈尔斯·丹比（Danby, Miles），《建筑设计语法》（*Grammar of Architectural Design*），牛津大学出版社，伦敦，1963 年，第 121 页。

63 柏拉图（Plato），《法律》[*The Laws*，特雷弗 J. 桑德斯（Trevor J. Saunders）译]，企鹅出版社，哈蒙兹沃思，1988 年，第 5 册，第 205 页。

64 亚里斯多德（Aristotle），《政治》[*The Politics*，T.A. 辛克莱（T.A. Sinclair），特雷弗 . J. 桑德斯 ]，企鹅出版社，哈蒙兹沃思，1986 年，第 7 册，第 4 章，第 404 页。

65 同上，第 405 页。

66 梅尔文·M. 韦伯（Webber, Melvin M.），"城市领域的城市场所和非场所"（"The urban

place and nonplace urban realm"），《城市结构探索》（*Explorations into Urban Strurture*），牛津大学出版社，伦敦，1967 年，第 79–153 页。

67 凯文·林奇，《城市形态》（*A Theory of Good City Form*），麻省理工学院出版社，剑桥，马萨诸塞州，1981 年，第 245 页。

68 亚里斯多德，引文同前，第 404 页。

69 H. 梅尔滕斯（Maertens, H.），《艺术中的光学标准》（*Der Optische Masstab in der Bildenden Kuenster*），第 2 版，沃斯姆斯出版社，柏林，1984 年。

70 汉斯·布卢姆菲尔德（Blumenfeld, Hans），"市政设计尺度"（"Scale in civic design"），In《城镇规划评论》（*Town Planning Review*），第 24 卷，1953 年 4 月，第 35–46 页。

P.D. 斯佩里根（Spreiregen, P.D.），《城市设计：城镇与城市的建筑》（*Urban Design：The Architecture of Towns and Cities*），麦格劳·希尔出版社（McGraw-Hill），纽约，1965 年。

乔治·班斯（Banz, George），《城市形态的元素》（*Elements of Urban Form*），麦格劳希尔出版社，旧金山，1970 年。

凯文·林奇，《基地规划》（*Site Planning*），麻省理工学院出版社，剑桥，马萨诸塞州，第 2 版，1971 年。

71 H. 布卢姆菲尔德，引文同前。

72 G. 班斯，引文同前，第 99 页。

73 H. 布卢姆菲尔德，引文同前，第 43 页。

74 同上，第 43 页。

75 B.G. 摩根（Morgan, B.G.），《英国中世纪建筑设计典范》（*Canonic Design in English Medieval Architecture*），利物浦大学出版社（Liverpool University Press），利物浦，1961 年，第 97 页。

76 约翰·萨默森爵士，引文同前，第 8 页。

77 帕拉第奥，引文同前，第 4 册。

78 阿尔伯蒂，引文同前，第 1 册，第 1 章，第 1 页。

79 同上，第 1 册，第 9 章，第 14 页。

80 R. 维特科尔（Wittkower, R.），《人文主义时代的建筑原理》（*Architectural Principles in the Age of Humanism*），蒂兰蒂出版社，伦敦，1952 年，第 29 页。

81 阿尔伯蒂，引文同前，第 4 册，第 5 章，第 196–197 页。

82 帕拉第奥，引文同前，第 1 册，第 13 章，第 28–29 页。

83 马蒂拉·吉卡（Ghyka, Matila），《生命·艺术·几何》（*The Geometry of Art and Life*），多佛出版社，纽约，1977 年，第 16 页。

84 同上，第 17 页。

85 杰伊·汉布里奇（Hambridge, Jay），《动态对称要素》（*The Elements of Dynamic Symmetry*），多佛出版社，纽约，1967 年，第 11 页。

86 勒·柯布西耶，《模数》（*The Modulor*），费伯出版公司（Faber & Faber），伦敦，1951 年，第 37 页。

87 M. 丹比，引文同前，第 122 页。

88 K. 斯克鲁顿，引文同前，第 60 页。

89 S.E. 拉斯姆森（Rasmussen, S.E.），《体验建筑》（*Experiencing Architecture*），约翰·威利出版社（John Wiley），纽约，1959 年，第 104–105 页。

90 R. 维特科尔，引文同前，第 7 页。

91 J. 萨默森爵士，引文同前，第 112 页。

92 S.E. 拉斯马森，引文同前，第 123 页。

93 迈尔斯·丹比，引文同前，第 129 页。

94 J.C. 芒福汀（Moughtin, J.C.），《豪萨族建筑》（*Hausa Architecture*），民族志（Ethnographica），1985 年，第 99–115 页。

95 这是诺丁汉大学第一位建筑学教授亚瑟·林（Arthur Ling）的陈述。

96 C. 诺伯格 – 舒尔茨，引文同前，第 20 页。

97 奥斯卡·纽曼（Newman, Oscar），《防御空间》（*Defensible Space*），麦克米伦出版社（Macmillan），纽约，1972 年，第 14 页。

98 艾丽丝·科尔曼（Coleman, Alice），《审判乌托邦》（*Utopia on Trial*），希拉里希普曼出版公司（Hilary Shipman），伦敦，1985 年，第 27 页。

99 杰伊·汉布里奇，引文同前，马蒂拉·吉卡，引文同前。

100 柏拉图，《蒂纳尔斯与克里斯蒂亚斯》[*Timaeus and Critias*，德斯蒙德·李（Desmond Lee）译]，企鹅出版社，哈蒙兹沃思，1987 年。

101 维特鲁威，引义同前，第 14 页。

102 同上，第 74 页。

103 同上，第 14 页。

104 H. 罗伯逊，引文同前，第 13–17 页。

105 柏拉图，引文同前，第 44 页。

106 舍伍德，詹妮弗和尼古拉斯·佩夫纳斯（Sherwood, Jennifer and Pevsner, Nikolaus），《牛津郡》（*Oxfordshire*），企鹅出版社，哈蒙兹沃思，1974 年，第 268–269 页。

107 社论（Editorial），《城镇规划评论》，第 4 卷，3 号，1913 年 10 月，第 185–187 页。

108 RG. 欧文（Irving, RG.），《印度夏天，勒琴斯，贝克和皇家德里》（*Indian Summer, Lutyens, Baker and Imperial Delhi*），耶鲁大学出版社（Yale University Press），纽黑文和伦敦，1981 年，第 143 页。

109 《城镇规划评论》，引文同前。

110 赛维，引文同前，第 194 页。

111 戈登·卡伦（Cullen, Gordon），《城镇景观》（*Townscape*），建筑出版社，伦敦，1961 年。

112 J. 萨默森爵士，引文同前，第 92 页。

113 P.F. 史密斯（Smith, P.F.），《建筑学与和谐原则》（*Architecture and the Principle of Harmony*），英国皇家建筑师协会出版（RIBA publications），伦敦，1987 年，第 14 页。

114 同上，第 71 页。

# 第 3 章　城镇与建筑

## 引　言

　　对于城镇或城市，有两个完全不同的建筑学概念。第一个概念中，城镇或城市被视作一个开敞的景观，建筑是放置其间的三维因子，如一件件雕塑般坐落当中。第二个概念中，城镇或城市公共空间，即街道与广场，是从原本的一个实体体块中镌刻而来。第一个概念中的建筑是积极的实体要素，空间是建筑被观看见时的周围背景。而按照第二个概念的方法，城市空间本身是一个具有三维特质的积极要素，而建筑只是构建空间的二维立面。这里将要讨论的是第二个源自例如佛罗伦萨、阿西西（Assisi）和牛津等这些精彩城市的概念，如果将其用作未来城市开发的样板，将是欧洲保持悠久而卓越文化遗产的城市生活方式的最好保证。

　　且不论一般的建筑形式，无论城市是由坐落在空间中的建筑组成，还是空间是由建筑群构成的，城市设计的目标都是统一构图。上一章中阐述了建成形式的统一，部分是通过使用普遍的建筑材料、建筑细部的重复，以及适宜的人类尺度而达成。例如，英国最受推崇的城市、城镇和村庄，如林肯郡、金斯林（King's lynn）以及科茨沃尔德村中古老的部分；它们的共同点是都历史悠久，并展现了许多到现在为止讨论过的统一品质。相比之下，很多 20 世纪的开发项目却只能差强人意。例如，斯凯尔莫斯代尔（Skelmersdale）的城镇中心，根本无法和在林肯郡步行穿过中世纪大门，经过 12 世纪的犹太人住宅并蹬上梯阶山到达城堡山，而后再通过财政部大门最后站在大教堂宏大西立面前的体验相比。步行通过林肯郡的这一部分，展现的是一种"城市建筑"；空间、细部、楼层平面，都是一个杰作的所有部分，这种统一的体验，正是林肯郡引人入胜的原因之一（图 3.1– 图 3.4）。

　　城市设计中的统一，也取决于开发一贯采用的布局形式。在大规模城市设计项目中，有五种宽泛的技术可以用来取得统一。第一，景观可以用来统一不同的建筑组群。第二，在建筑上使用简单的几何形状，能导向统一的构图。第三，在大型开发中，直角是有效的统一原则。第四，围绕一系列轴线及次要轴线布置建筑物。最后，城市空间本身可以成为城市设计原则的基础。

城堡山

财政部
大门

峭壁山

犹太人
住宅

林肯
大教堂

N

比例尺

0                          120m

图 3.1  林肯郡（左）

图 3.2  林肯郡（右上）

图 3.3  林肯郡（右中）

图 3.4  林肯郡（右下）

## 景观中的建筑

具有高度个性的不同建筑，近距离放置在一起，几乎可以肯定会相互冲突。这样的建筑需要空间的围绕，以使它可以作为单独构图来欣赏。欣赏景观中孤立建筑的方法，与欣赏雕塑的方法一样，意即围绕它走一圈并从所有的面去审视它。

那些设计得如雕塑一样、可以被围绕着、审视的建筑有两种基本形式。第一种是由自由雕塑形式组成的非正式模型，可以为内部平面设计提供最大的弹性。这种建筑类型能够最大程度地表达与增强景观环境布局。将建筑作为三维形体欣赏的正式古典模型，需要遵循内部空间对称的布局原则。尽管对于城市布局而言，正式模型比非正式模型更实用，但仅限于那些只需要极少极简内部空间的建筑。

勒·柯布西耶设计的郎香教堂就是非正式及雕塑化建筑的实例。其坐落在一座小山顶部周围树木繁茂的空地上。[1] 其所具有的雕塑品质的设计灵感可能来自米科诺斯的小教堂（图3.5）。[2] 杰弗里·贝克的分析向我们阐明朗香教堂是如何通过其结构形态而拥抱了整个环境景观，并立刻使其成为视觉焦点，同时，它又是一个可以纵览景观全景的视点（图3.6）。[3]

在英国，一座孤立的村舍似乎是每个人的理想家园——一座遗世独立，坐落于自家花园中的建筑（图3.7）。科茨沃尔德动人村舍的茅草屋顶、整齐修剪过的篱笆、花园大门以及有庇护感的入口，都来自英国精神（Psyche），而其社会根源是独立乡村住宅的原型。此建筑坐落于其自身的景观当中；而其自身雕塑式的形状也突出了它的独立性。建筑形式的可能性是多样的。以这种方法设计而来的建筑周围空间，应当足矣利于看到建筑全貌，意即，可以在建筑高度两倍的距离之外观赏建筑。通常，建筑通过软景观元素与周围景观形成完整的构图，当观察者围绕其步行和穿行其中时，在不同的位置会看到不同的画面。

66

图3.5　米科诺斯的教堂

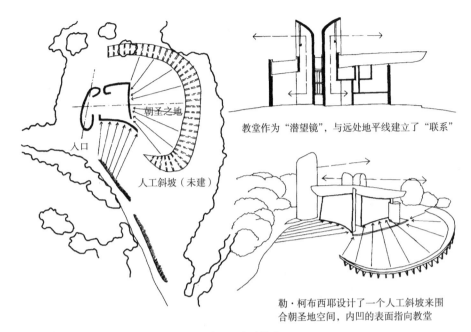

朝圣之地

入口

人工斜坡（未建）

教堂作为"潜望镜"，与远处地平线建立了"联系"

勒·柯布西耶设计了一个人工斜坡来围合朝圣地空间，内凹的表面指向教堂

图 3.6　朗香教堂

图 3.7　小别墅，奇平坎普登

由伯拉孟特设计，位于蒙托里奥的坦比哀多礼拜堂（The Tempietto of San Pietro in Montorio），就是一个独立式建筑正式设计的理想模型。它或许在各个方面都完美地展现了这种雕塑化形式。[4] 文艺复兴时期热衷于为能看见全貌的建筑设计完美形式的建筑师，转而将维斯塔庙宇（Temple of Vesta）[有争议，依据萨默森，这个建筑似是波图姆斯（Portumnus）的作品]作为他们设计的原型。[5] 在西班牙为费尔南德（Ferdinand）和伊莎贝拉（Isabella）修建的，和圣彼得殉难地有关的坦比哀多，原本计划建在一个更大的圆形回廊中央。[6] 在这座小建筑中，阿尔伯蒂源自古典传统理念之上完美想法的理想得以实现。这着实是一座其所有的部分皆彼此相关联的建筑，此外，其整体也运用了基于模数的比例原则；建筑的所有部分都是其完整性所必需的，

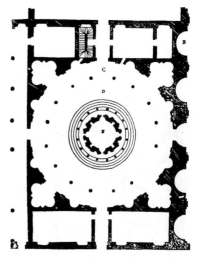

图 3.8　由伯拉孟特设计，位于蒙托里奥的坦比哀多

添加、减少或改变任何部分，都会破坏统一。伯拉孟特的这一刻意的完美形式的原则，意在将建筑的周围空间，即它的城市环境——这种开发类型的完美模型（图 2.6 和图 3.8），也囊括其中。

在英国牛津，由詹姆斯·吉布斯设计的拉德克利夫图书馆（Radcliffe Cameva）就是以这种集中平面的古典原型为基础。约翰·拉德克利夫博士（Dr John Radcliffe）于 1712 年决定为牛津大学捐赠一座图书馆。按原本的计划，首先应是将这座新图书馆加建在牛津大学博德利图书馆（Bodleian）的西侧，而后来却改为建于学校方庭南侧。尽管图书馆都是圆形的平面形式，但在两种情况中，新图书馆都有一侧与现有建筑相连接。这两座图书馆的原始设计都是由雷恩的学生尼古拉斯·霍克斯莫尔（Nicholas Hawksmoor）完成。只是最终设计委托给了吉布斯，正是他将拉德克利夫图书馆从周围建筑中独立出来，使其雕塑化的形式从四周皆可看到，任何人，无论从卡特街（Catte Street）的哪一端进入广场，都会对面前巨大圆形建筑体量辉煌的视觉效果感到震惊（图 3.9）。[7]

当那些独立性很强的建筑靠得很近时，景观设计是使它们获得统一性的工具之一。树木、灌木和草坪，以诸如此类大量的绿化置于不同形式、材料和颜色的建筑之间，以达到隔离。景观在这种情况下成为构图的支配性要素，建筑则扮演次要和对比的角色。例如在英格兰，布局独立式住宅的常见方法，是远离道路，只能以一条贯穿密布树木和灌木的车道与建筑相通，每个家庭包裹在自己的独立世界中，把邻居排除在外；外人只能透过葱郁的植物，撇见若隐若现的建筑本身。这些只有很少甚或没有任何相互关联的建筑以这种方式，被景观所联系在一起；花园的设计，将建筑、道路以及步行小道融为更大统一的整体（图 3.10）。[8]

在北美一些城市的郊区，例如在巴尔的摩的罗兰公园（Roland Park）中，矗立着由

图 3.10　汉普斯特德花园郊区，伦敦

图 3.9　拉德克利夫图书馆，牛津

约翰·查尔斯（John Charles）和弗雷德里克·劳·奥姆斯特德（Frederick Law Olmsted）设计的独立式大别墅，建筑正立面面向一片草坪，植物被用作建筑之间的分隔。而大片修整齐的光洁草坪，则是统一各种建筑式样和风格的景观要素（图 3.11）。[9]

　　这种布局类型，需要大面积的土地才能实现。例如，这种模式的居住区密度低至每公顷 8 户，只有这样的密度，才能有成木和密植面积足够的花园。若是更高的密度，人们只得转向如莱奇沃思和韦林这样的"田园城市"，或者像汉普斯特德这样的花园郊区，才能研究景观在更高密度统一邻里中的作用。在花园郊区中，普遍存在的半独立住宅以及围绕公共草坪布置的连排别墅组的密度为每公顷 24 户。这种早期聚集居住的尝试，给英国人提供了一种理想家园的特定模式——邸园中的乡村住宅，只是这种模式的"好景"不长。后来，开发密度见涨，景观空间不复存在，这个理念也就日渐无

图 3.11　罗兰公园，巴尔的摩

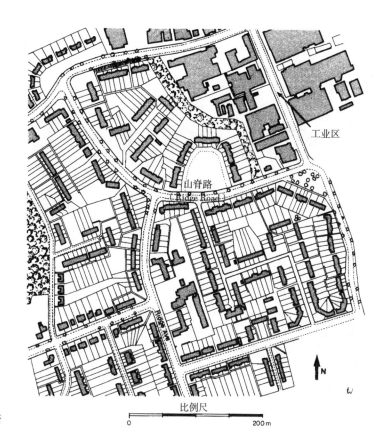

工业区

山脊路
(Ridge Road)

Ridge Ave

N

图 3.12  超级街区，莱齐沃斯

比例尺

0                     200 m

人问津。现在也许是回归像雷蒙德·昂温（Raymond Unwin）和巴里尔·帕克（Barry Parker）这些建筑师的理念的时候了，他们的理念在 20 世纪的头十年被广泛用于大规模住宅设计（图 3.12）。[10]

　　当下商务花园、娱乐中心及其他相似的开发日趋流行。这样的花园和中心，通常几乎没有任何建筑学价值，散布在了无人烟车位的海洋中；如此频繁以次充好的开发，就像种植的密集树木，满心希望浓密的绿化可以掩盖最初概念的贫乏（图 3.13－图 3.15）。"兔下车"汉堡吧这种无处不在的北美舶来品，公然成为欧洲文化丰富城市街道和广场的乏味替代品。着实，如果在欧洲所有的城市中重复这种"无止境的循环"（ad infinitum），将导致大规模的土地和资源浪费。今天，当焦点集中于能源节约时，因为关注中东脆弱的政治气候，以及环境污染的后果，尊崇通过分散而导致交通时间和土地成本增加的政策，似乎都是令人发指般愚蠢的。即使找到了汽油发动机的替代品，因允许廉价个人交通出行而导致的道路拥堵也依旧可能是一个僵局。显然单纯的建造更多道路并不是解决方案，已经是时候缓和交通、对拥堵收费，并最终让公众放弃私家车，返回到公共交通上来了。在这种形势下，高密度城市开发定将成为未来模式。

70

图 3.13

图 3.14

图 3.15

## 简单几何形状的建筑

倘若条件合适，几座简单几何体建筑物放置在一起，会呈现出一个统一构图。欣赏这类型建筑组群方式的动态特性，建筑四周需要足够的空间，以便从很多视点观看千变万化的构图。对于这种类型的建筑组群尤其重要的，是彼此间需要一种相似建筑处理手法的联系，以使每个单体都可以被清楚地看出属于同一个"家庭"。成功的构图也依赖于一座建筑以其绝对的尺度和体量主导其余部分。

## 比萨大教堂广场

尤其是在建筑方案被复杂化并被要求功能支配的今天，这组建筑非比寻常，它仅通过使用简单形式的结合以及强有力的建筑处理手法，便取得了建筑组群的统一。比萨大教堂广场（Piazza del Duomo，Pisa）建筑组群是这种类型开发的少见成功案例之一，但这也仍然只是一个对比形式又激活了景观的正统城市片区设计模型（图 3.16– 图 3.20）。

比萨大教堂广场上有三座重要的宗教建筑——大教堂（1063–1092 年）、洗礼堂（1153–1278 年）及钟楼（1174 年）。比萨广场与其他的意大利广场非常不同，这里没有要创造空间围合感的意图。与主要建筑的覆盖率相比，基地显得格外宏大，大教堂、洗

图 3.16

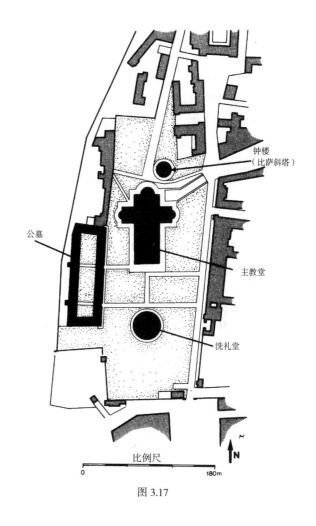

图 3.18　比萨大教堂

钟楼
（比萨斜塔）

公墓

主教堂

洗礼堂

比例尺

0　　　　　　　180m

N

图 3.17

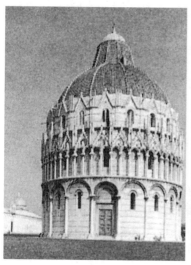

图 3.19　比萨洗礼堂（左）
图 3.20　比萨钟塔（右）

礼堂和钟楼作为可塑的构图因子，散落在宽阔布满绿草的平地之上。广场围墙比主体建筑矮很多；它们作为三个主要构图元素之间的视觉联系，而不是真正意义上的围墙而存在。而公墓（Camposanto，1278–1283 年）这座与组群相关的建筑尤其如此，其外部设计十分保守；空白墙面点缀以拱廊的外观。从外部看，拱廊间的一道门和一个小小穹顶，就是其所拥有的唯一特征。观赏建筑组群的主要视点，是比萨广场东墙旁的道路，从这个方向看过去，公墓在三大建筑之间成为一个颇有韵律感的联结，其从未与它宏大的邻居之间产生冲突，始终保持着为更美前景做背景的谦逊姿态。而只有进入公墓，才会发现安静、几何化、封闭的空间里充满的愉悦——与远处比萨广场的开放空间形成了出色的对比。[11]

接近城镇时，建筑组群从墙上升起，形成天际轮廓线。在到访者踏入城镇大门的那一刻，便初次窥见这杰出的宏伟构图——最好的城市设计。从大门进入广场，三大主要建筑沿道路平行排齐，首先是洗礼堂，然后是主教堂和钟楼，形成视觉停顿。基督教象征主义的构图，和空间组织一样清晰可见。通过大门进入文明的、基督教团体内部世界的第一步，将亵渎和混乱的外部世界留在身后。洗礼确保了教堂主体中以群体和圣餐仪式为欢庆的这个世界上的教会群体的正式身份。最后，钟楼向上的姿势，则指示了伟大天国的约定之地。

洗礼堂布置在大教堂的主轴线上，面朝南面，但钟楼则偏离中心轴线，更靠近道路。洗礼堂和钟楼的圆柱形态，从未与大教堂更大的体积形成视觉冲突。事实上，当观者在广场和建筑间走动时，它们便构成千变万化构图系列中的重要对比要素。画面包括几座建筑物融合在一起、各个要素被单独观看，或者是观者领会其中一座建筑物的局部以及探寻立面细节。简洁又相互对比的建筑形式，被连续循环使用的拱廊主题进一步统一起来，此外，几种有限建筑材料，如陶制屋顶瓦片、大理石墙面、草地上统一标高的大理石挡板的使用，也一同加深了整体的统一性。

以比萨广场建筑群为代表的构图形式的成功，需要足够的空间，以分别单独及总体观赏建筑。同样至关重要的，是简洁的几何建筑形态和统一的建筑处理手法。不对建筑方案作太多的内部空间细分，可能对实现这种类型的城市构图也是举足轻重。

## 空间统一与直角的运用

我们可以利用直角在空间内将多个建筑形式联系起来并实现调和。建筑保持三维特质，即，置于二维水平面上的塑性固体形态，只是它们与平面之间是通过直角进行联系，而所有的水平线也都消失于共同灭点。围绕建筑组群的方式是将其作为固体形式来欣赏，但顺序则是由"空间的船锚"固定的空间灭点来维持。非平行布置的建筑，如吉伯德指出的，会产生一种不规则的空间布局，且几乎是必然会"产生一种混乱的外观，因为每栋建筑会建立不同的灭点。"[12]此后，吉伯德还讨论了板状体块秩序化和统一的布置方法，并指明，技巧便是"设计出适合任何朝向的平面类型，并将它们以直角关系排布……而不是只设计一组街道或空间图像，由此我们能够看到各个方向建筑所围合成的丰富多样的景色。"[13]（图 3.21）

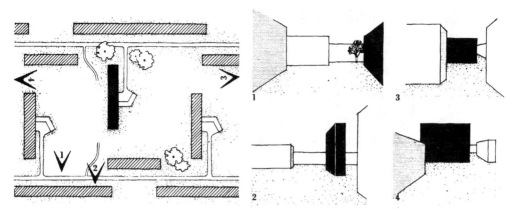

图 3.21　直角正交布局

　　用直角建立建筑组群的联系，已经成为组织城市开发的普遍方法，尤其是在新定居点和平坦基地的规划当中。在早期希腊位于波塞冬尼亚（Poseidonia）的殖民地帕埃斯图姆（Paestum），整座城镇都是一个规则的矩形布局。这里一些规则规划的运用，据说是在比雷埃夫斯（Piraeus）和米利都（Miletus）将网格平面引入希波达莫斯（Hippodamus）之前。在萨莱诺（Salerno）海湾南端一块宽阔的平地上，坐落着该城的遗址。城市平面组织在一个直角正交网格中，中心布置了一个用作市场和神域的巨大矩形。基地上三座保留完好的神庙中，两座献给赫拉（公元前 550 年及公元前 450 年）的神庙相互毗邻。据文森特·斯库利（Vincent Scully）的说法，一座朝东的圆锥小山如此便创造了通往圣神景观的独特透视。[14] 第三座大约建于公元前 510 年的雅典娜神庙，坐落于北侧略高于地面的平地之上，却依旧与其他两座神庙在视觉上有强烈的联系。献给雅典娜的神庙高于城镇总体标高，以使得从海湾的船上看过去，使之可以山体为背景，并成为城镇的符号。三座神庙略微平移脱离城镇的正交格网，但彼此间仍保持着紧密的视觉联系；尤其是两座赫拉神庙。神庙彼此间以及它们与山脉间的关系，在日落时得到提升，当橙色岩石显现，悠长的影子向东指引观者向着神圣的地貌，那在绵延的山脉之前就早已存在的强烈而沉静的锥型山丘朝圣（图 2.25）。

　　作为开发的一种起始方法，直角的运用在二战后的第一个 10 年里尤为普遍。因勒·柯布西耶，以及在战争摧毁的城市废墟上重建新世界的现代建筑运动的理念而起。在英国，一个位于泰晤士河对岸的战后重建集群住宅计划，就是运用直角作为空间组织结构，占地 12.95 公顷（32 英亩），紧邻同样是在战争中被炸毁的巴特西发电厂（Battersea Power Station）。1946 年，威斯敏斯特城市议会为这个基地的开发举行了一个公开的设计竞赛，获胜的是菲利普·鲍威尔（Philip Powell）和约翰·莫亚（John Moya）。他们的方案以每公顷 494 人（每英亩 200 人）为标准设计，符合帕特里克·阿伯克龙比（Patrick Abercombie）的密度要求。[15] 在这个密度上，62% 是 9–11 层板式住宅的平层套型，37% 是 4–7 层的公寓，1% 是 3 层的联排别墅。依据欧内斯特·斯科芬（Ernest Scoffham）的观点："它的立体布局与格罗皮乌斯的西门施塔特项目（Siemenstadt）神似，而它的布局

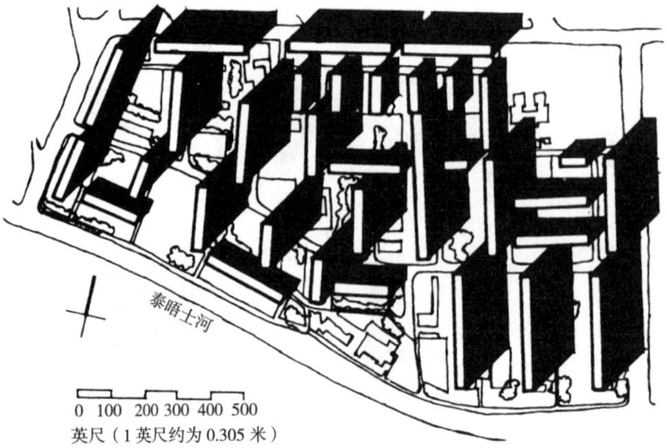

图 3.22　教堂山花园，伦敦

0 100 200 300 400 500
英尺（1 英尺约为 0.305 米）

75

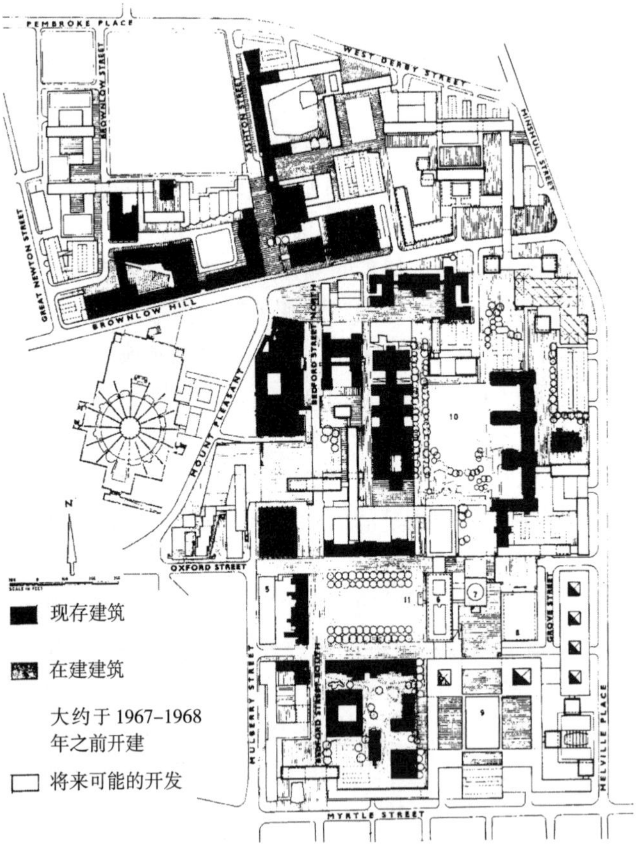

1. 科恩图书馆（the Cohen Library）2. 维多利亚大楼 3. 学生会 4. 活动中心 5. 贝尔福德住宅（Belford House）6. 行政大楼 7. 上院亭（the Senate Pavillion）8. 集会及考试大厅 9. 建议的新艺术图书馆（现已建成）10. 草坪 11. 阿伯克龙比广场 12. 圣斯蒂芬教堂

图 3.23　利物浦大学

在后来也成为很多 LCC 计划中的主要布局形式。"[16] 这当中教堂山花园（Churchhill Garden）的街坊构成一系列庭院、树木、草坪，以及儿童游戏场地，然而，它们依旧可以被当作三维体积表达清晰、独立于空间的街区来欣赏（图 3.22）。

综合住房计划已广受批判，但这种类型的城市设计并不仅限于居住区。例如，利物浦大学，有很多国家级的重要建筑实践都囊括其中，其总体规划大胆地运用了直角原则，辅以宽泛的建筑处理手法来统一众多的建筑形式。[17] 尽管主要街道的线型和用地边界线，已经在场地中形成了直角坐标网，界定了新建形态的几何条件，街道依旧作为三维设计原则被放弃。例如，垂直原有街道的建筑，中断了连续性，但依然与街道保持直角关系；其他退让人行道的建筑，依然与原来的街道保持平行。街道的空间体积已经被破坏，但还保持着原本的几何记忆。在利物浦的这个案例中，直角设计原则没有在大基地中完全实现统一的预期结果。高度个性化的建筑近距离并置，既没有创造出街道，也没有创造出广场，仅只是在一些地方留下了景观不错的无组织空间（图 3.23–图 3.26）。

运用直角作为设计原则的城市建筑方法，也要求有足够的周围空间，以呈现建筑最好的优点。建筑形状的简洁，会使得这种类型构图的清晰度显著提升。在不同高度挨得很近的建筑组群中，一些常规的建筑处理手法，例如较低楼层的拱廊，则有助于视觉的连续。然而，当存在多个业主，或者是个别建筑单体的设计师坚持张扬自我的情况下，那么或许也只有一种方式可以组织具有任何一致性的城市景观。

## 轴向构图

建筑组群以一条突出的轴线作为空间组织原则，是很多历史时期都常用的一种布局方式，且并不仅限于任何特别的文化建筑组群。这一类布局的建筑和景观元素，围绕轴线对称布置；通过向观察者展现沿轴向远景方向可控制的视点，来建立统一。在该系统更简单的形式中发展出了正交坐标网格，以使网格中的一些点可以获得更多意义，即建立决定构图要素位置的轴线和附属轴线。这是 19 世纪最普遍的空间规划方式，尤其是对于市政建筑组群。在朱利安·加代（Julien Guadet）的四卷著作《元素和建筑理论》（*Elements et Théorie de L'Architecture*）中，轴线甚至被抬高到巴黎美术学院（Beaux Arts）的理论教条地位。[18] 在这个设计系统中，建筑内的建筑元素和城市外部宏伟尺度以中心线相叠合形成一条轴线的方式相会（图 3.27）。用这种方法，建筑内的元素，如门、窗、房间，等等，都有了相互间的空间关系。而当这项原则延伸到建筑边缘之外即有的布局中时，每栋建筑也具有由公共轴线方向所指引视线所决定的相互之间的空间关系。主轴线上的短轴，被引入用来联系横穿主动向的各个建筑。这样，整座城市或一座城市的

图 3.24　利物浦大学

图 3.25　利物浦大学

图 3.26　利物浦大学

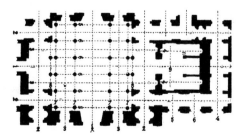

图 3.27　轴向平面

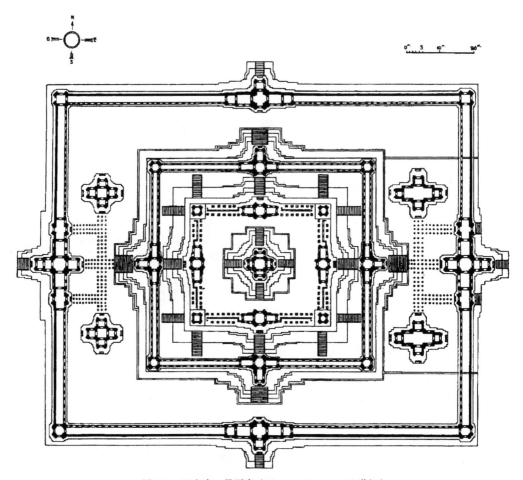

图 3.28　巴方寺，吴哥窟（Baphuon Temple，11 世纪）

部分区域，就有了正交格网空间形式的秩序（图 3.28）。

　　当超过四条轴线集中于同一个结点时，就会出现一个全新的模式。几条林荫道从中心的圆形建筑放射开来，这是文艺复兴理论家所倡导的理想城镇形态，这些理论家追随的理念始于维特鲁威。[19] 很多文艺复兴时期的向心式城镇模型，例如菲拉雷特的斯福钦达，就从未实现。但是，一个这种类型的要塞城镇（fortified town），一些人认为是由温琴佐·斯卡莫齐设计的新帕尔马城，确实于 16 世纪建造（图 2.7）。[20] 斯卡莫齐在 1615 年出版的一套十卷的《通用建筑思想》（*L'Idea dell'Architettura Universale*）著作中概括了他整体的建筑经验；同时也收录了他要塞城镇的详细规划。该规划与新帕尔马城相似，除了街道系统的一部分是基于正交格网（图 3.29）之外。然而，新帕尔马城的视线景观止于一座建筑，这意味着它必须完全对称——一座向心式或圆形的建筑很难实现其所有的完美，即使是在文艺复兴的鼎盛时期。尽管莱昂纳多·达·芬奇（Leonardo da Vinci）也思考过向心式建筑的问题，伯拉孟特设计的位于蒙托里奥（Montorio）的坦比哀多礼拜堂，是少有的这种类型的成功项目。[21] 这比用一座纪念碑

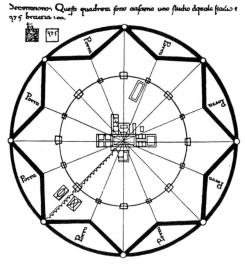

图 3.29　斯福钦达

或地标来标定几条轴线的汇集点更加有用，例如巴黎的凯旋门，印度战争纪念拱门， 78
或者是置于矩形池塘中央抬高的圆形水池里优雅的砂岩华盖——新德里众多远景汇集
到终点的标志。[22]

　　1585 年到 1590 年，教皇西克斯图斯五世在位的五年，他在御用建筑师多米尼科·丰
塔纳（Domenico Fontana）的帮助下，使中世纪的罗马改头换面。在中世纪混乱城市
中，他用长街景的手法创造出秩序感。用宽阔而笔直的道路，将朝圣者要在一天之内到
访的七座主要教堂以及圣地连接起来。然而教皇西克斯图斯五世的城市规划，并非简单
地将大型宗教游行路线上的建筑物连接起来。他是个务实的人，他规划开发的一部分目的，
是将水带到更高和罗马尚未充分开发的地区，这是一项需要大型工程和测量技术的胆大
壮举。整个规划的一部分，是要开放原先空闲土地的开发。结合之前几位教皇的工作成果，
他建立了贯穿城市的几条通达路线的全新循环网络。按照吉迪恩（Giedion）的说法，是
罗马"创始了一座现代城市的交通线型网，并在巨大保障之下得以实现。"[23]

　　教皇西克斯图斯五世以长街景为城市结构的指导原则，设定了罗马未来发展的模式。 79
他在长街景的终点竖起了方尖碑，且后来在沿着这条路线的一些重要节点上，几处精彩
的广场也得以开发（图 3.30–图 3.32）。

　　一个更为重要的轴向规划案例，是乔治斯 – 尤金·奥斯曼在巴黎的作品。从 1853
年到 1869 年，受拿破仑三世的委任，奥斯曼用长街景和一套宏大尺度的轴向规划系统，
改变了法国首都的面貌，大范围重构了城市。该规划的一个重要目标，是协助控制城市
人口的叛乱和巷战。巴黎中世纪的街道网，增加了发生暴乱时警察执法的难度，而城市
主要区域之间崭新的林荫大道，则利于在发生暴动时军队的自如行动。该规划的其他目标，
是改善城市面貌，使得在庆典时前往公共建筑也更加便利，此外，还有"……通过系统
性地排除受感染的街巷和传染病中心，来改善城镇的卫生状况。"[24]（图 3.33）

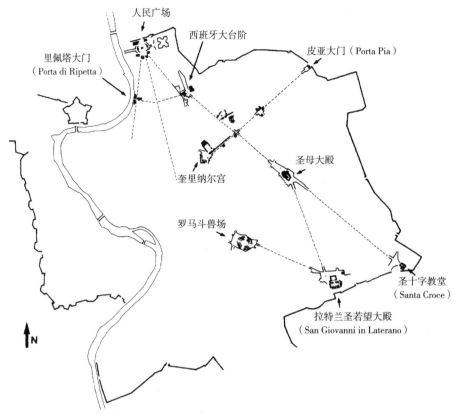

图 3.30 罗马与西克斯图斯五世

图 3.31 圣母大殿（Santa Maria Maggiore）

图 3.32　西班牙大台阶，罗马

图 3.33　奥斯曼对巴黎的改造

　　奥斯曼将林荫大道拓宽为建筑环绕的广场公园，如塞巴斯托波尔林荫大道（Boulevard Sebastopol）旁的手工艺广场（Place des Arts et Metiers），或是几条林荫大道交汇处所形成的绝佳空间，例如星光广场（Place de I'Étoile）、协和广场（Place de la Concorde）或歌剧广场（Place de I'Opéra）；这些林荫大道和大广场，是城市设计的主要元素，也是巴黎从19世纪以来就保存至今的最壮丽的遗产，潜移默化地影响了几代人的城镇规划思想，例如德里的勒琴斯和贝克（图 2.21- 图 2.23）。

　　通常，以长街景为导则最成功的城市结构，连续景观长度都不会超过 1.5 公里（1 英里）。如第 2 章中所探讨的，这是能够辨识出人形的最远距离。而延展超过这个长度的轴线，则需要在沿线上增添几个视觉兴趣点。正如吉伯德指出的，长街景或轴向规划，与今天城市的交通速度及密度设计是不兼容的："放射焦点系统被现代道路设计分解，因为长街景如今成了快速运行的道路……"[25] 巴基斯坦伊斯兰堡的主要政府建筑，置于一条车行干道轴线上，这条干道的双向车流量都很大，都被吸引到中间的交通安全岛，从轴线视点看过去，轴线上的政府建筑处在一个危险的位置。显然远景手法不过是城市设计师所有技法中的一个，很多城镇规划都依赖于将主导结构置于由行道树限定出来的长街景当中。这种轴向构图，如延伸小，且轴线经过数个不同用途的城市空间，就能为城镇增加特色。

## 空间作为城市设计中的组织概念

19 世纪晚期，维也纳建筑师卡米洛·西特站出来反对那些遍布欧洲、19 世纪中期对巴黎奥斯曼改建计划的拙劣模仿。[26]19 世纪的很多建筑组群设计得不尽人意的主要原因，是这些宏大作品只有很少理想的观看视点，且缺少大型作品微妙的空间构图。轴向规划堕落为对笔直边线毫无想象力的使用，以及以建筑体块作为城市设计基本元素的刻板堆砌。而且，这些城市规划的建筑体块还总是在主轴线上开始，例如伦敦的南肯辛顿（South Kensington），被吉伯德描述为"……像叉子上的烤肉。"[27]（图 3.34）这种开发当中，主要的建筑关系是相邻入口间的呼应。西特通过强调广场与街道是城市开发的要素，颠覆

81

图 3.34　布卢姆斯伯里，伦敦

了当时的城市设计教条。换句话说，依据他的理论，正是城市中的空间才应该得到设计师的关注。这个城市设计理论强调的是城市的室外空间和廊道；它们所围合出的空间是设计的主体，而建筑仅仅是二维的围合边界——室外空间的墙。

依据西特的城市开发模式设计的建筑，其景象作为城市设计的内容，相对于只有附属辅助作用的建筑物本身而言，更为重要。独自立于空间中连续排列的各个建筑立面，从外部相接成角，并被观察者看作一个体量。以同样的方式回溯这个过程，环绕空间布置的建筑都有立面，这些立面在内部以某种角度相邻继而围合出空间效果。

将被视为体量的建筑形式关联于城市密度，需要矩形或是规则的布局形式，且最好是在平坦的基地之上。而当建筑构成街道与广场的"墙面"时，这些就不再如此重要，而这当中多数的灭点也不再那么明显。

除了棘手的三角空间里的钝角，不规则的空间布局对观察者而言并不明显。即使是不规则性明显的场景，也经常被视觉思维与邻近的平面一同完形，省略为包含空间的单元形式（图 3.35 – 图 3.37）。

西特所提出的建筑群组织方法，最佳地展现于威尼斯的圣马可广场中（图 3.38 – 图 3.42）。他自己的话，也最生动地描述了他的观点：

> 如此多的美，都浓缩于地球上这个独一无二的小方块里，任何画家都无法梦想任何可以超越它的建筑背景；人们也无法在任何剧院中找到胜过这里真实视觉的场景。这里是真至高无上伟大力量之所在，智慧、艺术及工业的力量，将世间至富的珍宝都装载到她的船上，并从此地统治世界，在世界上这块最可爱的土地尽情享受她获得的宝藏。即便是提香（Titian）或保罗·韦罗内塞（Paolo

图 3.35　杰拉奇，雷焦卡拉布里亚
（Geraci，Reggio Calabria）

图 3.36　杰拉奇，雷焦卡拉布里亚

图 3.37　杰拉奇，雷焦卡拉布里亚

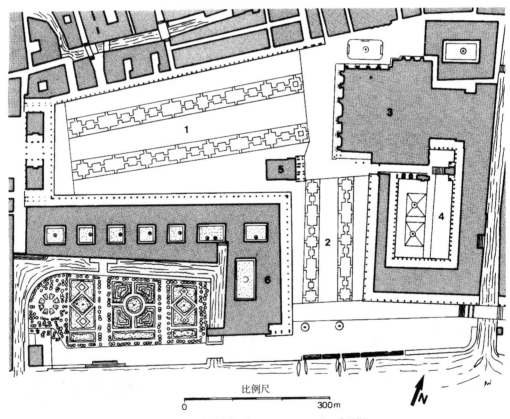

比例尺

0 ────────────────── 300m

图 3.38　圣马可广场（St Mark's Square），威尼斯

1= 圣马可广场；2= 圣马可小广场；3= 圣马可教堂；4= 总督府；5= 钟楼；6= 图书馆

图 3.39 圣马可广场的入口，威尼斯

图 3.40（左）
图 3.41（右上）
图 3.42（右下）

Veronese），也未必能够在婚礼或其他场合的大型绘画背景中，创造出比此地还要壮丽的城市景象。如果我们去研究取得这无与伦比壮丽景象的方法，将会发现非凡的事实：海的效果、最高级纪念式建筑物的叠加、丰富的结构装饰、圣马可教堂的丰富色彩，以及充满力度感的钟楼。然而，正是这些元素的恰当布局，才清晰造就了全部这些的整体效果。毫无疑问，如果按照现代方法，分别处置这些艺术作品，使用直线及几何中心等手法，效果则将大打折扣。圣马可教堂是独立的景象，钟楼置于其大门前一个大型现代广场中间的轴线上——总督府、图书馆及其他建筑，也分别立于现代"街坊系统"里，而不是紧密围合——更超乎想象的是，一条近 200 英尺宽的林荫大道，穿过了这个被叫做广场的地方。简直难以言喻。[28]

## 结 语

有两种主要方法可以用来在空间中布置建筑。建筑本身可以是主体，作为三维体块、构图中的"图"来设计，其所在的空间是"底"。西特及其追随者提倡的另一个方法，是将这个过程反过来。空间自身成为"图"，是积极元素、被设计的体积，而建筑则起支持作用，成为"底"。作为城市景观的背景，建筑是空间体积中发生日常生活活动的舞台。

有很多统一建筑三维体块的技巧；景观的运用、统一处理的简单建筑体量，以及直角、轴线或长街景的运用。按照西特的"处方"，当轴线或长街景与空间构图一起运用时，将获得附加的维度和更多微妙的细节。在任何分类系统中，总会有两个或更多个基本概念的叠合使用，以获得特别效果的运用原则。然而，如果要实现统一，在任何给定的构图方法中，都应该以一个概念为主导。

在本书的余下部分中，将假定未来的城市区域将以资源保护为紧迫前提，分别有土地分配和能源节约两个方面。这个紧迫前提将鼓励紧凑的城市开发肌理，反对北美郊区理念的草原式规划。当然这并不是说郊区扩张将在 21 世纪不复存在，尽管欧洲极有可能回归与我们文化遗产更加一致的城市形式。我们假定，遍布欧洲城市大范围内的城市设计，将会要求项目用地集约化，且只为大型景观计划提供很小的可用空间。当然，也会存在诸如工业园区这样建筑坐落在停车场环绕基地上的城市区域。但对于城市的主要部分，西特的理念将更加重要。我们将在后面的章节深入讨论这些理念，并以广场、街道以及它们之组合的方法来研究空间构图。

## 注释与文献

1 维利·鲍斯格（Boesiger, Willy），《勒·柯布西耶》（Le Corbusier）泰晤士与哈得孙出版社（Thames and Hudson），伦敦，1972 年，第 116–119 页。

2 勒·柯布西耶（Le Corbusier），《朗香教堂》[The Chapel at Ronchamp，杰奎琳·卡伦（Jacqueline Cullen）译]，建筑出版社（Architectural Press），伦敦，1957 年。

3　G.H. 贝克（Baker, G.H.），《勒·柯布西耶，形态的分析》（*Le Corbusier, An Analysis of Form*），范·诺斯特兰·莱因霍尔德出版公司（Van Nostrand Reinhold），沃金厄姆（Wokingham），伯克希尔（Berkshire），1984 年，第 186–211 页。

4　彼得·默里（Murray, Peter），《文艺复兴建筑》（*The Architecture of the Renaissance*），泰晤士与哈得孙出版社，第三版，伦敦，1986 年，第 123–127 页；雅各布·伯克哈特（Burckhardrt, Jacob），《意大利文艺复兴建筑》（*The Architecture of the Italian Renaissance*，彼得·默里编），企鹅出版社（Penguin），哈蒙兹沃思（Harmondsworth），1985 年，第 61–63 页。

5　约翰·萨默森（Summerson, John），《建筑的古典语言》（*The Classical Language of Architecture*），泰晤士与哈得孙出版社，伦敦，1980 年，第 49 页。

6　塞巴斯蒂亚诺·塞利奥（Serlio, Sebastiano），《建筑五书》（*The Five Books of Architecture*，1611 年完整英语重印版；中国建筑工业出版社版为《塞利奥建筑五书》），多佛出版社，纽约，1982 年，第 3 册，第 4 章，后 18 页。

7　凯丽·唐斯（Downs, Kerry），《霍克斯莫尔》（*Hawksmoor*），泰晤士与哈得孙出版社，伦敦，1969 年，第 92–94 页；A.F. 克斯廷与约翰·阿什当（Kersting, A.F. and Ashdown, John），《牛津的建筑》（*The Buildings of Oxford*），巴茨福德，伦敦，1980 年，第 22、64 及 65 页。

8　弗雷德里克·吉伯德（Gibberd, Frederick），《市镇设计》（*Town Design*），建筑出版社，伦敦，第二版，1955 年，第 216–217 页。

9　克里斯托弗·腾纳德（Tunnard, Christopher），《人的城市》（*The City of Man*），建筑出版社，伦敦，1953 年。

10　雷蒙德·昂温（Unwin, Raymond），《市镇规划实践》（*Town Planning in Practice*），伦敦，1909 年。

11　克里斯蒂安·诺伯格 – 舒尔茨（Norberg-Schulz, Christian），《存在·空间·建筑》（*Existence, Space and Architecture*），远景工作室（Studio Vista），伦敦，1971 年，第 171–177 页；F. 吉伯德（Gibherd, F.），引文同前，第 125–127 页。

12　F. 吉伯德，引文同前，第 75 页。

13　同上，第 252 页。

14　文森特·斯库利（Scully, Vincent），《大地，庙宇和神：希腊的神圣建筑》（*The Earth, The Temple and The Gods：Greek Sacred Architecture*），耶鲁大学出版社（Yale University Press），纽黑文和伦敦，1962 年，第 65 页。

15　帕特里克·阿伯克龙比（Abercrombie, Patrick），《大伦敦规划》（*Greater London Plan*），英国皇家出版局（HMSO），伦敦，1945 年。

16　E.R. 斯科芬（Scoffham, E.R.），《英式住房模型》（*The Shape of British Housing*），戈德温出版社，伦敦和纽约，1984 年，第 56 页。

17　利物浦大学（University of Liverpool）记录，《1959 至 1964 年度大学发展委员会报告》（*Recorder, Report of the Development Gommittee to the Council of the University for the Years 1959-1964*），利物浦大学（The University of Liverpool），利物浦，1965 年 1 月。

18　J. 加代（Guadet, J.），《建筑要素与理论》（*Elements et Theorie de L'Architecture*），第 1 卷

到第 4 卷，第 16 版，现代建筑书店（Librairie de la Construction Moderne），巴黎，1929 年及 1930 年。

19 维特鲁威（Vitruvius），《建筑十书》[The Ten Books of Architecture，莫里斯·希基·摩根（Morris Hicky Morgan）译]，多佛出版社，纽约，1960 年，第 24–32 页。

20 A.E.J. 莫里斯（Morris, A.E.J.），《城市形态史》（History of Urban Form），乔治戈德温出版公司（George Godwin），伦敦，1972 年，第 117–118 页。

21 A.E. 波帕姆（Popham, A.E.），《莱昂纳多·达·芬奇的画作》（The Drawings of Leonardo da Vinci），乔纳森·凯普出版公司（Jonathan Cape），伦敦，1964 年，第 161 页，第 312–314 页。

22 R.G. 欧文（Irving, R.G.），《印度夏天，勒琴斯，贝克和皇家德里》（Indian Summer, Lutyens, Baker and Imperial Delhi），耶鲁大学出版社，纽黑文和伦敦，1981 年，第 259–260 页。

23 S. 吉迪恩（Giedion, S.），《空间·时间·建筑》（Space, Time and Architecture），哈佛大学出版社（Harvard University Press），剑桥，马萨诸塞州，第三版，1956 年，第 76 页。

24 同上，第 648 页。

25 F. 吉伯德，引文同前，第 77 页。

26 卡米洛·西特（Sitte, Camillo），《城市建筑》（Der Stadte-Bau），卡尔格雷瑟出版公司（Carl Graeser & Co.），维也纳，1901 年。

27 F. 吉伯德，引文同前，第 75 页。

28 引自 G.R. 柯林斯（Collins, G.R.）与对西特的翻译引用，以及 C.C. 柯林斯（Collins, C.C.），《卡米洛·西特：现代城市规划的诞生》（Camillo Sitte, The Birth of Modern City Planning），里佐利出版社（Rizzoli），纽约，1986 年，第 196–197 页。

# 第4章 广场

## 引 言

　　城市设计的最重要元素之一是广场（Square / Plaza）。这可能是为城市的公共及商业建筑设计好环境布局最重要的方法。这也引领一些作者将建筑组群化等同于广场设计。[1] 一座广场，既是由建筑物所构成的场所，也是设计用来展示建筑物最大优点的地方。伟大的城市广场作品，例如威尼斯的圣马可广场、罗马的圣彼得广场，以及由约翰·伍德及其儿子在巴斯设计的，空间、周围建筑及天穹之间关系都是独一无二的广场群。与其他任何艺术形式一样，广场也需要一种情感和理智的回应。

　　有两种主要的广场分类方法——功能与形式。无数新近的广场设计实例，都忽视了这两个同等重要的优秀标准。只有风萧萧吹过被低利用率的建筑所围合的场所，在现代城市随处可见，同时与此形成对比的，是繁忙的交通岛、散乱而没有相互关系建筑周围毫无特点的停车场，这在城市景观中也十分普遍。

## 功能与广场

　　活动（Activity），是一座广场的重要活力因素，继而，也是视觉吸引力的重要因素。维特鲁威在写广场（forum）设计时说道：它"应该与居民数量匹配，以便它不会因空间太小而无法使用，或像一个没有人烟的沙漠。"[2] 文艺复兴的理论家追随并扩展了这一维特鲁威的陈述。例如，阿尔伯蒂告诉我们"……应该在城市的不同区域布置多个广场，一些用于在和平时期摆卖商品；另一些给年轻人锻炼使用；还有一些用于战争时期的物资存储……"[3] 他继续将不同类型的市集广场细节化，并将之与城市分区结合起来论述："广场必须是多种不同的市集，一个是经营金银的，另一个是经营药草的，再一个是经营牲口的，还有经营木材的等等；每一种行业都应该在城市中有专门的经营地点，并有明显不同的装饰。"[4] 西特在很多他的论述中都认可了这个观点"……中世纪和文艺复兴时期的社区生活中，仍然存在重要的、功能性的城镇广场使用，此外，也是与此相关的，是广场与周围公共建筑的紧密联系……简言之，我们所怀念的正是那些在古时候最为生机勃勃活跃活动所发生的场所，即围绕宏大公共建筑的场所。"[5]

此处需要注意的，是将在特定时间、地点或者文化中有效果的设计概念，转移到一个完全不同的环境中的尝试，是有些危险的。意大利许多精彩广场的丰富，也许部分是由于那里有益于户外活动的气候条件，以及意大利文化中的温和特质。这些条件和地中海人民外向的天性促成的公共生活继而创造了街道与广场的形式。城市里的夜晚游行，比如在佛罗伦萨，以及其他很多户外社区活动，都要求设计需着重集中在公共区域的开发上。在更为偏北的气候条件下，譬如我们英国，有属于整个社区的覆顶街道、拱廊，以及覆顶中庭，当然，还有对城市生活都很重要的酒吧。显然，即便是在像英国这样的国家，街道与广场，仍然在城市设计背景下具有重要的功能。

一座城市需要的空间类型包括：市民建筑的环境；主要的集会场所；庆祝重大事件的场所；剧院、电影院、餐馆及咖啡馆等建筑周围的娱乐空间；购物空间，商业街、拱廊及市场；办公楼群周边的空间；居住设施周围的半公共空间；最后还有，和城市交通集聚点相关的空间。

一些空间作为场所的中心或者入口会有特殊意义，其他的一些空间则担负着多种重叠功能。无论在建筑还是城市规划中，孤立、分离以及表达与现代建筑运动哲学有关概念的独立功能都须谨慎，因为这已经确实被证明是对城市建筑艺术的极大伤害。这种思潮的产物，如大体量的办公楼综合体或是同样的超大购物中心，当其单一功能停止时随即便会失去活力，在夜晚一片"死寂"。最成功的城市广场，尽管具有一个主要功能，但该功能为人所知及其分类，通常是通过周围建筑功能多样性产生的持续活动形成。

一座城市其元素最重要的功能，是其被赋予的象征意义。所有伟大的公共艺术，皆与人们内在深厚的情感相呼应。伟大的广场和伟大的建筑一样，与幻想和情感的情况相关。所有的审美体验都有一个价值核心，且与批判性观点无关。这种对周围世界包括对建成环境的本能反应，与我们感知人类身体根深蒂固的方式紧密相关，这是城市设计的基本构件。正如斯克鲁顿所指出，针对梅拉妮·克莱因（Melanie Klein）关于"好乳房和坏乳房"的理论，设计师必须转向对审美欣赏的更高理解。[6]如果按照克莱因的假定，人的反应可以用婴儿对乳房的观点来分析，"坏乳房"是清除和分解，"好乳房"是营养和恢复，那么所有的艺术创造就是对曾经珍惜之全部的再创造。艺术家的作用，在这一点上城市设计师也不例外，是重建曾经毁掉的事物，或者是"从幼稚的怨恨和迷失，到成熟地接受一个给予与索取、得到与失去、美好与丑恶混乱得无可救药的世界。"[7]接受这一原则，意味着认可将象征主义作为设计过程的中心，同时也乐意驾驭城市形式去实现意义。

"中心"（Centre）的概念，大概是城市设计师作品中最为重要的理念。不理解这个概念对于人感知环境的重要性，只会将破坏强加给城市。勒·柯布西耶在他的著作《光辉城市》（*The Radiant City*）中倡导相反的主张："破坏中心，这是我们已坚持多年，而现在你们恰恰正在做的！你们恰恰正在做到！因为它是必然的。"[8]建筑师、规划师及工程师的邪恶联盟，在市场力量的盲目驱动下，在很多实例中，通过将城市生活分散和郊区化，让城市中心丧失了活力。在诗人叶芝（Yeats）的词句中："所有事物土崩瓦解；中心不再有效；世上只有混乱。"[9]

如果将文明定义为城市生活的文化，那么勒·柯布西耶的预言很可能是可以自证的，也因此敲响了欧洲伟大城市建设自豪遗产的丧钟。随之而来的，是我们原本与众不同的文化传承，被从利物浦延伸到鲁尔河（Ruhr）的"线性可口可乐带"所取代，人们被孤立在弗兰克·劳埃德·赖特式的乏味超级郊区中，它被称作广亩城市（Broadacre City）。

人对空间的感知总是以自己为中心的。基于这个主观的中心理念，空间的普适组织原理的发展已扩展到以外部化中心作为环境中参照点的概念。这个中心理念运用于"已知和友好的"世界，而不是无差别的外部空间和通常充满敌意的世界。每个团体都有自己的中心；穆斯林世界的中心是麦加；天主教世界的中心是被罗马环绕的梵蒂冈；而犹太教的中心是耶路撒冷。与公共"世界中心"的概念对应的另一极，是家或个人家庭中心，或者，用诺伯格 – 舒尔茨的话来说："如果世界的中心如此指定一个理想的公共目标，或'失落的天堂'，'家'这个方式也会有更为相近和具体的含义。这简单地向我们指明，任何人的个人世界都有自己的中心。"[10] 在世界和家中心的极端范畴内，是服务于不同社区或团体的具有连续性或层次性的叠加中心。无论是用物理概念或用这些强化的中心概念来界定，设计都居于建筑设计、城市设计及规划原则的核心。

关于中心的思考，有两个建筑理论家尤其重要；凯文·林奇和克里斯多夫·亚历山大。在林奇的城市结构感知研究《城市意象》（*The Image of the City*）中，他发现节点（node）是一座城市被识别及理解的要素之一。简言之，节点是一个给予城市"意象力"或者强烈意象的重要元素。[11] 如他所说："节点就是一些要点，是一名观察者能够进入的战略焦点，也是他要往返其间的密集焦点。"[12] 换言之，节点是"……我们城市的概念定位点。"[13] 亚历山大的观点也大致相同："每一个整体必定有其自身的'中心'，且必定会围绕其产生一个中心的系统。"[14] 他认为中心会趋向一种对称安排"……尤其是与人体相似的左右对称……"[15] 在这个中心形成的过程中，每个新中心都尽力朝向对称，但却又从未完全实现对称。这种中心与周围城市区域复杂性之间关系的冲突，是一种趋向统一或使其成为整体的努力。亚历山大将这种"统一"或"成为整体"的倾向，看作是"成为真实的努力"的必然结果。在亚历山大的理论中，中心的形成承担了一种几乎是自然的、自主决定的目标。如果这种观点成立，那么城市设计师要做的，就是简单地顺应自然力量。顺着林奇的理论同样也会导向一个相似的立场，只是他并不强调过程的必然性，而是对过程的预期。此外，他也不强调各个中心的对称倾向，但他倡导通过墙面、地面、细部、照明、地形或轮廓线连贯的品质实现节点特性的成就，而这也是支持感知的主要前提。

在任何构图中都需要强调一些特定部分以及相应的从属部分；这是设计的艺术。正如昂温所说，在城镇规划中实现这点的最好方法是"……具有明确的中心。"[16] 只有这样，才能建立城镇设计中不同部分之间的关系和比例。如果主要的民用建筑随意分散在城镇当中，就会失去其戏剧效果。而围绕作为城市景观支配元素的中心场所将它们组群化，城镇才会有统一的形态。西特在他对广场设计的调查中发现"……每一座城镇中的几座主要的广场作为组群显而易见是规模最大的，其余的广场由此也就必须将其扩展限定在最小程度。"[17]

继而，这就是"公共领域"的核心，主要公共工程、公共支出，以及最好的公共艺术品的所在地。一个人只有到了一座古老城镇的主要广场时，才是真正地"到达"此地；所有的街道都自然导向这个焦点。这个中心在尺度及宏伟性方面皆统领全镇；因此其意义也明显区别于其他场所。人们很容易忽视"中心"在古代城市生活中的重要作用。那时的城市生活大都为露天，正是在这里，人们交换着思想和产品。在一定程度上，这依然发生在一些欧洲城市中；即使是像诺丁汉这样的城市，也有它的中心，市集广场（Market Square），或者是当地人都熟知的"石板广场"[Slab Square，即旧市集广场（Old Market Square）]。这里仍然是社会生活的枢纽，是各种活动的场所。

## 圣彼得广场，罗马

广场之于城市，如中庭之于家宅，对应的是配备精良的主大厅或会客厅。罗马的圣彼得广场是这种场所的最佳例证。然而，圣彼得广场远不止是罗马城市肌理中的一个重要节点；它是天主教世界的中心。它象征性地代表着这里是基督王国在这世上的根源。吉安洛伦佐·贝尔尼尼（Gianlorenzo Bernini）设计的宏大椭圆柱廊，向外伸展出两个巨大的保护性臂弯，环绕、拥抱并欢迎着基督的朝圣者（图 4.1– 图 4.5）。

<sup>91</sup> 梵蒂冈（罗马教廷）、圣彼得大教堂和大广场的三位一体，构成一个不可分割的城市综合体。作为一个整体，它受到很多伟大基督教艺术家的关注，尤其是在文艺复兴与巴洛克时期。建造圣彼得大教堂的历史是一个复杂事件，争论集中围绕在教堂规划中的拉丁和希腊十字平面的礼拜式和象征式优点之上。现在的建筑

<sup>92</sup> 开建于 1506 年，于 1626 年完工。它凝聚了当时的一些伟大建筑师的心血，包括伯拉孟特、拉斐尔（Raphael）、佩鲁齐（Peruzzi）、圣加洛（Sangallo）、米开朗琪罗（Michelangelo）、贾科莫·德拉·波尔塔（Giacomo della Porta）、丰塔纳及马代尔纳（Maderna），而最终完成这座广场的是贝尔尼尼；以任何标准来看，此名单都令人印象深刻。无论从建筑风格的根本性变

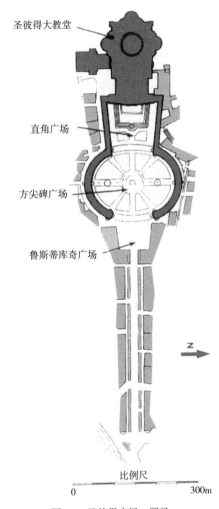

圣彼得大教堂

直角广场

方尖碑广场

鲁斯蒂库奇广场

比例尺

0       300m

图 4.1 圣彼得广场，罗马

图 4.2　圣彼得广场，罗马

图 4.3　圣彼得广场，罗马

图 4.4　圣彼得广场，罗马

图 4.5 圣彼得广场，罗马

化、理想教堂形式的争论，还是完成过程中所涉及的截然不同的人物个性方面来看，这都是世界上公认最伟大的公共艺术杰作之一。而由于墨索里尼（Mussolini）及其建筑师对轴向通道扩建的干预，使它在 19 世纪遭受了一些破坏。

教皇尤利乌斯二世（Pope Julius II）任命伯拉孟特为圣彼得大教堂的总建造师（Capomaestro），并于 1506 年奠基动工。从伯拉孟特在乌菲奇（Uffizi）艺术馆画的图中看，他似乎建议的是一个基于希腊十字平面的集中式教堂，并和他在蒙托里奥设计的坦比哀多礼拜堂（Tempietto of S. Pietro）的概念相似，尽管其模型更近似基于一些出自老教堂的灵感，譬如老安东尼奥·达·圣加洛（Antonio da Sangallo the Elder）在蒙特普尔恰诺（Montepulciano）设计的圣比亚焦（S. Biagio）教堂。

对于伯拉孟特及他那一代的建筑师来说，拉丁或加长的十字用于平面时，是一种相当明显的象征主义形式。然而取而代之，他们选择了具有神学象征主义且在数学上十分完美的希腊十字平面来反映上帝的完美。依据默里："最早的基督教堂有两种类型，殉道堂（martyrium）和巴西利卡（basilica）。殉道堂几乎总是偏小且总是集中式平面，它们通常都树立在一些与宗教相关的场所，例如一个曾经发生过殉难的地点。"[18] 比殉道堂更为自然的形式，被认为是圣彼得殉教地的坦比哀多，以及大教堂穹顶标示出其坟墓的地点。尽管在朱利亚诺·达·圣加洛（Giuliano da Sangallo）替代伯拉孟特时期该建筑历程兴衰，但 1513 年由弗拉·焦孔多（Fra Giocondo）和拉斐尔，以及 1546 年任命的米开朗琪罗主持完成的圣彼得大教堂集中式结构的指导原则，则基本保持了下来。

然而，在伯拉孟特与米开朗琪罗之间，对于圣彼得大教堂的建设，也曾经存在过其他建议。例如，拉斐尔曾提议一个拉丁十字形状的平面，小安东尼奥·达·圣加洛则曾试图设计一个"集中平面和纵向形式之间的尴尬折衷……"[19]

米开朗琪罗在他短暂的前任小圣加洛临终前，又转向伯拉孟特更为纯粹的希腊十字集中形式。他增加了主要柱墩的尺寸，以承担巨大穹顶的重量，并减小了柱墩和外墙之间的全部空间。空间构图充满了动感，却使用了更少的元素。希腊十字的外部表达，从伯拉孟特和文艺复兴鼎盛时期的简洁，转变为矫饰主义或向巴洛克时期过渡的形式。伯拉孟特的平面是正方形，入口设在四条直边上。米开朗琪罗则将正方形置于转角处以获得一个钻石形状，而后将钻石形状的一个角扩大为钝角，并更换为大柱廊，进而构成指向内部平面的主立面。

1564 年米开朗琪罗临终时，圣彼得大教堂已基本是我们今天看到的样子。米开朗琪罗完成了穹顶的鼓肚部分，以及起拱的背立面上巨大的科林斯式扶壁柱。穹顶在 1585 年到 1590 年间由贾科莫·德拉·波尔塔和多米尼科·丰塔纳完成。然而在 17 世纪上半叶，卡洛·马代尔纳（Carlo Maderna）再一次修改了平面，他增加了一个长中殿以及现在的主立面，扩大了平面。拉丁十字最终赢得时日，而部分可归因于其很多利于礼拜的优点，包括给列队行进提供更大的空间。与这个平面形式戏剧性变化一样重要的，是特伦特（Trent）当局委员会的审议，从那以后，中世纪的教堂形式再次成为首选，而建筑品位也随之改变。

在与其他领衔建筑师的竞争过程中，贝尔尼尼为圣彼得广场的竣工做了很多设计。教皇亚历山大七世（Pope Alexander VII）委托贝尔尼尼完成 1656 年到 1667 年的工程。在最后设计的过程中，贝尔尼尼不得不将多米尼科·丰塔纳在 1586 年为罗马教皇西克斯图斯五世树立的巨大方尖碑，以及马代尔纳在 1613 年设立在右手边的喷泉包括进来；左手边与之成对的喷泉与广场一同竣工。贝尔尼尼还不得不尽量最小化大教堂之前的一些设计错误，最明显的就是马代尔纳设计得过宽的前部（宽和高的比率是 2.7 ：1），以及同样是马尔代纳加长的、使得穹顶在透视上没有了中间的鼓肚，像是笨拙的直接坐落在屋顶上的中殿。因而，广场的特定目的就成为一个巨大的围合前院；就好比大教堂的前院或中庭。

圣彼得大教堂带有庞大列柱的正立面，和方尖碑一起，是贝尔尼尼广场比例的参照点。贝尔尼尼将前院构思为三个相互连接的单元；教堂立面前的直角广场（Piazza Retta）、由两个半圆及一个矩形组成但平面看上去是一个椭圆的方尖碑广场（Piazza Obliqua），以及并非由贝尔尼尼完成的鲁斯蒂库奇（Piazza Rusticucci）广场。该广场现今是墨索里尼街区的一部分，连接了圣彼得广场与台伯河（River Tiber）。鲁斯蒂库奇广场的功能是汇集并指引参观者走向方尖碑广场。从周围的柱廊进入方尖碑广场，仍然可以感受到一些原本构图的戏剧效果。只是从小尺度街道到达这宏大前院的惊奇和对比感，已经被沿着台伯河的冗长的街道，以及规则排列、平平无奇的办公楼给抵消了。

方尖碑广场的主要轴线并不直接导向教堂的主立面，但令人惊讶的是，他们相互平行。指向教堂的动线被这个轴线方向的改变所吸引。长长的、方尖碑广场南北向的轴线，被广场上喷泉 – 方尖碑 – 喷泉，以及指向中心的碟形地板铺装等主要的雕塑元素突显出来。空间中的主要特征是两个柱廊；15 米（50 英尺）高的柱子分列四行，一共 560 根柱子，排列在两个宏大的弧线上；一片柱子的茂密丛林，光线穿过巨大的圆柱体照在地面上规模宏大的碟形铺装之上。地面由喷泉到方尖碑逐渐下沉，在抵达第二座喷泉后又逐渐升高，通向另一个同样隆重的新月形柱列。地面铺地图案的八条放射形轮辐线，汇集于方尖碑，与其他垂直元素紧密结合，喷泉和规模宏大的柱列形成持续不断的韵律，这韵律被萨默森形容为："……末端的立柱使其平稳，而再次成对地，汇集在中央——哨兵的所立之处。"[20] 柱廊柱子所属的柱式，有多立克或者是塔司干的不同说法。柱身是多立克、柱础是塔司干而柱头是爱奥尼。萨默森以这种方式来概括："多立克？好吧，是的；除了它们具有塔司干的柱础、少许高于传统的多立克，以及顶着一个完全不是多立克但多少有些像爱奥尼的柱头。换句话说，这种特殊情况，实则是贝尔尼尼对法则的运用游刃有余，并以此设计了他自己的柱式。"[21] 这种刻意的建筑混淆，或边界模糊，是巴洛克的一个特点，在构成前庭的整个广场空间构图上不断重现。

在柱廊与围合成直角广场的封闭走廊的衔接处，空间收窄，形成第二个视觉停顿，却因椭圆形地面图案的介入而模糊。直角广场朝向圣彼得教堂逐渐升高，升高的节奏与步幅，在距教堂入口 76 米（250 英尺）的多级台阶平台处开始紧凑，此处也刚好是方尖碑广场到教堂入口路途的一半。直角广场的两个侧翼分别通向教堂主立面，随着地坪标高的变化失去了高度感。那些接近圣彼得教堂的人，感觉两个侧翼与教堂成直角相交，地面则是平缓的；这是虚假透视造成的视觉幻象。马代尔纳设计得过宽的正立面，自然地被感知为比实际尺度要窄的理想比例。[22]

中心点是抵达的目的地，也是出发的起点。朝圣者拜访过圣彼得教堂，站在马代尔纳宽 70 米（230 英尺）、进深 12 米（40 英尺）的巨柱门廊中：他或她审视着几座广场的综合体以及远方的世界。正是从这里，福音书的消息传遍整个天主教世界。直角广场和方尖碑广场之间的"狭长"，此时看上去与马代尔纳的廊柱一样宽阔。宏大的方尖碑广场及其左右各 198 米（650 英尺）长的环抱弧形"臂弯"，因虚假透视而显得尺度格外巨大。路面的下沉也加强了这种视觉效果，直角广场的下沉净深是 3.5 米（12 英尺），在延伸到方尖碑时又进一步下沉了 2.5 米（8 英尺）。大教堂的地坪标高骤然向广场方向延伸出超过 243 米（800 英尺），然后又戏剧化地以数级台阶陡降到下一级地坪——进一步加强了整体地形的戏剧性。由此阶级开始，充满戏剧化效果的广阔构图得以呈现；柱廊上方的众多巨大雕像，俯视着广场上的芸芸众生。贝尔尼尼原本打算用长柱廊将空间部分闭合，显然他放弃了这个念头。而后来卡洛·丰塔纳欲在圣彼得教堂对面，鲁斯蒂库奇广场的终端，距方尖碑对等距离的位置建造凯旋门和钟塔的构思也不幸夭折。取而代之的是过于冗长、无指向性，甚至使得广场中心逐渐消失、没有终点的墨索里尼大道。

圣彼得大教堂及其广场是一个世界性社群的中心，也因此它有一个宏大的尺度。然而每个社区、每一个明确的物质空间范围，若要拥有明确的界定就必定需要明确其中心。小型社区的中心必不会是圣彼得大教堂及其广场的尺度，但同样需要建立具有重要审美和象征意义的地区、邻里或者区域识别性。每个中心都应该具有一个统一的场所形式，一个围合的场地，一个指示到达和构成出发点的所在。

94

96 街道与广场（原著第三版）

## 正门

场所具有双重功能。因其是一个目标、一个朝圣的场所，或者更为世俗的，是每周购物的地点，从而成为一个中心。场所作为出发点的意义同样重要，如每天离开家去工作，或朝圣结束，离开尺度宏大的麦加，回归到日常生活之中。向心力和离心力之间的张力在入口处最为突出，阿尔伯蒂指明了一点："如果有城市的其他任何部分恰当地符合本书的主题，那一定就是避风港（haven），它也许被定义为一个目标或者用来开启航程的恰当场所，抑或是结束一次疲惫航行后的安息之地。"[23]

自古以来，"门"就是建筑设计中最重要的元素之一。我们可以形容一道门是"邀请的"（inviting）或是"开敞的"（gaping）。罗马祖卡里宫（Palazetto Zuccari）的入口确实就形成了"巨人敞开的下颚"。[24] 在城市结构的设计中，领域到领域之间的转换也是一个决定性的设计问题："……我们不能忘记门户以及以一些方式营造的我们城镇、郊区、地区的入口……例如，一些由建筑围合成的小型绿化前院，以及会立刻指引必要重点的林荫大道……"[25] 亚历山大在他设计模式的研究中，同样发现了门户的重要性，并将其作为他的设计原则之一："标示城市中的每一个边界有着重要的人性意义——建筑团组、邻里、辖区的边界——以雄伟的大门标示出穿过边界的主要路径。"[26] 他的特殊作法包括标示出穿越任何特色场所或片区边界的路径上转换空间的必要性，这和几个世纪前阿尔伯蒂的做法如出一辙："除非我错了，否则所有公路的源头和边界，无论在城内还是城外，都是陆路的大门，是海路的港口。"[27] 如今城市门户的功能，事实上也许和古代主要用于阻挡的城门完全不同。住宅团组入口的设计，也许是用来阻止那些可能打扰住户隐私的人。"道路尽头"（Culs-de-Sac）明确定义的传统伊斯兰教城市组织，便是这种半私密空间入口类型的范例，这对伊斯兰教的家庭生活非常重要（图4.6）。

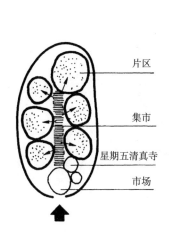
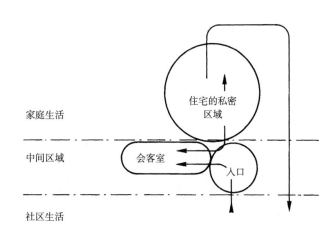

图4.6 伊斯兰教式住宅布局

## 罗马人民广场

　　罗马人民广场（PIAZZA DEL POPOLO）是城市入口的绝佳范例。历经数个世纪，直到铁路时代，罗马人民广场仍然是所有来自北方参观者进入罗马的入口；同时它也是那些向北旅行之人的出发点（图4.7–图4.11）。自罗马人民广场这个门户对除出租车以及部分的步行交通以外所有通过式交通关闭后，它便成为罗马城市结构中的另一个广场。今天，它是平乔花园（Pincio Gardens）的一个漂亮入口和三条街道的终点。现行的交通管制，在保护广场形式的同时，也改善了当地的环境，却也剥夺了它曾作为城市入口一度值得自豪的意义。它几乎如同一件博物馆藏品，一个不合时宜的古董，一潭远离现代生活主流的死水。尽管仍然值得一看，它却需要新的活动、新的用途与意义，让这个古老的城市入口重新焕发生命。

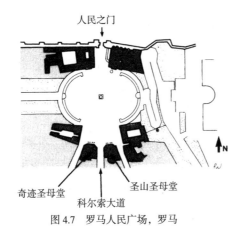

图4.7　罗马人民广场，罗马

图4.8　罗马人民广场，罗马

图4.9　罗马人民广场的双子教堂，罗马

图4.10　罗马人民广场进入大道的入口，罗马

任何地方的第一印象都很重要。伟大的城市也不例外，它值得有一个辉煌的入口。作为罗马最具历史意义的门户，罗马人民广场的庄严和其宽敞的迎宾感已经被很多曾到过这座城市的旅行者记述下来，其中，斯莫利特（Smollett）曾这样说："如此令人敬畏的入口，怎会不让陌生人对这座城市产生崇高的印象。"贝克福德（Beckford）以这种方式评价它："我怎么会忘记我所体验

图 4.11　人民之门，罗马

到的感动……当我进入露台与装饰着大门的别墅之间通往人民广场的街道，注视着广场、穹顶、方尖碑、街道悠长的透视以及远处宫殿的入口，所有的一切都与夕阳一同，在红光里闪耀。"[28] 当广场被长长的阴影所笼罩，夕阳反射在方尖碑红色的花岗岩上时，贝克福德描述的壮丽景象，如今在日落时分或许还能略见一二。只是，现在的城市入口是哪里，或者说大部分现代城市的入口是哪里呢？

和很多其他公共艺术范例一样，罗马人民广场也有一个漫长的建设过程。若非有很多出自不同人心血的增建，便无法凝成如此卓越又统一的构图。也许我们还应该赞扬罗马的教皇制度，为长久、缓慢的建设过程提供了终极保障。[29] 在这个漫长建设过程中的主要结构元素，包括了门户本身、人民圣母教堂（S. Maria del Popolo）、1586 年丰塔纳为罗马教皇西克斯图斯五世树立的方尖碑、1662 年始于卡洛·拉伊纳尔迪（Carlo Rainaldi）的双子教堂，以及 1816–1820 年由法国建筑师兼规划师的朱塞佩·瓦拉迪耶（Giuseppe Valadier）完成的、统一了整座广场的规划。

广场现在的布局，是由现存的地形面貌，以及为解决由必要永久保留的重要建筑物、纪念碑、道路结构而引发的问题的解决方案所决定。罗马人民广场坐落于西边台伯河与东边平乔山（Monte Pincio）陡峭的斜坡之间。通往古代罗马的主要通道，穿越这片河流与山体之间的狭窄区域，穿过建于公元 272 年奥勒利安城墙（Aurelian wall）的人民之门。[30] 北面的宏伟大道：弗拉米尼亚（Via Flaminia）大道，现在的科尔索（Strada de Corso）大道，从大门笔直地通往议会大厦脚下，决定了最重要方向上的主要轴线。另一个具有较大影响的，是建在城门内侧的人民圣母教堂，由帕斯加尔二世（Pascal II）于 1099 年创建，据说是用来驱除遍布当地的尼禄（Nero）坟墓的恶魔。13 世纪时，该教堂被重建，并于 1480 年，由西克斯图斯四世（Sixtus IV）对其再次进行了重建，也是到这个时期，出现了简单的文艺复兴特征的立面，主要由巴乔·蓬泰利（Baccio Pontelli）设计。

决定广场后来建设形式最重要的因素之一，是在科尔索大道东边兴建的第三条放射形道路。新道路重复了主轴线里佩蒂大道（Via del Ripetta）的角度，里佩蒂大道与科尔索大道一起，是古罗马时期主要的两条进入广场的道路。现名为巴布伊诺大道（Via del Babuino）的第三条新道路，由利奥十世（Leo X）在 1516 年规划，按照拉斐尔及小安东尼奥·圣加洛（Antonio de Sangallo the Younger）确定的路线修建。这条从大门分叉出去的第三条道路，尽管是历经数个世纪建设的产物，却是城市设计的一个合理部分。

正如我们所看到的，科尔索大道是通往城市中心的主要途径，巴布伊诺大道跟随平乔山的自然线型，连接城市的东南部分，即现在的西班牙广场和大台阶。第三条道路里佩蒂大道，沿着台伯河的线形，穿过一个"有着沿河露台与台阶建筑布局的渡口"，与城市的西南部相连接。[31] 在后来的几个世纪中，这种从一个广场放射出三条道路的布局成为一种城镇规划的普遍特征；实例包括法国凡尔赛（Versailles）、巴黎协和广场（Place de la Concorde）和莱奇沃思（Letchworth）城中心。

红色花岗岩的埃及方尖碑是广场的焦点；它始于塞提一世（Seti Ⅰ）和拉美西斯二世（Rameses Ⅱ）时期的第 19 王朝（XIX dynasty）。方尖碑最初是由奥古斯都（Augustus）从赫利奥波利斯（Heliopolis）带回并竖立于马克西穆斯竞技场（Circus Maximus），于 1587 年被再次发现，并被西克斯图斯五世运到罗马人民广场，用作其重建罗马的焦点。多米尼科·丰塔纳将它置于今天的位置，即科尔索大道、巴布伊诺大道及里佩蒂大道轴线的交会点处。这个位置，既主导了广场，又指导了后来的建设决策。

自从中世纪以来，人民广场自身便历经多次建设。外立面可能是由维尼奥拉（Vignola）于 1561–1562 年设计，内表面则是由贝尔尼尼于 1665 年完成。19 世纪晚期，两边的侧墙上增设了两个边门，门户由此有了三个入口。尽管改造一直在继续，但在广场的缓慢建设过程中，大门却始终保持在同一位置；这是广场形态的基础，并从一开始就创造了全部精髓。

就城市设计而言，进入科索大道的震撼入口，是纯粹的天才之举。正如吉迪恩恰当地描述卡洛·拉伊纳尔迪的双子教堂"……如同教会的哨兵，驻守城市的三条主干道……"[32] 拉伊纳尔迪原本的计划是两座完全一样的教堂。第一座奇迹圣母堂在 1662 年于亚历山大七世（Alexander Ⅶ）时期开始建造，却在他去世后，和第二座圣山圣母堂一起建成。两座教堂的建设由贝尔尼尼和卡洛·丰塔纳主持完成。只有朝向人民广场的主立面完全相同；平面的不同使得穹顶的高度和形状也有所不同。两座钟塔的设计本就各不相同，皆于 18 世纪末加建，分立在科尔索大道的两侧，以强调其重要性。两座教堂既是广场和街道的一部分，也将西克斯图斯五世的方尖碑与广场街道连接起来。[33]

瓦拉迪耶，这位为庇护六世（Pius Ⅵ）和庇护七世（Pius Ⅶ）工作的建筑师为人民广场所作的规划于 1813 年获得批准。他的规划完成了广场面向双子教堂的三个边，东边和西边是巨大的半圆形或者说是规模宏大的半圆形室外空间；东侧的一边，瓦拉迪耶的设计结合了宏大的台阶、坡道与小瀑布。他通过蜿蜒的坡道与飞流直下至较低平面的小瀑布将奥古斯丁修道院（Augustinian monastery）花园改造成公共花园。平乔山的高点上有个很宽敞的露台，瓦拉迪耶将该露台下层结构的部分与双子教堂周边的建筑相关联，从而将广场围合："因此，尽管它的位置较高，它依旧统一于整体空间构图并与之融为一体。"[34]

在广场的入口处，瓦拉迪耶规范了设计，在人民之门的西侧重复了人民圣母教堂的基本形式。他还改造了教堂礼拜祭坛上的穹顶，该穹顶与里佩蒂大道和方尖碑处于同一轴线，他在另一边对此予以重复，继而将里佩蒂大道和巴布伊诺大道塑造为突出方尖碑的背景。人民广场是一座城市入口的优秀模型，它既是抵达港口的标志，又是通往外面世界的起点。

## 广场的形式

对于广场形式分类的探索比比皆是。当中最有影响力的两位主要理论家是保罗·朱克和西特。朱克在他关于广场的作品中，区分出五种广场的原型形式：封闭型（closed）广场，空间独立；主导型（dominated）广场，空间朝向主要建筑；核心型（nuclear）广场，空间围绕一个中心构成；组群（grouped）型广场，空间单元结合构成更大构图；还有无定形（amorphous）广场，空间不受限制。[35] 对西特来说，"围合"是广场的先决条件，他总结出就形式而言广场只有两种类型，其特性属于哪一种，取决于支配建筑的属性。西特定义的两种广场类型，是"纵深（deep）型和宽阔（wide）型……当观察者站在支配整个布局的主要建筑对面时，一座广场究竟是纵深型还是宽阔型就会一目了然。"[36] 对西特来说，无定形广场和围绕一个中心物体组织的空间，都在他广场的定义之外，且几乎没有什么意义。而另一方面，组群广场则相对可以吸引西特的注意，只是他并没有考虑将之作为一种广场的分类形式，而是看作一种更为简单的、总体城市肌理中不同广场之间相互联系的形式。

## 围合型广场

就该分析的目的而言，此处将朱克的"封闭型"广场和等同于西特"纵深"及"宽阔"型广场的"主导型"广场放在一起，作为"围合"（enclosed）标题下同一类型广场的不同形式进行分析。这种空间类型最重要的特质，是"围合感"。以这种方式围合的空间，是场所感、中心感最纯粹的表达。正是在这里，秩序得以诞生于未分化的混乱世界。广场就是一个共享围合品质的室外房间。

围合广场的关键在于拐角处的处理手法。总体而言，拐角处越开敞，广场的围合感就越弱，而相对的，越紧密或完形，则围合感越强。近来很多的城市空间有两条街道交会于拐角部，这种情况下的空间是破碎的。每个建筑体块都是独立的，并保持其自身的三维特性。如西特指出的："从前遵循的是恰恰相反的规则：如果可能，每个拐点都只有一个街道入口，而第二条街道分支的开口会在远离广场视线范围的街道尽头。"[37] 西特接着以涡轮叶片的方式提出他自己将街道引出广场的理念，由此在广场中的任何一点，只有不多于一个的向外的景观。围合感的进一步加强，可以通过封闭拐角达成，例如萨拉曼卡（Salamanca）的主广场。作为选择，拐角处可以用拱门（arch）来完成封闭，帕拉第奥宣称："拱门设置于街道末端，也就是广场的入口，可以成为广场绝佳的装饰。"[38]

广场的其他重要品质和周围的建筑物也会影响围合程度。包括周围建筑屋顶轮廓线的特性、与空间尺度相关的周围建筑物高度、周围建筑物的立体程度、是否有统一的建筑学主题，以及空间本身的总体形状。

内部空间的顶面，通常以平坦的天棚为收尾，它是房间的盖子。天穹则是广场的天棚。朱克相信，一座封闭广场天空的高度，是"……被想象为广场上最高建筑物高度的三或四倍。"[39] 当周围建筑屋顶的轮廓线贯穿长度或多或少等于高度时,这个广场的"盖子"或"穹顶",看上去就更为稳定。一条明确界定的屋檐线确实可以达到与房间的檐口或横向的装饰线条同样的目的,它们都是空间中垂直元素的结束或边缘。然而,很多精彩的中世纪广场,其魅力却也是部分源自其屋顶轮廓线独特如画般的特性。这些案例中不同的高度变化,通常都处于相同的尺度范围。当广场各边的建筑高度之间存在较大差别时,描述围合程度的"连续体"的另一端就会出现;随着高度变化趋于丰富,围合程度就会逐渐降低。

埃塞克斯郡议会(Essex County Council)的设计导则这样写道:"如果要创造一个协调的城市空间,建筑物的'有效高度'和空间宽度之间的关系是评判标准,高宽比若太大,结果也许会产生压抑感;而若太小,则又会有一种暴露和脆弱感。"[40] 导则还进一步提出高度和宽度之间协调的比例上限是 1 : 4。关于建筑物高度和与公共空间宽度关系的各种理念,与很多其他城市设计理论一样,可以追溯到阿尔伯蒂,他在相关主题的著述中建议:"一座广场上建筑的适宜高度,是开敞空间宽度的三分之一,或最小是六分之一。"[41] 依据赫格曼和皮茨,帕拉第奥认可阿尔伯蒂关于广场周围建筑物高度比例的理念,但通过引证典型古罗马广场,将这个范围进一步缩减,使广场空间宽度介于建筑物的高度的 $1\frac{3}{4}$ 到 $2\frac{1}{2}$ 倍之间。赫格曼与皮茨,以及施普赖雷根(Spreiregen),都分别得出相似的结论:看到建筑细部的最佳距离,与建筑的最大维度相等。[42] 自从我们具有更强的移动性(汽车)以及由此视线能够水平移动以来,最关键的维度,便是高度。因而,一座广场的最小宽度,由视线与屋檐成 45° 角的范围决定。但是,建筑物最好是作为一个整体,也就是作为一个完整的构图,而最好的观赏距离是它高度的两倍或者是 27° 夹角的观赏距离。而观赏不止一栋建筑物需要其高度三倍的观赏距离,或者是 18° 的观赏视角。低于 18° 夹角这个极限阈值,主体就会失去在视野中的优势,空间中旁的物体就会被感知,而广场也会失去围合感。[43] 西特对公共广场的广泛调查,似乎是取了比例尺度较低的一端,他非常明确地陈述道"主要建筑物的高度,可以粗略地取广场最小维度的尺寸,而仍然可以给予良好视觉效果的最大尺寸是绝对高度的两倍……"此外,他还增加了附加条件,即"建筑的总体形状、用途,以及它的细部都不再允许额外的维度。"[44] 尽管最近的一些作者发现,很多成功的城镇广场在这些严格的比例限制之外。但仍需记住,西特主要是受到了小规模中世纪广场的影响。较大城镇广场的一个良好实例在诺丁汉,这座广场在逐渐远离参议院大厦的过程中,也逐缩小为瓶颈的形式。这种广场的成功也许应该归功于它们仍然相对较小的绝对尺度,以及它们为社区创造的强烈象征意义。它们也许缺少围合感,但其场所感,以及所能支持的活跃活动,则弥补了这一缺陷。

城市空间的绝对尺寸,同样与围合程度紧密相关。西特有关该专题的著述最为详尽,他发现古代城市中最大广场的平均尺寸是 57 米 × 143 米(190 英尺 ×470 英尺)。很多我们城镇和城市古老部分中令人愉快的小型紧凑型广场,尺寸或小到 15-21 米(50-70 英尺),而这仅仅是现在进入居住区的一条道路的宽度。毋庸置疑,在约克这样的城市,以及斯坦福德这样的城镇中所发现的舒适的小型中世纪广场,是人们停留、放松和避开现代城市生活之疯狂忙碌的安全港湾。它们和现代大型广场难以逾越的空旷感和令人压抑的乏味感形成鲜明对比"……过大的广场对它们周围的建筑最具危害，而且让后者从未足够大。"[45] 稍好的情况，是让建筑物围绕着一个大而空旷的平面，成为所谓的三维别墅群；而"更好"的，是将建筑也如广场一般处理，并使它们成为公园场地精致的边界，就像约翰·纳什（John Nash）在伦敦摄政公园所做的那样。

梅尔滕斯的作品和城市尺度上视觉几何的限制，证实了西特的很多发现，以及该领域内很多其他作者的直觉信念。大约 135 米（450 英尺），是识别身体姿势的距离上限，也大致接近西特所推荐的广场尺度上限。当然，在这个距离上一个人也能识别一辆坦克、洲际导弹、行进的军队或者一个乐队等尺度远远大于单人姿势的事物。这样的推理，也许证明了莫斯科红场以及其他用于庆典仪式大空间的合理性，然而，这些并不在城镇或城市广场的分类之中。

如前所述，依据大多数理论家所言，可以看清楚一座建筑物的最大视觉角度是 27°，或者是在一个两倍其高度的距离上。如果广场的宽高比是 4：1，也就是《埃塞克斯设计导则》（The Essex Design Guide）推荐的尺寸，一个处于空间中心的观察者，就能够通过转动欣赏到空间的所有面。[46] 一座周边是三层楼的广场，就应该是 36–45 米（120–150 英尺）见方，而一个周边是四层楼的广场则应该是 48–54 米（160–180 英尺）见方。然而，如果目的是欣赏广场围合面的全面构图，或者是几栋建筑物，观赏的距离就应该是建筑高度的三倍。从中心点欣赏广场的所有面，要求广场的宽 – 高尺度比率是 6：1，或者是阿尔伯蒂所推荐的最大尺度。使用这个模型，周边是三层建筑的广场将会是 73–91 米（240–300 英尺）见方，而四层建筑的则是 97–109 米（320–360 英尺）见方。而一个上限容许 137 米（450 英尺）见方的广场，就需要周边的建筑大约为七层。使用阿尔伯蒂公式的偏高范围，意味着广场范围内移动的观察者，可以欣赏到构图的整体、个别建筑的比例还有较近范围内的细部，但随之的后果，则是围合感的降低。然而，关于广场尺度比例这个话题的定论，还需回到西特："建筑物和广场之间的关系，不能像手册中界定柱子和柱头的关系一样被明确地界定。"[47]

广场的围合面越接近类似室内房间墙面的二维感，围合感就越强。周围三维建筑物的形体越大，则越会减弱公共空间的围合感。例如，如果空间的各边都只设计一座座的独立别墅以建筑三维体块孤立存在，那么空间的围合感就会消失。罗布·克里尔（Rob Krier）做了一些实验性处理手法，为城市空间围合面的设计提供参考，而他所引用的许多实例都会破坏围合感，这些实例也许可以用于其他目的，但在设计公共围合空间时则应该避免。[48] 再次强调，理想的围合是二维平面。确实有房间具有雕塑化的表面，但实际上只是一种二维表面的立体装饰；然而墙面的本质，依旧是它的二维性，这显然与彻底雕塑化的形式是相对的。城市空间中的三维元素，是建筑物之间的空间，在公共广场的情形中，则是一种简单的包含式形状。

围绕围合空间的建筑，应该构成连续的表面，并为观察者呈现出建筑上的统一性。个别大体量的建筑效果必须加以削弱，以保持连续性。重复面向围合的单体建筑或住宅的形式，会提升连续性效果。如果环绕广场重复中世纪的山形墙面，或者是正面具有经过精心测量和仔细模数化露台的乔治时期风格的建筑立面——尽管给予广场不同的尺度和特征，却同样可以形成很好的围合感。使用柱廊或者拱廊作为连续性特征，以有顶盖的人行道连接独栋建筑的首层，也可以进一步巩固空间的围合感，这是一种首先由维特鲁威提出的建筑外观："希腊人在他们公共集会广场的周边布置上宽敞的双层柱廊，装饰柱廊的柱子靠得非常紧密，并用花岗石或大理石装饰柱上楣构，其上则建造了供人行走的步廊。"[49] 阿尔伯蒂和帕拉第奥都再次强调了维特鲁威关于广场装饰的陈述："希腊人将他们的公共集会场所或市集做成绝对的正方形，以巨大的双层柱廊将其包围，并以石头制成柱廊、柱子和柱上楣构的装饰，柱廊上面则是华丽的露台，以获取新鲜空气。"[50] 此外："柱廊，正如古代使用的那样，应该环绕广场……"[51] 萨拉曼卡及其他西班牙广场，皆使用有顶盖的行人通道这种特征来作为空间构图中的统一元素（图4.12）。使用柱廊或拱廊，还有一个好的功能性原因，即在热带气候中它可以用于遮阳，而在欧洲北部地区则可以用来避雨。

在柏拉图主义的理想形式中，基本概念或城镇广场的理念，相对比较接近朱克"封闭式广场"的定义，它包含由简单的几何形，即正方形、矩形，或圆形的平面构建成的几何体。在实践中，这样的完美情况即使实现过也是凤毛麟角。包括西特在内的一些作者提出"一言以蔽之，方形的广场十分少见，且看上去都不是很好……"[52] 这是一个不被像阿尔伯蒂这样的文艺复兴时期的理论家所支持的观点。坦白地说，除非作为一个脑中概念，完美的广场子虚乌有。然而，令人愉快的广场却比比皆是；它们的形状契合基地条件，它们的可操作性也契合漫长的建设过程，以及众多的个体业主决策。正如朱克所指出的，理想的类型"……不会拘泥于特定的时期或者是明确的建筑式样，最完美的形式出现在希腊和罗马时期，以及后来的17世纪和19世纪。"[53] 这种广场类型的范例，包括巴黎的孚日广场（Place des Voges）、伊尼戈·琼斯（Inigo Jones）规划的伦敦考文特花园（Covent Garden）、巴斯的女王广场（The Queen's Square）和圆形广场（Circus），以及古希腊普南城（Priene）的露天集会广场（Agora）（图4.13–图4.14）。

图4.12　主广场，萨拉曼卡

图 4.13 孚日广场，巴黎

图 4.14 孚日广场，巴黎

## 佛罗伦萨圣母领报广场

该广场的名字取自圣母领报大殿（Basilica Santissima Annunziata），位于佛罗伦萨一条长街轴线的一端，这条长街现在叫塞尔维大道（Via del Servi）。街道的另一端是布鲁内莱斯基的大穹顶。广场三面的凉廊，使它成为或许是文艺复兴时期广场的最佳范例。宽泛地说，广场现在的外貌也代表了布鲁内莱斯基及其时代的城镇规划理念，也是布鲁内莱斯基本人亲自设计了广场上的主要建筑，育婴堂（Ospedale degli Innocenti）（图 4.15 – 图 4.19）。

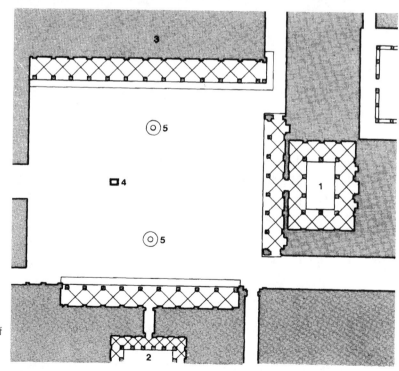

1：圣母领报大殿；
2：育婴堂；
3：圣母忠仆兄弟会；
4：费迪南一世大公爵骑马雕像；
5：喷泉

比例尺

0      60 m

图 4.15　安农齐亚塔广场，佛罗伦萨

图 4.16　圣母领报大殿，
佛罗伦萨（上左）
图 4.17　育婴堂，佛罗
伦萨（上右）
图 4.18　圣母领报广场
费迪南大公爵骑马雕像，
佛罗伦萨（下左）
图 4.19　圣母领报广场
角部细节，佛罗伦萨
（下右）

　　广场是一个小而紧密的矩形空间。凉廊外立面之间的地坪面积大约是 60 米 ×70 米
（197 英尺 ×246 英尺）。然而，如果以凉廊的后墙作为广场的平面边界，那么它就非常
接近一个完美的正方形。凉廊与凉廊之间短方向的有效高宽比大约是 1：3.3，朝向教堂
的长方向的高宽比是 1：5.4，在朝向大教堂的方向高宽比是 1：3.8。[54] 所有比率都在阿
尔伯蒂所倡导的理想范围内。在广场反方向与地面成 60° 的夹角处可以看到育婴堂的整
体，且是十分舒适的完整构图。从圣母忠仆会（Confraternity of the servants of Mary）台阶
底部将育婴堂尽收眼底需要大约 18° 的垂直视线角度，这也是一些理论家认为可以保持
围合感所需要的最小角度。这座广场中强有力的建筑构图的可视结构，将整个空间凝聚
起来，极大地保持了围合感和完整性。凉廊以其简洁的柱拱建筑元素统一了构图，并几
乎完全掩饰了周围建筑的功能。凉廊的拱廊赋予广场以可爱的韵律感，简单的拱状屋面，
使得空间可以延伸至周围建筑的墙面。

104　　　　广场有三个角是开敞的，一个实际上还以西特不赞成的方式与两条道路相连接。然
而，由于出口很窄，建筑物的视觉联系也非常紧密，再加上两个出口都设置了拱廊，
而使得围合感得以保持，且不会让视线游离于空间之外。费迪南大公爵（Grand Duke
Ferdinand）的雕像一开始是放在主轴的中心线上，体量之大，与其所站立的空间形成了
比例。此外，教堂凉廊的背景，以及轴线终点圆厅建筑的鼓座，也将雕塑与广场牢固地

联系在一起。两个由彼得罗·亚卡（Pietro Jacca）设计的相同的小喷泉，设置于朝向育婴堂入口的中心线上，强调出与主要动线成直角关系的次要轴线。三件雕塑作品的三角形部局，将广场形式装点成极其微妙的空间构图，完成了欧洲最伟大广场之一的装饰。

广场的建设，包括了多位优秀艺术家几个世纪的努力成果。佛罗伦萨大教堂（Florence Cathedral）穹顶的建设，赋予了城市一个壮丽的中心，并成为市民自豪的焦点，它也指引了城市的发展方向。一个早于穹顶建造的工程，是由圣母忠仆会僧侣所修建的、穿过他们的居住领地通往东北面大教堂的新街道。这条街道，可能自 13 世纪晚期就串联了圣母忠仆会教堂、圣母领报教堂和佛罗伦萨大教堂。[55] 这条街道作为最初的控线，启动了城市这个部分的有序规划，并最终促成了广场，以及这片区域最重要的建筑，即布鲁内莱斯基在 15 世纪设计的育婴堂的建成。[56] 其优美的拱廊，也为后来广场建设的完成奠定范式。教堂的中心拱由老安东尼奥·圣加洛在 14 世纪中期设计，同期，米开罗佐·米凯罗齐（Michelozzo Michelozzi）正在重建教堂结构。[57] 约 200 年后，乔瓦尼·巴蒂斯塔·卡奇尼（Giovanni Battista Caccini）扩建的凉廊，仍然延用了拱和柱的主题图形。然而，广场的最终形式，是由老圣加洛敲定，他被委任设计育婴堂对面的建筑。在布鲁内莱斯基完成育婴堂柱廊将近 90 年以后的 16 世纪早期，他的主立面几乎被完全重复。在埃德蒙·培根（Edmund Bacon）对圣母领报广场建设的分析中，他总结出了"第二人法则"（Principle of the Second man），从这个法则，他推测"正是这第二人，决定了第一人的创造，是被继续发扬还是被破坏。"[58] 在这个案例中，老圣加洛因完成了布鲁内莱斯基启动的城市设计杰作而备受赞誉。然而，在从 13 世纪到 17 世纪的几个世纪中，很多艺术家参与了佛罗伦萨这一部分的规划，每个人都遵从其前任制定的规范。城市设计的艺术，建立在对特定选址内在重要力量的解读与应对的基础之上。理解与欣赏发展的文脉，场所精神（genius loci）这种失传的艺术，才是伟大城市建筑的基础。在佛罗伦萨，参与创造这座广场的艺术家们证明了这种艺术。

## 主导型广场

依据朱克的理论，主导型广场"表现为开敞空间指向单独建筑或者一组建筑物，并且周围其他所有建筑物都与之相关。"[59] 西特只将公共广场区分为"纵深型"和"宽阔型"；两者都属于朱克分类中的"主导型"广场——"一座广场是属于纵深型还是宽阔型，通常在观察者站在支配整个布局的主要建筑物对面时，就会显而易见。"[60]

作为一个纵深类型的例子，西特引用了佛罗伦萨圣十字（Santa Croce）教堂前的广场（图 4.20）。所有的主要视线都指向教堂，通常教堂也是从这个方向被看到；主要街道通向教堂，雕塑和街道设施也是按这个思路来排布。正如西特所指出的，主导纵深型广场的建筑物，要达到支配效果，其尺度应该与其面前的空间相近，在过去，正是教堂的主立面与这个要求最为契合。教堂面前的广场，中世纪的前院，扩展了教堂主入口的功能。弥撒前后教众会在此聚集；这里偶尔会有室外布道，以及大规模的游行。教堂周围的建筑，通常在功能上与广场相关，并自然地从属于主体结构。

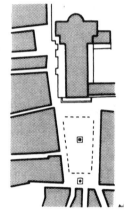

图 4.20　圣十字教堂，佛罗伦萨

　　从广场的边缘观看一个处于主导地位建筑的理想距离，位于建筑物和建筑物高度两倍距离之间的某处。因为哥特式建筑包括其雕像的细部非常重要，因此比这两倍高度短的观看距离，也经常出现在古老的中世纪教堂广场中。前院并非英国中世纪教堂的普遍特征，它更常见于建在风景区的英国大教堂，坎特伯雷（Canterbury）教堂是一个良好的实例，西面带有绿化的绍斯韦尔（Southwell Minster）大教堂也是一个典型（图 4.21）。然而，在林肯有座教堂在西面宏大入口前却有这样一个前院（见图 3.1–图 3.4）。进入前院需要经过财政大门（Exchequer Gate），大门后西侧升起两个高 60 米（200 英尺）的塔楼，当步行者走进拱形大门来到前院，眼前所见主立面的完整景观，象征着天国的入口，观看的距离和正面主要部分的高度大致相同。西侧立面的低矮部分，是纵横交错的连饰拱，满覆精雕细刻，最早可以追溯到 12 或 13 世纪。一些人认为，双塔的疏于处理，破坏了这个构图。14 世纪双塔下面突出的水平线、缺少支配性特征的大门，以及西窗和中庭尖顶山墙都对构图产生了干扰效果。这个构图的缺陷，若真是缺陷的话，也因其格外抓人眼球的细节和丰富韵律而不再那么明显。观赏从立面主要体量上升起的双塔的最好位置在大门之外。

　　西特引用了摩德纳（Modena）的雷亚莱广场（Piazza Reale）作为宽阔型广场的实例（图 4.22）。在这里，广场的支配元素是一座立面长度大于高度的宫殿。主体建筑的体量与其所在的广场体量

图 4.21　绍斯韦尔大教堂

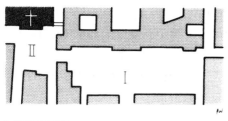

I 多米尼科广场
II 雷亚莱广场

图 4.22　摩德纳

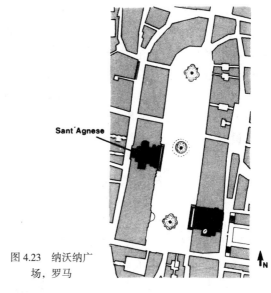

Sant´Agnese

图 4.23　纳沃纳广
场，罗马

图 4.24　纳沃纳广场，罗马

图 4.25　纳沃纳广场，罗马

相近。这座广场与邻近的多米尼科广场（Piazza S. Domenico）之间形成鲜明的对比，两座广场通过一条很短的街道相连，多米尼科广场的支配元素是一座教堂，按西特的分类，是一座纵深型广场。[61]

西特没有提供任何证据来阐明，一座广场的长度和宽度之间是否存在完美的比例关系。然而，他却如此强调"长宽比率超过 3：1 的过长广场，就已经会开始失去吸引力。"[62]这与保罗·大卫·施普赖雷根关于过长广场会丧失吸引力的陈述不谋而合"……远端的檐口会因为太远而处于视线以下。"[63]阿尔伯蒂的理想形式是"广场的长度是宽度的两倍。"[64]而维特鲁威，阿尔伯蒂的老师，提出的比率则是 3：2。[65]

## 罗马，纳沃纳广场

一座蔑视所有这些规则的广场，是罗马的纳沃纳广场（PIAZZA NAVONA），这座广场的长宽比大约为 1：5（图 4.23 – 图 4.25）。

纳沃纳广场的形状让人想起一座运动场，而事实上，它也确实是建在罗马图密善竞技场（Roman Stadium of Domitian）的旧址之上；广场现在的墙面，紧密遵循着原本结构的形状。这里在 17 世纪时转变为现在这样华丽的空间。西班牙圣雅各伯圣殿（The Church of San Giacomo degli Spagnuoli），从 15 世纪中期起就从属坐落于广场对面长边的圣阿涅斯教堂（Church of Sant' Agnese，1652-1677 年）。该教堂由吉罗拉莫（Girolamo）、卡洛·拉伊纳尔迪以及弗朗切斯科·普罗密尼（Francesco Borromini）合作设计。更重要的，是贝尔尼尼的广场设施设计，即他设计的华丽喷泉在实际意义上定义了广场的形式和韵律。对空间长度的强调，反映在圣阿涅斯教堂主立面大胆厚重的水平线处理手法上。双塔主立面之间圆屋顶的前方位置，鼓励与通常的正面透视相比，一个在广场上的斜向景像更为壮丽的视角。贝尔尼尼的四河喷泉（Fountain of the Four Rivers），围绕着图密善时期的古老方尖碑，偏离中心轴线置于广场的纵向轴线上。以这种方式，不仅没有减弱反而加强了教堂弧形立面的效果。贝尔尼尼还参与了广场纵向轴线上的其他两座喷泉的设计，即广场最南端贝尔尼尼以雕塑改造而成的摩尔人喷泉（Fountain of the Moor），以及 19 世纪建成使用基于贝尔尼尼的原设计的海神喷泉（Fountain of Neptune）。

纳沃纳广场是一座由伟大公共艺术家设计的喷泉所支配的广场，艺术家赋予了它最基本的特质。他改变了广场使用者的动线方向，使注意力偏离纵向轴线而朝向教堂的主立面。除圣阿涅斯教堂之外，广场上其余的建筑，都在与贝尔尼尼的精美雕塑和流动瀑布水景的对比中黯然失色。整座广场在 18 世纪被洪水淹没时，必定呈现出了异国情调的舞台效果，场面之壮观可想而知。

一座公共广场也可以被远景或虚景而不是一座建筑或大型雕塑所支配。很多意大利南部或西西里岛（Sicily）优美的山区城镇，有很多三边都由建筑围合的公共广场范例。广场的第四边则是一座用来观看美丽乡村景色的瞭望台（belvedere）。意大利南部卡拉布里亚省（Calabria）的圣乔治莫尔杰托（San Giorgio Morgeto）集市广场，就是这样一座一边敞开视野的广场（图 5.38）。狭窄的街道通向广场，逐渐放宽，广场周围都是两层到三层的建筑。就是在这里，围绕着一个装饰得别具匠心的喷泉，市场活动每周举行一次。里斯本（Lisbon）塔古斯河（River Tagus）上的商业广场（The Praca Do Comercio），面朝一片开阔平坦的水景，这或许是伊比利亚半岛（Iberian peninsula）上最令人印象深刻的广场；它具有巴黎孚日广场（Place Royale）所有的华丽（图 4.26－图 4.28）。这座广场三面围绕着颇具韵律的拱廊，封闭的角部和一个主要的中拱，标明了奥古斯塔街凯旋门（Arco da Rua Augusta）的位置，这条主要道路通向罗西岛广场（Praca de Dom Pedro）及整座城市，它满足了阿尔伯蒂对避风港的所有描述："避风港装饰着宽阔的柱廊……面前便是宽敞的广场。"[66] 此外阿尔伯蒂还对避风港如此描述道："应当有一条宽阔的街道从港口直通城市心脏。"[67]

## 罗马国会大厦广场

米开朗琪罗设计的罗马国会大厦广场 [the Capitol，Rome；又名：卡比托利欧广场

图 4.26　商业广场，里斯本

图 4.27　商业广场，里斯本

图 4.28　奥古斯塔街凯旋门，里斯本

（Piazza del Campidoglio）]，完美诠释了广场作为一个目的地和出发点的定义。米开朗琪罗通过建筑处理手法在这座广场中创造了一个在同一方向上受同一主要公共建筑元老宫（Palazzo del Senatore/Palazzo Senatorio）主导的统一构图；而相反方向的主导元素，是贯穿罗马的视觉景观（图 4.29 – 图 4.33）。

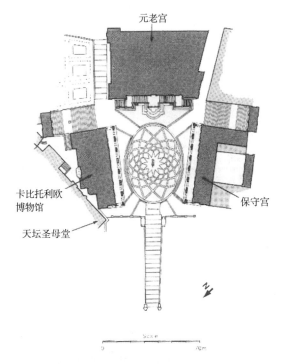

元老宫

卡比托利欧
博物馆

天坛圣母堂

保守宫

图 4.29　卡比托利欧广场，罗马

图 4.30　卡比托利欧广场，罗马

图 4.31　卡比托利欧广场，罗马

图 4.32　卡比托利欧广场上的卡比托利欧博物馆，罗马

图 4.33　卡比托利欧广场，罗马

110　　　　罗马国会山（Capitol Hill）的建设是一个漫长的历史过程，同时也是一个兴衰交替的过程。这个历史过程被托马斯·阿什比（Thomas Ashby）详细地记录下来。[68] 国会山是古罗马的七座山之一，从很早以前开始，它就是一个服务于整座城市的政治和宗教中心。在中世纪的罗马，国会山也是政治中心，1145 年这里就建起了一座宫殿，中世纪时期曾多次重建，用作市政厅。毗邻的教堂，天坛圣母堂（Santa Maria in Aracoeli）始建于 1250 年，其壮观的台阶则始建于 1348 年。基地上的第一座建筑元老宫，始建于 15 世纪早期，而直到罗马教皇尼古拉五世（Pope Nicholas V）时才转而作为宫殿使用。

　　　1537 年，正是保罗三世（Paul Ⅲ）在位期间，米开朗琪罗受任在国会山设计一座纪念广场。然而，在米开朗琪罗去世之后差不多一百年广场才最终落成。[69] 当米开朗琪罗开始国会山的工作时，他发现建筑物、土堆与雕塑都混杂在一起。

　　卡比托利欧广场是公共艺术的杰作之一，乔治·瓦萨里（Giorgio Vasari）的《艺术家的生活》(*The Lives of the Artists*) 对其总体规划进行了详尽说明。[70] 该广场构成了早期文艺复兴广场，例如佛罗伦萨的圣母领报广场，和后来罗马巴洛克式广场的建设之间的联系。基地上既有的两座建筑物成为设计的前提条件，这两座建筑分别是元老宫和保守宫。米开朗琪罗保留了两座建筑物但给予了它们新的建筑形式。最先的建设，是找平山顶，以及在元老宫的中心线上设立著名的马可·奥勒留( Marcus Aurelius )骑马雕像，依据培根："仅在一念之间，他就建立起一条强有力的轴线……这条轴线终成为使混乱变得有序的组织要素。"[71] 新建筑卡比托利欧博物馆（Capitoline Museum）坐落的角度，与元老宫和保守宫的角度相同。由此似乎可以非常明智地得出结论，也正如阿什比所做：广场的最后形状，很大程度上是由基地现实的局促条件所决定的，即一边是古老而重要的天坛圣母堂，另一边是具有古董意义的两座既有建筑。[72] 既有建筑的线性布局带给米开朗琪罗的错觉透视效果强化并促成了元老宫的纪念性。当从大台阶接近时，建筑景观的实际展开还保证了对主建筑毫无阻碍的视野。[73] 国会山是一个在不利限制条件下创造出的、不会破坏既有文化遗产的优秀城市设计作品范例。对于今天的我们而言，也是很好的一课。

　　长比托利欧广场（又称国会大厦广场）的形状是一个梯形，突破了文艺复兴时期规则几何形状的常规。它是一个小空间，两个侧翼建筑之间最宽是 55 米（181 英尺），最窄是 40.5 米（133 英尺）。这座广场不是一个完全封闭的空间，除了开敞的一面，两个主要的角部也是开敞的，这与西特所倡导的构成角部的方法相左。然而，当站在广场上时，它看上去却是矩形，这是由于铺地图案中凹陷的椭圆巧妙地抵消了空间形状的不规则，图案凹陷的椭圆中还带有一个从马克·奥利里乌斯雕像放射出来的星形铺地图案。培根写道："缺少了椭圆的形状，以及它的二维性，星形的铺地图案和周围精心设计的台阶上的三维投影，就不会实现设计的统一与协调。"[74] 同理，若非铺地和空间中心的巨大雕像与米开朗琪罗建筑的紧密结合，广场将会是一个四处散落的不规则空间。关于这个空间的最后一句描述出自诺伯格 – 舒尔茨："该设计已经将国会山诠释为世界之都（Caput Mundi）的理念表现得淋漓尽致。如此一来，这个椭圆，无异于地球的顶端……米开朗琪罗成功地对场所本质进行了象征性表达，这在建筑历史上无人能及。"[75]

## 连接型广场

　　观察者要么以步行要么以其他交通方式来观看和体验城市，观察者体验的质量，取决于他或她移动的速度。移动的速度越快，感知到的细节越少——在一辆轿车上，能体验和感知到的就只有建筑物的大概体量以及主要的园林景物。而在步行的速度下，就有可能注意到所穿过空间及周围建筑更多的细节。城镇风景，不是以持续展开的运动画面、而是以行进路线上一系列值得记忆事件的剪辑或者快照的形式展现给步行者。戈登·卡伦将这种景物的感知称之为"'系列景象'（serial vision）……尽管步行者以一致的速度穿过城镇，城镇的风景仍然经常是以一系列的突现或重现的方式展现。"[76] 西特是率先采

111

112

用这种独特城镇景观分析方法的建筑学作者之一。正是他指出在一些令人愉快的中世纪城镇当中，狭窄的小巷在广场处展开，并且由一个空间连向另一个空间："……一个人应该牢记从一座广场散步到另外一座广场的这一途径如此精明组织系统而产生的特殊效果。我们的视觉参照结构连续变化，创造出从未有过的新印象。"[77] 朱克继续了这个主题的探讨，他将一座座广场的排布比作一个巴洛克宫殿中相互关联的连续房间——"第一间房为第二间房作准备，第二间则为第三间的前提，以此类推，每间房都是系列当中有意义的一环，远不止其自身的建筑学意义这么简单。"[78]

有很多方法可以构建广场之间的连接。一座公共广场可以是任何复杂的形状，由两个或更多个相互交叠或渗透的空间组成；清楚界定的空间，也许会相互连通；一系列的空间也许会在实体上通过街道或巷道连接起来；一两个主要的公共建筑物也许会被一系列的空间所环绕，这些空间则以建筑物的墙面为边界；大型城市广场通常被设计为沿着预定轴线逐渐展开；最后，几个空间也可以通过一个外部参照点、一个支配元素，例如一座塔而相互连接。

## 113 佛罗伦萨的领主广场

在 13 世纪归尔甫派（Guelphs，又称教皇派）和吉伯林派（Ghibellines，又称皇帝派）之间的内战之后，战败的吉伯林派在佛罗伦萨领主广场（Piazza della Signoria）基地上的住房和高塔被夷为平地，这个区域被设计为一个开敞空间。其他邻近的场地被聚集起来用以完成这个空间并适应新的宫殿。维琪奥宫（Palazzo Vecchio，又名"旧宫"）是中世纪政府所在地，由阿诺尔福·迪·坎比奥（Arnolfo di Cambio）设计，其主要部分在 1288–1314 年建成。六个多世纪以来，领主广场一直是佛罗伦萨的城市中心（图 4.34–图 4.39）。

本质上，这是一座中世纪式样的广场，几条街道以不同的角度随意进入广场。然而，却没有直接贯通广场的视线。由此，按西特的定义，广场保持了一种完整的围合感。城市中心有三座重要的建筑，主广场上突出的维琪奥宫，14 世纪晚期由安德烈亚·奥尔卡尼亚（Andrea Orcagna）设计的佣兵凉廊（Loggia dei Lanzi），以及建于 1560–1574 年在广场北部由瓦萨里（Vasari）设计用作管理办公的乌菲齐宫（Palazzo Uffizi）。

主广场形成了两个截然不同又相互渗透的空间，其边界由雕塑形成的视觉阻隔来界定；米开朗琪罗的《大卫》（*David*）、班迪内利（Bandinelli）的《海格立斯与凯克斯》（*Hercules and Cacus*）、多那太罗（Donatello）的《朱迪斯》（*Judith*）、阿马纳提（Ammanati）的大型海神喷泉（Neptune Fountain）以及乔凡尼·达·博洛尼亚（Giovanni da Bologna）的科西莫·美第奇（Cosimo Medici）骑马雕像。运用这些雕塑，一个形状不明确的中世纪空间，被转化为两个比例和文艺复兴理念更为呼应的空间。这个过程以 1504 年在宫殿入口处左侧放置的米开朗琪罗的大卫雕像为开始，这是很多专家深思熟虑的决定。通过在两座广场假想边界的中心点上放置骑马雕像，线状排列雕塑在 1594 年得以完成。平行了维琪奥宫东立面的雕塑排列线，延伸至大教堂的穹顶处，而海王喷泉则被精妙地设置在与宫殿角落呈 45°的方位，其作用似乎是两个广场轴线的支点。[79]

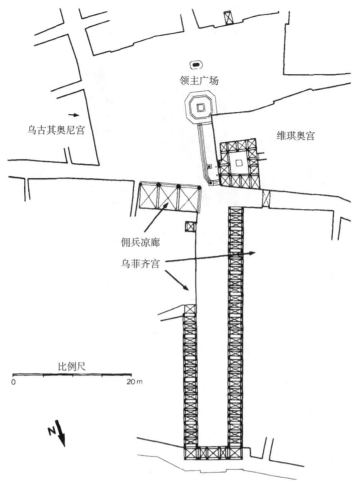

图 4.34　领主广场，佛罗伦萨

图 4.35　从阿诺尔河上看乌菲齐宫，佛罗伦萨

图 4.36　乌菲齐广场，佛罗伦萨

图 4.37　科西莫·美第奇骑马雕像，
　　　　佛罗伦萨

图 4.38　维琪奥宫，佛罗伦萨

图 4.39　领主广场围合的角部，
　　　　佛罗伦萨

　　标志着由乌菲齐宫形成的小空间之开敞的佣兵凉廊，其最初的设计目的是为佛罗伦萨市民举行庆典活动,后来则变成美丽雕塑的华丽展示空间。众多雕像中,立于拱廊下的,是切利尼的青铜雕像《珀修斯》（*Perseus*），以及詹博洛尼亚（Giambologna，即波洛尼亚）的大理石雕塑群《掠夺萨宾妇女》（*Rape of the Sabines*）。[80]

　　乌菲齐宫形成了开启主广场一侧的组群中的第三个空间。这个狭窄的杆状空间，在一个方向上，加强了宫殿塔楼与布鲁内莱斯基穹顶之间戏剧化的对比。在另一个方向，它通过一系列的圆拱导向阿诺尔河（River Arno）"产生了沿河捕捉流动空间，并将之引入领主广场的效果。"[81]

## 卢卡

　　西特关于中世纪卢卡（Lucca）城的图纸，清楚地表明了空间构图的多样性取决于城市设计师；在这里，个别建筑立面显然在一定程度上确定了相邻广场的尺度和形状，以使得建筑得以充分发挥其优势。建筑物通常形成相邻空间的各边，各个空间相互流通，或被狭窄的联系通道隔开（图 4.40 – 图 4.44）。

## 圣吉米尼亚诺

115

　　圣吉米尼亚诺（San Gimignano）是另外一个空间相互对比鲜明且并置的例子（图 4.45 – 图 4.50）。城镇的主入口是圣若望门（Porta San Giovani），一个剜于 13 世纪中期威武城墙上的狭窄开口——如今依旧是城镇和美丽风景之间的硬质视觉界限。大门通向狭窄的圣约翰街（St John's Street），街的两侧则是三层如悬崖般来自 13 和 14 世纪的建筑。街道在令人愉快的库尼亚内西广场（Cugnanesi Square）入口处放宽，广场的主导者是库尼亚内西塔（Cugnanesi Tower）。这座小广场，是主市政广场的前厅，为参观者穿越贝奇拱门（Becci

图 4.40　市场，卢卡（上左）

图 4.41　市场，卢卡（上中）

图 4.42　教堂立面，卢卡（上右）

图 4.43　市场，卢卡（下左）

图 4.44　市场，卢卡（下右）

图 4.45　库尼亚内西广场，圣吉米尼亚诺

图 4.46　水井广场，圣吉米尼亚诺

图 4.47  圣若望大门，圣吉米尼亚诺

图 4.50

图 4.48  贝奇拱门和库尼亚内西塔，
圣吉米尼亚诺

Arch）作准备，它是城市第一道防卫墙的大门。主广场水井广场（Piazza della Cisterna）是一个三角形空间，带有鱼脊形的铺地图案和可爱的喷泉，广场周围将其围绕的三、四层建筑，保持了中世纪的建筑特征并以此维持了城镇尺度。

　　水井广场通过一条过道与另外一个重要广场相连，大教堂广场（Piazza del Duomo）。由于其三角形的形状，通道方向的空间受到挤压，也由此，该空间得以被阿尔丁盖利塔（Ardinghelli Tower）所遮蔽，引导观察者穿过缝隙进入大教堂前的前院。一个巨大的台阶通向大教堂朴素的立面，在它的下面是人民凉廊（Loggia del Popolo），也是大教堂广场和水井广场的交汇处。大教堂广场最后通向一座小型且相对无关紧要的，乌戈诺米广场（Piazza Ugo Nomi），或叫作香草广场（Piazza delle Erbe），最后抵达城镇要塞。大教堂广场的各边看上去都是巨大的防御塔；面对大教堂的，是市长的旧官邸（Mayor's Old Palace），顶上耸立着斯卡比塔（Scabby Tower），右侧是格罗萨塔楼（Torre Grossa）或称市政塔（Tower of Comune），左侧俯瞰乌戈诺米广场的，是立在那里的萨尔武奇（Salvucci）或称为吉伯林家族的双子塔。在圣吉米尼亚诺，塔和围合形广场被用于一个单独的城市构图当中，它们在尺度和形式上彼此形成对比。然而，通过它们之间的结合，构成一个在一定距离上是统一的构图，同时，也可作为城市风景逐一展现给观者。

图 4.49  阿尔丁盖利塔和人民凉廊，
圣吉米尼亚诺

## 巴斯的女王广场、圆形广场及新月广场

巴斯的很多建筑都在同一个世纪建成，其间的建筑品位也几乎没有改变（图2.2-图2.5）。巴斯是一座单一建筑材料建设的城镇，这是它呈现出高统一感的另一个原因。建筑形式主要由约翰·伍德（John Wood）和他的儿子，也是他继承者的小约翰·伍德设计。女王广场（Queen Square）、圆形广场（The Circus）及新月广场（The Crecent），是巴斯18世纪开发的中心区块，或许也是英国在城市设计领域最显著的贡献。

另外两个人，"博"·纳什（'Beau' Nash）和拉尔夫·艾伦（Ralph Allen），和巴斯崛起为杰出的时尚温泉胜地密不可分。"博"·纳什，作为巴斯庆典活动的主管，从1804年开始，将城镇从一个因健康原因才会到访的地方，发展成为一个休闲度假和社交接触的圣地。为达成这个目的，其住宿需容纳8000名游客。拉尔夫·艾伦，巴斯最富有的公民兼一位有统治权的政客，拥有位于峭谷郡（Combe Down）的几座采石场，他希望开采巴斯的石矿并在城镇展示样品。依据蒂姆·莫尔（Tim Mowl）和布雷恩·厄恩肖（Brian Earnshaw），约翰·伍德（John Wood），一位当地营造商的儿子在1727年回到他家乡时，正好赶上资金流入巴斯，城镇快速扩张时机成熟。[82] 约翰·伍德在21岁时，为这个狭小而停滞不前的小型中世纪城镇，建议了一份充满想象力的总体规划，他对巴斯未来发展的灵感可追溯到古罗马，即他希望建造一座皇家广场、一座宏大的圆形广场，以及一座帝国体育馆。[83]

约翰·伍德除了是一位设计者之外，还在巴斯从事大量的金融家、开发商、营造商和不动产的代理工作。他的工作方法充满趣味，正如他第一次获得土地租约然后就开始设计建筑的总体形状一样，包括正立面。开发建设的大部分转租给个体，按他们自己的需求完善内部，但须和公共立面保持一致—— 一种当地人喜爱的建筑式样，"正面是安妮女王（Queen Anne）背面是玛丽安（Mary Ann）。"

女王广场是组群中首先完成的部分。伍德对广场的东、南、北三个面进行了处理，每面都拥有富丽堂皇的构图。北面具有显著的纪念性，对称布置了七栋住宅，中心是山形墙面。西面同样具有纪念性，转角处布置了两栋宽敞住宅，中心住宅的门廊和巨大扶壁柱退离街道边线。广场于1736年竣工，然而其西面在1830年因两栋住宅之间的空间被填补而损毁。[84]

尽管广场的每个角部都有一个十字路口，它依旧通过角部细节、建筑或者树木的视线遮挡，保持了围合感。例如，西北角的女王阅兵场（Queen's Parade），一座长条形露台，沿对角线穿过开敞空间，进一步形成更小的空间并围合了景观。盖伊大街（Gay Street）从女王广场开始逐步上升到山上的新月广场。吉伯德曾提出，街道太长，且与长形露台和地形地貌的契合不够清晰。[85] 而对其他人而言，垂直于等高线的上行，大大增加了对圆形广场围合而成的竞技场的期待和惊喜。萨默森将圆形广场描述为既简单又引人注目："巴斯的圆形广场拥有一个纪念性的概念，基于对罗马圆形大剧场的倒置、简化，以及尺度的大幅缩减，成为面向广场的33个中等尺度城镇住宅的一幅画卷。这些住宅有三重秩序，它们的柱头精雕细刻，其效果优雅美丽——好似是淳朴的社区接管的一座古董建筑，

并恰如其分地将其改造为住所。"[86]

老约翰·伍德去世于圆形广场开工的 1754 年，后面的工作由他的儿子完成。他的儿子继续建造了布鲁克大街（Brook Street），将圆形广场与组群中的最后一个大型空间，即新月广场相连，小约翰·伍德设计的新月广场建于 1767–1775 年。

新月广场始于三个圆心，一条长圆弧线在中间，两条短半径圆弧在两端。露台不间断的弧形，形成一条轮廓突出的曲线，伫立在首层楼座上的两层高的爱奥尼柱子延伸环绕，围合出广场。在随后的几年中，这个露台成了全英其他同类型新月广场的范例。没有一个作品可以胜过巴斯优雅的比例、美丽的细部和柱子宏伟的韵律。在这里，皇家宫殿或乡下宅邸已经转化为优美的、家庭式露台，与公园绿地相互并置；从女王广场通过长长的盖伊大街攀升到宽阔的圆形广场，依次通过布鲁克大街的狭长空间，穿越到开敞的新月广场及其美丽的风景当中；空间的列队，宏伟的终曲。整体构图体量的简洁实则在一定程度上被圆形广场中间的一组树木所破坏。伍德原本设计中简约的鹅卵石铺地，本可以为女王广场围合的方尖碑花园，以及新月广场的自然风景提供一个完美的衬托。

## 南锡的斯坦尼斯拉斯广场、卡里埃尔广场和半圆形广场

1757 年埃雷·德·科尔尼（Here de Corny）在南锡（Nancy）设计的系列空间，沿中轴对称，并彼此关联（图 4.51– 图 4.56）。这种中规中矩的布局与约翰·伍德在巴斯的作品明显不同。伍德虽然用了传统古典建筑形式作为主旋律，但空间的组织却采用了更少的纪念性，更多的浪漫性排布。

一度是波兰国王的斯坦尼斯拉斯·莱什琴斯基（Stanislas Leszcyzynski），在定居南锡后，计划将其改造成配得上欧洲首都的城市。作为这个计划的一部分，他建造了一条南北贯穿的新干道，新城大道（Ville Newe），在这条路线上，建筑师埃雷·德·科尔尼还设置了一条与之成直角的轴线，从新城大道延伸进入老城大道（Ville Vieille）。也是沿着这条轴线，他布置了三个主要空间。[87]

矩形的斯坦尼斯拉斯广场（原皇家广场）以城市酒店（Hotel de Ville）为主导，酒店是构图的主要统一元素，也是轴线方向的转折点。完全相同的立面用在建筑的短边上，并实现了广场的围合。广场东部边缘的轴向运动被限定在一条狭窄、瘦长的空间范围内，

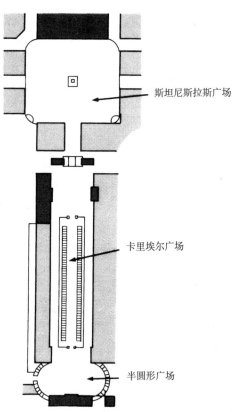

斯坦尼斯拉斯广场

卡里埃尔广场

半圆形广场

图 4.51 斯坦尼斯拉斯广场、卡里埃尔广场和半圆形广场，南锡

图 4.52　斯坦尼斯拉斯广场，角部细节，南锡

图 4.53　斯坦尼斯拉斯广场，南锡

图 4.54　斯坦尼斯拉斯广场，南锡

图 4.55　卡里埃尔广场，南锡

图 4.56　半圆广场，南锡

两侧排布着较低矮的有拱廊建筑。斯坦尼斯拉斯广场和卡里埃尔广场空间之间的转换空间，以一个凯旋门得以完善。空间在卡里埃尔广场处放宽，但中轴线被四行整齐修剪的树木再次强调。动线止于第三个空间的横向轴线，它贯穿一个半椭圆形广场，与主轴线以直角相交。半圆广场以柱廊围合，柱廊延续着政府建筑的底层柱廊主题。[88]

大小建筑之间有韵律地交替出现，以沿着主要动线展开的不同空间形式，使这里成为一件城市设计杰作、一个正式轴向规划的优秀范例。

## 因一个外部参照点相关联的空间

个别广场会因它们都与同一座建筑有明显关联，而在观察者的意识中形成连贯模式。林肯郡波士顿的两座广场之间的物理连接虽然有一条街道，但它们却通过与同一教堂塔的关系，建立了相互之间强烈的视觉联结。这座教堂塔在当地被称为斯顿普 [The Stump，即圣博托尔夫教堂（St Botolph's Church）图 4.57– 图 4.59]。斯顿普是林肯郡沼泽平地上的主导性景物，它向数英里外的访客昭示了波士顿的所在，也因其在两座广场之间的主导地位而再次确认了其城镇中心的地位。

### 阿马林堡宫，哥本哈根

正式的规划布局中可以创造相似的关系，哥本哈根的阿马林堡宫（The Amalienborg）和腓特列教堂（Frederikskirke，图 4.60）就是很好的例子。阿马林堡宫是尼古拉·伊格维（Nicolas Eigtved）为丹麦国王腓特列五世（King Frederik V）所设计。第一次规划在 1749–1754 年。建筑师去世

图 4.57 波士顿，林肯郡

图 4.58 波士顿，林肯郡

图 4.59 波士顿，林肯郡

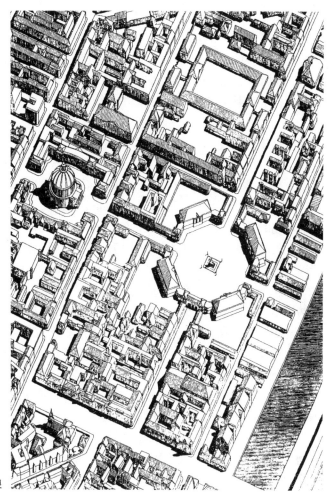

图 4.60　阿马林堡宫，哥本哈根

时，整个片区的布局和很多优秀建筑已经建设完成。兴建这个项目的理由，是为了刺激皇室土地的开发。那些愿意建造住宅的人，被给予了土地所有权，但要在五年之内完成建设，并与国王批准的规划细节保持一致。国王自己保留的土地上，则建造了主广场和四座宫殿。[89]

主广场是四座宫殿围合成的八边形。每座宫殿都包含一个处于中心位置的大体量建筑，通过单层侧翼与强调出出入口空间的亭阁相连。广场的中央是腓特列五世的骑马雕像。居中的宫殿是古典三段式设计，中央主体的两侧各有一个相互对称的亭子，腓特列大街（Frederik Street）尽头漂亮的街角住宅与教堂广场相连。该教堂同样由伊格维设计，也重复了三段式的构图处理手法，一个巨大的穹顶搭配两侧的双塔。遗憾的是，通过广场沿着腓特列大街通往宏伟大理石教堂擢升的戏剧性效果，没能很好地按规划实现。在伊格维原本的设计中，教堂立面的每一主要阶段都会是双倍尺度，即地面首层为 6 米（20 英尺），到二层的 12 米（40 英尺），而后是升高 24 米（80 英尺）的圆柱形穹顶鼓座，最终是加高至 48 米的十字架（160 英尺）。教堂竣工于 19 世纪晚期，虽然没有遵循伊格维决不妥协和高度自律的建筑主题，却还是以其绝对的体量主导着构图。

建筑体量的三段式处理法，在沿着主轴线腓特列街的空间处理中重复。宏大的开敞空间、主宫殿广场，以及教堂的环绕空间，通过小规模的街道空间相连，这些狭窄的连续空间，也明晰地阐明了空间构图的主要元素。

## 其他空间

朱克分类中的另外两种广场类型目前还一直没讨论，即中心（nuclear）广场和不规则（amorphous）广场。[90]公共广场（public square，plaza or piazza）的准确命名并不重要，本篇概述的目的假定的，是高度的物理围合可以提供更强的围合感。从本文的观点来看，朱克分类中的中心广场和不规则广场，都不能归为公共广场。城市结构的此类特征，可能确实是其自身所应有的重要场所，但其设计需要考虑不同的秩序。

繁忙的大都市交通路口，例如纽约的时代广场，只是名为广场，它们的设计应该考虑其原本功能，即城市交通的有效运行。一座大型广场例如纽约的华盛顿广场，由其边上的建筑围合而成——但对于周围的异质结构来说仍旧过大，缺少必要的围合感。它过大的比例使其无法成为一个城市广场。在诺丁汉，"改进"侍女玛丽安大道的大胆尝试，在 20 世纪 60 年代就发生过。侍女玛丽安大道的北端是一个环形路口，连接了其他三条重要道路，德比路（Derby Road）、征税所山路（Toll House Hill）和上议会大街（Upper Parliament Street，图 4.61）。环形路口东侧最新的开发，宜人却毫无新意的"现代传统"建筑被设计以满足高度围合形式。然而，由于道路交通保持在地面层，这个特别的围合空间，可能只是加剧了交通噪声和空气污染。这个空间充分说明了当代城市广场形态，也说明在一定程度上，设计者必须考虑昂贵和复杂的地下交通组织，或通过交通管理以

图 4.61　侍女玛丽安大道、德比路、征税所山路和上议会大街交叉口，诺丁汉

图 4.62

降低交通量。

朱克通过以下方式定义了中心型空间："中心广场的空间形状具有一定的秩序，尽管不是十分贴切……一个实体，甚至没有成列的建筑，或者是正面结构主导。只要有一个中心，一个强劲的垂直强调——一座纪念碑、一座喷泉、一座方尖碑——足够有力能撑起周围的空间，以及足够的张力可使整体聚集，就能诱发出广场的印象。"他以金字塔为案例，形容其产生了"一种围绕其周围的审美空间。"在这个定义下，朱克引用了威尼斯的圣若望及保禄广场（Piazza di Ss Giovanni e Paolo）。在这个案例中，韦罗基奥（Verrochio）的科莱奥尼（Colleoni）雕像作为强劲焦点，将一个本来不规则的形状，聚集成了一个可识别的空间单元（图 4.62）。[91] 形成这样一个空间的设计程序似乎还不明晰，换言之，除了置于中心要大或大胆到足够支配其周围的一切的景物之外的内容。在给出的设计中预设观察者对空间的感知似乎是危险的。显然，被设计的应当是置于中心的元素，诸如雕像、柱子或建筑，而不是空间。观察者意识中构建起的这种空间的选址、形状和尺度的理念，是设计一个三维的、观察者围绕其运动的物体的结果，而不是设计一个围合的、观察者穿行其间的空间的结果。

## 结论

公共广场可能依然是城市设计中最重要的元素；它是一座城镇或城市装饰和塑造识别性的主要方法。是城市和区域最重要建筑的自然环境，是精美雕塑、喷泉和照明所在的场所，最重要的，是人们聚会和社交的场所。当这种场所被依据一些公平的基本原则设计出来并充满场所感时，它就会呈现出更多的象征性意义。这种空间最重要的物理品质是围合。虽然围合的原则很少，但围合的方法很多。

# 注释与文献

1 沃尔纳·赫格曼（Hegemann, Werner）与埃尔伯特·皮茨（Peets, Elbert），《美国的维特鲁威：建筑师的城市艺术手册》，（*The American Vitruvius, An Architect's Handbook of Civic Art*），本杰明·布洛姆出版公司（Benjamin Blom），纽约，1922 年，第 29 页。

2 维特鲁威（Vitruvius），《建筑十书》[*The Ten Books of Architecture*，莫里斯 希基 摩根（Morris Hicky Morgan）译 ]，多佛出版社，纽约，1960 年，第 5 册，第 1 章，第 132 页。

3 莱昂·巴蒂斯塔·阿尔伯蒂（Alberti, Leon Battista），《建筑十书》[*The Ten Books of Architecture*，1755 年莱昂尼（Leoni）版 ]，多佛出版社，纽约，1986 年，第 4 册，第 8 章，第 81 页。

4 同上，第 8 册，第 6 章，第 173 页。

5 G.R. 柯林斯（Collins, G.R.）与 C.C. 柯林斯（Collins C.C.），《卡米洛·西特：现代城市规划的诞生》（*Camillo Sitte：The Birth of Modern City Planning*），里佐利出版社（Rizzoli），纽约，1986 年，第 154 页。

6 罗杰·斯克鲁顿（Scruton, Roger），《建筑美学》（*The Aesthetics of Architecture*），梅休因出版社（Methuen），伦敦，1979 年，第 44 页。

7 同上，第 144 页。

8 勒·柯布西耶（Le Corbusier），《光辉城市》（*The Radiant City*），费伯出版公司（Faber & Faber），伦敦，1967 年，第 141 页。

9 W.B. 叶芝（Yeats, W.B.），"第二次降临"（"The Second Coming"），《叶芝诗选》（*Yeats Selected Poetry*），泛书出版社（Pan Books），伦敦，1974 年，第 99 页。

10 克里斯蒂安·诺伯格 – 舒尔茨（Norberg–Schulz, Christian），《存在·空间·建筑》（*Existence, Space and Architecture*），远景工作室（Studio Vista），伦敦，1971 年，第 19 页。

11 凯文·林奇（Lynch, Kevin），《城市意象》（*The Image of the City*），麻省理工学院出版社（MIT Press），剑桥，马萨诸塞州，1960 年。

12 同上，第 47 页。

13 同上，第 102 页。

14 克里斯多夫·亚历山大（Alexander Christopher），《城市设计新理论》（*A New Theory of Urban Design*），牛津大学出版社（Oxford University Press），牛津，1987 年，第 92 页。

15 同上，第 93 页。

16 雷蒙德·昂温（Unwin, Raymond），《市镇规划实践》（*Town Planning in Practice*），T. 费希尔·昂温（T. Fisher Unwin）出版公司，伦敦，1909 年，第 176 页。

17 G.R. 柯林斯和 C.C. 柯林斯，引文同前，第 181 页。

18 彼得·默里（Murray, Peter），《意大利文艺复兴建筑》（*The Architecture of the Italian Renaissance*），泰晤士与哈得孙出版社（Thames and Hudson），伦敦，（修订第三版），1986 年，第 124 页。

19 同上，第 140 页。

20 约翰·萨默森爵士（Summerson, Sir John），《建筑的古典语言》（*The Classical Language of Architecture*），泰晤士与哈得孙出版社，伦敦，1963 年，第 69 页。

21 同上，第68页。

22 保罗·朱克（Zucker，Paul），《城镇与广场》（*Town and Square*），哥伦比亚大学出版社（Columbia University Press），纽约，1959年，第151页。

23 莱昂·巴蒂斯塔·阿尔伯蒂，引文同前，第4册，第8章，第80页。

24 S.E.拉斯姆森（Rasmussen，S.E.），《体验建筑》（*Experiencing Architecture*），麻省理工学院出版社，剑桥，马萨诸塞州，1959年，第38页。

25 雷蒙德·昂温，引文同前，第171页。

26 克里斯多夫·亚历山大等，《建筑模式语言》（*A Pattern Language*），牛津大学出版社，牛津，1977年，第28页。

27 莱昂·巴蒂斯塔·阿尔伯蒂，引文同前，第48册，第6章，第172页。

28 引自阿什比，托马斯与S.R.皮尔斯，"人民广场：罗马的历史与发展"（"The Piazza del Popolo：Rome，Its History and Development"），《城镇规划评论》（*Town Planning Review*），第6卷，2号，1924年12月，第74-99页。

29 同上。

30 A.E.J.莫里斯（Morris，A.E.J.）《城市形态史》（*History of Urban Form*），乔治戈德温出版公司（George Godwin），伦敦，1972年，第130页。

31 S.E.拉斯姆森，《城镇与建筑》（*Towns and Buildings*），利物浦大学出版社（The University Press of Liverpool），利物浦，1951年，第50页。

32 西格弗里德·吉迪恩（Giedion，Sigfried），《空间·时间·建筑》（*Space，Time and Architecture*），哈佛大学出版社（Harvard University Press），剑桥，马萨诸塞州，第三版，扩充版，1956年，第152页。

33 E.N.培根（Bacon，E.N.），《城市设计》（*Design of Cities*），泰晤士与哈得孙出版社，伦敦，修订版，1975年，第155页。

34 西格弗里德·吉迪恩，引文同前，第152页。

35 保罗·朱克，引文同前，第8页。

36 G.R.柯林斯和C.C.柯林斯，引文同前，第177页。

37 同上，第171页。

38 安德烈亚·帕拉第奥（Palladio，Andrea），《建筑四书》（*The Four Books of Architecture*），多佛出版社，纽约，1965年，第72页。

39 保罗·朱克，引文同前，第7页。

40 埃塞克斯郡议会（County Council of Essex），《居住区设计导则》（*A Design Guide for Residential Areas*），船锚出版社（The Anchor Press），埃塞克斯，1973年，第65页。

41 阿尔伯蒂，引文同前，第173页。

42 沃尔纳·赫格曼和埃尔伯特·皮茨，引文同前，第40页。

43 同上，第42-44页；P.D.施普赖雷根（Spreiregen，P.D.），《城市设计：城镇与城市的建筑》（*Urban Design：The Architecture of Towns and Cities*），麦格劳－希尔出版社（McGraw-Hill），纽约，1965年，第75页。

44 G.R. 柯林斯和 C.C. 柯林斯，引文同前，第 182 页。

45 同上，第 183 页。

46 埃塞克斯郡议会，引文同前。

47 G.R. 柯林斯和 C.C. 柯林斯，引文同前，第 181 页。

48 罗布·克里尔（Krier, Rob），《城市空间》（Urban Space），学院版，伦敦，1979 年，第 9 页。

49 维特鲁威，引文同前，第 131 页。

50 阿尔伯蒂，引文同前，第 173 页。

51 安德烈亚·帕拉第奥，引文同前，第 72 页。

52 G.R. 柯林斯和 C.C. 柯林斯，引文同前，第 182 页。

53 保罗·朱克，引文同前，第 9 页。

54 伊索贝尔·M. 钱伯斯（Chambers, Isobel M.），"意大利广场"（"Piazzas of Italy"），《城镇规划评论》（Town Planning Review），第 6 卷，4 号，1926 年 2 月，第 225 页；画作出自 Y. 额·利姆（Lim Y. Ng），《城市空间的历史分析》（An Historical Analysis of Urban Space），未发表的论文，诺丁汉大学建筑学院（School of Architecture, University of Nottingham），1979 年。

55 埃德蒙·培根，引文同前，第 107 页。

56 克劳迪奥·巴罗埃罗等（Baroero, Claudio, et al）编，《佛罗伦萨城市导则》（Florence Guide to the City），优力威导则系列（Univis Guide Series），意大利，马里奥·格罗斯 & 托马松尼出版公司（Mario Gros, Tomasone & Co），都灵，1979 年，第 81 页。

57 弗雷德里克·吉伯德（Gibberd, Frederick），《城镇设计》（Town Design），建筑出版社（Architectural Press），伦敦，第二版，1955 年，第 133–135 页。

58 埃德蒙·培根，引文同前，第 108–109 页。

59 保罗·朱克，引文同前，第 11 页。

60 G.R. 柯林斯和 C.C. 柯林斯，引文同前，第 177 页。

61 同上，第 178 页。

62 同上，第 182 页。

63 P.D. 施普赖雷根，引文同前，第 19 页。

64 阿尔伯蒂，引文同前，第 173 页。

65 维特鲁威，引文同前，第 132 页。

66 阿尔伯蒂，引文同前，第 172 页。

67 同上，第 81 页。

68 托马斯·阿什比（Ashby, Thomas），"首都罗马，历史与发展"（"The Capitol, Rome, Its History and Development"），《城镇规划评论》，1927 年 6 月，第 7 卷，3 号，第 159–173 页。

69 A.E.J. 莫里斯，引文同前，第 129 页。

70 乔治·瓦萨里（Vasari, Giorgio），《艺术家的生活》（The Lives of the Artists），布尔·乔治（George Bull）译，哈蒙兹沃思，企鹅出版社，哈蒙兹沃思，1965 年，第 388–389 页。

71 埃德蒙·培根，引文同前，第 115 页。

72 托马斯·阿什比，引文同前，第 167 页。

73 W. 道吉尔（Dougill，W.），"今天的国会大厦广场"（"The Present Day Capitol"），《城镇规划评论》，1927年6月，第7卷，3号，第174–183页。

74 埃德蒙·培根，引文同前，第118页。

75 克里斯蒂安·诺伯格—舒尔茨，引文同前，第48页。

76 戈登·卡伦（Cullen. Gordon），《简明城镇景观设计》（The Concise Townscape），建筑出版社，伦敦，1971年，第9页。

77 G.R. 柯林斯和C.C. 柯林斯，引文同前，第197页。

78 保罗·朱克，引文同前，第15页。

79 弗雷德里克·吉伯德，引文同前，第130–132页。

80 克劳迪奥·巴罗埃罗，引文同前，第162页。

81 埃德蒙·培根，引文同前，第112页。

82 T. 莫文（MowI，T.）与B. 厄恩肖（Earnshaw，B.），《痴迷的建筑师约翰·伍德》（John Wood Architect of Obsession），水车流书店（Millstream Books），巴斯，1988年，第10页。

83 约翰·萨默森（Summerson，John），《英国建筑：1530–1830》（Architecture in Britain：1530-1830），企鹅出版社，哈蒙兹沃思，第三版，1958年，第222–225页。

84 尼古拉斯·佩夫斯纳（Pevsner，Nikolaus），《英格兰建筑，北萨默塞特和布里斯托尔》（The Buildings of England，North Somerset and Bristol），企鹅出版社，哈蒙兹沃思，1958年，第121页。

85 弗雷德里克·吉伯德，引文同前，第274页。

86 约翰·萨默森，引文同前，第224页。

87 埃德蒙·培根，引文同前，第177页。

88 保罗·朱克，引文同前，第187–189页。

89 S.E. 拉斯姆森，《城镇与建筑》，引文同前，第12–132页。

90 保罗·朱克，引文同前，第8页。

91 同上，第14页。

# 第 5 章 街道

## 引　言

　　任何对街道的分类，皆须从维特鲁威以及他对用作剧场背景的三种街道场景的描述开始。虽然名称和象征意义有所变化，但其总体形式特质对欧洲的城市规划师而言却依旧保有强烈印象："存在三种场景，悲剧、喜剧，以及羊人剧（Satyric）。它们的装饰不同，策划（Scheme）也不同。悲剧场景常用柱子、山墙、雕像，以及其他适合国王的物品来描绘；喜剧场景时常展现私人住房，用效仿普通住房的阳台、代表排窗的景象来表现；羊人剧场景多用树木、洞穴、山脉以及其他一些景观式样中描绘的乡村物品来装饰。"[1]塞利奥（Serlio）在他的《建筑五书》（*The Five Books of Architecture*）中解释了这三种街道类型，该书出版于 1537–1545 年。[2] 在塞利奥以几何透视的形式所描述的三个场景中，他以古典建筑形式表现悲剧场景，哥特式表现喜剧场景，以及城外景观表现羊人剧场景（图 5.1– 图 5.3）。安东尼·维德勒（Anthony Vidler）认为，这三种街道类型"构成了文艺复兴时期的典型环境，城市和乡村生活戏剧所上演的公共领域；悲剧街上演的是国家和公众仪式的戏剧，喜剧街上演的是热闹的商人和群众生活的戏剧，森林小径上上演的是田园风情和乡村体育的戏剧。"[3] 即使在今天，我们仍然会想起与公共展览和游行相联系的正式而笔直的街道，迷人的受到游客喜爱的中世纪街道，就像古老欧洲城市的步行街，或是在宽阔郊区显眼的田园大道，许多人向往的桃花源。

　　阿尔伯蒂与帕拉第奥二人都定义了两种主要的街道类型，即城镇范围内的街道和城镇之间的街道。关于联结城镇的街道，阿尔伯蒂说："乡村公路从乡村本身获得最

图 5.1

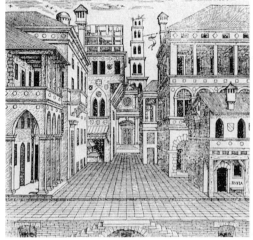

图 5.2 图 5.3

大的美，富有、文明、成片的房屋和村庄、未来可负担的愉快前景、一会儿是海洋、一会儿是优美的山丘……"[4] 帕拉第奥关于这个话题的看法，是"应当使城外的道路变得丰富、宽敞，两侧都应植树，以为旅行者遮挡炎炎日晒，他们的双眼也可以从碧绿中获得休息。"[5]他特别称赞波图恩斯大道（Via Portuense）"从罗马通往奥斯蒂亚（Ostia）的部分极度美丽和便利，因为……它被分为几条街道，每条街道之间，都有用石头垫高 1 英尺的分隔带，一边是去的方向，另一边是来的方向。"[6] 这就是我们遍布于景观中高速公路的原型，但不包括在本书的主题内。

当阿尔伯蒂转向讨论城镇或城市里的街道时，他再次区分出两种和维特鲁威悲剧与喜剧剧院场景一样的宽泛分类。阿尔伯蒂建议，当街道进入城镇时，"如果城市高贵和强大，道路就应该笔直而宽阔，以烘托宏大和威严的氛围。"而如果城镇较小，他建议"此时弯曲的道路则更好更稳妥"，以及在城市中心，"道路以多种方式盘错会比笔直的道路更显俊俏……显得更长则将会增添城镇的宏大感。"[7] 帕拉第奥理想的城镇或城市道路，是十分清晰的笔直、规整的古典模型："当城市里的一条笔直的街道是丰富且干净时，则将会提供最为令人愉快的景致。"[8] 街道也是正式的军用路线——即区域道路导向城市部分的延长。帕拉第奥专注于军用路线，至于其他的城市道路……"越是像军用路线，则越值得称颂。"[9]

## 定义

到目前为止本章所出现的几个术语，例如街道（street）、路径（path）、大道（auenue）、高速公路（highway）、路（way）、路线（route），都已交替使用多次。我们可以继续扩展这个列表以包含其他近义词，例如道路（road）、林荫大道（boulevard）、林荫路（mall）和散步道（promnade）。本章的目的并非要对定义进行过多讨论，而是要区分道路（road）

和街道（street）之间的主要区别。英文的"道路"一词曾是一个骑马的动作，以及不同地方之间的普通交通路线，人们可以骑马、步行或驾驶车辆通过。或者，它也可以是通向某个终点或旅程的任何路径、路或路线。重点是不同地点之间的运动，不同地点之间的基本交通路线——一个二维的系带，奔流于景观表面，以桥梁或地下隧道为延续。街道可能具有这些属性，但更多是指城镇或村庄里的一条道路，相比要宽于一条小巷（lane）或巷道（alley）。更重要的，它是一条在其线性表面上发生相邻房子间交通的道路——"它运行于两行房子或商店之间"，这是一本词典的定义。[10]这个分析的目的，是为把街道看作一个封闭的、两行相邻建筑之间的三维空间。

道路或通路（thoroughfare）与街道截然不同的一个特征，是其需承载快速或重型交通的工程需求。对车辆交通功能需求的崇尚，大概是现代运动先锋成员建筑设计和城市规划的教条，这促成了对街道及其建筑的忽视。勒·柯布西耶就是一个主要的"罪魁祸首"："我们的街道不再有作用，街道是个废弃的概念，不应该再有街道这样的东西，我们应该创造些什么来将其取代。"后来他又说："没有步行者会和高速交通工具再次相遇。"[11]不接受前面论断的人，或许还会同意后面的论断。以交通剥夺街道作用或意义主导的城市概念下的城市，只是一项功能产品，这种功能分析让城市街道失去了存在的理由。当交通达到一定运行速度时，则与街道是不相适应的，但这既不能排除街道的实用，也不能排除车辆交通对街道的必要使用。

## 街道的功能

《雅典宪章》（The Athens Charter）是 1933 年国际现代建筑协会（Congrès International d'Architecture Modern, CIAM）雅典会议的结果，也是建筑与城市规划现代运动理论的结晶。20 世纪上半叶的伟人们——勒·柯布西耶、格罗皮乌斯、雅各布斯·奥德（Jacobus Oud）以及其他一些人——他们的理念将城市主义展示为理性主义教条。到了 20 世纪 50 年代，这种对功能、结构和标准化的专注遭遇了挑战，人居协会的一些理念，以及城市规划和建筑学更加温和的社会方面，也被给予了更多强调。彼得和艾莉森·史密森（Peter and Alison Smithson）就是这项运动的先驱，且通常是与 CIAM 里的"十次小组"（Team X）相关。这次思想变化的成果之一，是在一些建筑 - 城市学者中，将街道恢复为公共设计中的一个合理要素。史密森写道："紧密的邻里发展栖居于紧密的社会环境，例如拜罗大街（Byelaw Streets），就存在一种固有的安全感，以及有利于街道形式简单秩序及显性的社会纽带：大约 40 户住房朝向同一个公共空间，街道不仅是'到达'的手段，也是社会表达的舞台。"[12]不幸的是，这个分析却引出了空中街道的理念："我们建议的基本原则是金色车道计划（Golden Lane Project）——居住区街道设在空中的多层级城市——的基础。"[13]作为一个理念这在英国是失败的：空中街道概念不在这个国家大众接受的文化标准之内。诺丁汉雷德福（Radford）的某个该类型住宅区，在仅使用了 20 年后就被拆除。英国传统街道的概念根深蒂固于地面，同样根深蒂固于人们的意识，也是大约两千年前维特鲁威所描述的三种街道景象当中的一个。

简·雅各布斯是一位重要的批评家，她的批判主要针对的是那些使用 CIAM 及其他相似组织城市理论家所建立设计原则而产生的城市形态。她是一位伟大的街道辩护者："街道及其人行道，是一座城市的主要公共场所，是城市最重要的器官。当想起一座城市时，什么会首先出现在头脑中？正是街道。如果一座城市的街道看上去有趣，城市也就有趣；如果街道乏味，城市也就乏味。"[14] 雅各布斯看到了城市部分地区法律与秩序的分崩离析，这至少是现代规划师抛弃街道的一个后果，也是以大型建筑街坊取代街道，汇集成无形、无主空间——劫匪和盗贼的理想环境——的后果。纽曼也曾撰文支持该观点，而科尔曼在英国研究实践的观点也直指于此。[15] 的确，犯罪模式与环境形态之间，或许存在关联，只是证明这两个变量之间的因果关系，却是截然不同的一回事。然而，雅各布斯的断言似乎对于常识而言却如醍醐灌顶："首先需要清楚的是，城市公共安全——人行道及街道的和平——并没有得到与警察同等重要的关注。这种'首要'的地位，是由一种复杂的、几乎是无意识的、大众按照自己的标准执行控制的自愿网络来维持。"[16] 她继续说明街道的自主调节："街道上必有'眼睛'，它们或属于是我们称为街道的自然所有者……以及……人行道必定持续有一定数量的人使用，这既可以增加街道上有效眼睛的数量，也能够诱导沿街建筑物中守望街道人数的有效数量。"[17]

将街道功能作为 21 世纪城市设计的元素来分析时，定不能多愁善感。确定物理环境对人们行为方式影响的程度和范围是不可能的。例如，20 世纪四五十年代的规划师曾设想通过操纵土地利用模式，以及小型邻里设计，来达成某种程度的"社区"。这一二战后即刻便在英国出现的社区概念思潮，是对在新城镇复制英国乡村舒适的，或者是工人阶级街道的互助与团结的渴望。街道的友好被错误地分析为酒馆、拐角商店和教堂大厅的产物，完全没有考虑工人阶级街道居民的深层根基，或者街道系统中紧密的家庭和经济纽带。[18] 正如罗伯特·古特曼（Robert Gutman）指出："卡伦所描述迷人空间的前提，是具凝聚力（Coherent）的社区；无论以前还是现在，空间本身都不会带来这样的社区。"[19] 阿摩斯·拉普卜特（Amos Rapoport）的工作似乎表明，设计师的构图法则，也许并没有他们相信的效果。[20] 赫伯特·甘斯（Herbert Gans）曾断言："物理环境的影响比规划师想象的要小很多……而社会环境则具有比想象中更显著的效果。"[21] 随后，他继续指出雅各布斯对活力城市（Lively City）的分析，就像她在她的《美国大城市的死与生》里直指的那些规划师一样，是在重复物理环境决定论的谬论。用甘斯的话说："她与她攻击的规划师所共享的最后假设，也许是所谓的物理谬论，这致使她忽视了促成生命力或迟钝的社会、文化和经济因素。"[22] 这就是说，设计师有必要在城市肌理中研究街道的功能和作用，以便更好地理解并创造城市设计中的这个重要元素。

街道，除了是城市中的物理元素之外，也是社会因子。我们能从谁拥有、谁使用和谁控制的角度对其进行分析；此外，还有它建设的目的，以及它不断改变的社会和经济功能。街道也具有三维物理形态，这个形态也许不能决定社会结构，但却能禁绝某些行为，同时又让另外一些行为成为可能。街道提供了不同建筑之间的连接，包括在一条街道范围内，以及城市更大范围内的不同建筑。作为连接，它促进了步行者和使用车辆交通者的运动，同时也促进了货物流向更大的市场，以及街道里的一些特定用途。而在促

131

进入和群体之间交流与互动方面，街道并无明显作用——"从而维系城邦（polis）的社会秩序，或者是用当下的话应该称之为地方城市社区。它的显性功能包括作为休闲、会晤以及娱乐等非正式互动的场所，或也用作仪式事件的发生地。"[23] 郊区街道加固了人们社交的愿望：向着更大房子、更大花园的"高档"前进。"更好"的街道尤为重要，由此新的街道地址也成为自尊的象征。然而，街道是服务于一个组群而非一个家庭的公共区域：也由此邻居的类型对于追求"自尊"必不可少。鉴于空间服务于组群，所以在一定程度上，它实则为一个封闭的社会系统，它有清楚的边界，尽管这边界拥有通往其他区域公共通道的职能。

西方大城市生活的社会模式近年来发生了很多改变。例如，30 年前，很多家庭主妇步行去商店，也步行陪孩子去学校。现今，"家庭主妇"的职责已有所改变，她可以是养家糊口的人，可能是单亲家庭的支柱，或者是双薪家庭的伙伴之一。现今她们更多地驾车出行，去往超市、学校或远足休闲。无论男性或女性，青年或老年，大量的社交互动发生在目的地而不是出行路上，电话聊天也在一定程度上取代了家门口的聊天。在城市设计中忽视这些已经发生的改变显然是不明智的，而预测未来社会改变方向的人，也是勇敢的。环境的，或者说绿色议题、臭氧层问题、不可替代化石燃料消耗增长等问题或指明了大运量交通系统必然的转变，以及回归更加紧凑型城市形态的可能。这可能是必然的未来趋势，但撇去这些华丽的辞藻与良好的意图，似乎并没有明智的党派愿意为这个国家的公共交通建设提供资金。在公众舍弃小汽车之前，环境也许还会进一步恶化。对于如此捉摸不定的未来，街道的作用，如果有的话，将会是什么呢？

为达成该研究的目的，有一个假定前提，即在未来的 10~20 年内，私家车仍然会是城市交通的主流，而城市规划也必须与此景象达成妥协。大规模的快速交通运作也需要更宽大的道路。除非对交通量及运动的自由予以一定限制，否则其对街道与广场作为社交场所的破坏就还将持续，而同时地方环境品质退化的过程也将持续。基于布坎南（Buchanan）环境区域模型的某些城市结构形式，或许对于限制机动车侵害城市生活区域而言不可或缺。"需要这样一个恰当的术语，用以传达远离危险或者说远离机动交通侵扰的地方、区域甚或是街道的理念。即刻出现在脑海中的表达，便是将其形容为拥有一个好的'环境'，但这个表达传达给大多数人的，却远不止是远离交通的负面效果。而是例如，明确传达了一个地方有审美刺激性的理念。"[24] 详细考虑必要的服务城镇或城市的路网分布系统已超出这个研究的范畴，然而即便如此，路网最好是采用林荫道的形式，而不是 20 世纪 60 年代广受青睐的高度工程化的城市高速公路。因为在主要路径之间的环境区域内，步行为主要需求，由此场所感的创造最为重要。在这种情况下，街道、广场以及建筑的公共立面，都是主导设计的元素。正如柯林·布坎南（Colin Buchanan）所指出的："步行也是很多其他事情的一部分，例如浏览商店橱窗、欣赏风景，或者与人谈话。总之，一个人能到处走走看看的自由，对于衡量一座城市区域的文明品质似乎显然是非常有用的指标。"[25]

在街道的规划中，对街道使用最有影响的物理因素，依据舒马赫（Schumacher）的理论，主要包括：使用者密度、土地使用组合、人车互动、布局（configuration）以及文脉（context）。[26]

　　似乎大部分的街道活动，都发生在大量的步行者能够方便地以各种各样的方式使用街道的时候。当街道密度高到足以抑制汽车的使用，并且拥有可承受步行距离之内的一些配套设施例如商店及学校等的支持时，街道中的活动就会增加。丰富的土地利用是刺激出更丰富活动的前提，且似乎也是一条活力街道的先决条件。消除所有来自居住区"不符合规定"的使用，会降低居民在街道中进行社交的倾向。这两个命题，换言之，街道活动与高密度和土地混合利用的联系，可能是非常普遍的事实。然而，在研究这两个命题时，都需要更为仔细地考量街道功能。例如，在英国，很少有家庭愿意靠近喧嚣的小酒馆、通宵迪斯科或营业时间较长的场所。在街道的研究中，也许需要采用一个用于分析穆斯林城市的概念。穆斯林城市依据私人、半私人/半公共，以及公共空间的顺序定义被划分为连续的空间。[27]主要行人及车辆网络或"路径"功能的公共街道，与安静的居住区街道有不同要求与设计方法，在安静的居住区需要格外考虑隐私及防卫空间的需求。

　　行人－车辆交互作用的确切形式，取决于街道的功能。尽管车辆与行人的完全隔离，对建设生动及充满活力的街道有害，但英国及欧洲大陆很多禁行机动车的城镇中心步行区域却格外成功。步行区域的成功，依赖于其所呈现吸引的多样性，让大量步行者有了滞留的理由。此外，通往私人和公共交通的条件也是重要元素之一。步行街设计师所面临的一个问题，是如何将停车场集成到周围的城市肌理中。而将高速交通从步行交通中分离出来是一个明显的需求：这以最文明的方式实现于巴黎的林荫大道上。树和一些特定情况中的停车道和慢速机动车道被用于分隔拓宽的人行道和机动车道。

　　在以机动车为主的居住邻里中，存在一种汽车成为家庭和外部世界唯一连接方式的隐患。独栋住宅对隐私的高度要求可能进一步强化每个家庭的孤立感和疏离感。这种生活方式的结果体现在北美富裕郊区荒芜的街道上，在那里，独居者在星期天早晨散步遇见一条狗都是件受欢迎的事。正如雅各布斯指出的，空旷的街道会导致公共领域被暴徒、劫匪和强奸犯霸占。结果是引发呼吁公共街道私有化，并由私人安保力量来维持治安的诉求：这是一种将城市划分为不友好、高度防卫的私人物业的政策，这些地方成了法外之地。在北爱尔兰，制度化的"闲人免进"区域，敲响了城市的丧钟。

　　在居住区街道的设计中，需要在私密和可防卫空间之间取得恰当的平衡，以便汽车和行人安全地使用街道。正如科尔曼所指出的，在英国，我们已经找到了这个问题的答案——普遍存在的半独立式住房（ubiquitous semi-detached house），一个被建筑师和规划师都轻视了的解决方案。[28]为了得到一些合理的居住区规划解决方案，我们或许不得不回归昂温和其他一些早期田园城市运动（Garden City Movement）主要人物的理念。安全条件好的，三面于邻居环绕围合，只有一个入口和道路相通，并允许人和车辆进出的家庭，安全最佳。街景则由小型前花园、矮篱笆墙和飘窗组成。被忽视的街道成为地方社区所"拥有的"半公共领域—— 一条绿树成荫的宽阔车道，这就像塞利奥（Serlio）描述的羊人剧布景，依然是英国人理想的住家（见图3.7和图3.10）。然而，在临近公共交通廊道处，也许应考虑增加更符合"喜剧景象"城市特征的事物的密度。

133

## 街道的形式

　　街道配置、形状或形式的设计，并没有得到等同于公共广场设计的细致考量。当然有很多已经设计建成的伟大街道，还有很多被人赞赏、描述和拍摄记录，但街道形式分析工作的成果却少之又少。诸如西特和朱克那样的学者，都专注于城市结构中的高光部分，即，如节点：它是主要公共活动的发生地、公共建筑的集中地，以及用于博取声望的开发项目和艺术创作的剩余财富的挥霍地。尽管街道是城市公共领域的大多数，但在实践中，尤其是现代实践中，街道却只不过是个别物业私有规划满意之后的残余空间。

　　如第3章所见，"欧洲城市"有两种明显不同的物理概念。一种概念中，街道与公共广场，像是从原本的固态体块中切割出来的。这是西特了解并喜欢的城市；他的视觉分析也是基于这个概念。另一个主要的城市概念，是其具有开敞的公共场地形式，而建筑是作为三维形体被引入并坐落于景观之中的。[29] 这是与维也纳环城大道（Ringstrasse in Vienna）开发相关的概念，也与勒·柯布西耶及其他现代建筑和规划运动人物构建的理念相关（图5.4）。两个主要概念并存于城市的真实世界中。的确，只要提及街道以及相关事务，这两个概念则都是源自古代塞利奥和维特鲁威对悲剧、喜剧及羊人剧的描述。

　　街道的形式，可以用很多两极的品质术语来分析，诸如直线或弧线、长或短、宽或窄、围合或开敞，正式或非正式。街道形式也可以用尺度、比例、对比、韵律或与其他街道与广场的关系等术语来分析。无论分析依据是什么，街道都有两个与形式直接相关的主要特征；即，同一地点同一时间的路径和场所。将街道视作机动车辆路线（道路）的常见做法，完全忽视了街道作为场所的功能。对好几代人来说，街道为他们提供了近在咫尺（家门口）、具有公共开敞空间的城市社群。乔纳森·巴内特（Jonathan Barnett）说："任何公共开敞空间规划的第二基础要素，是承认街道作为公共开敞空间框架的重要性。"[30] 现代城市街道在一些情况下已经成为对市民来说是危险的地方，或者说已如此没有吸引力到迫使人们选择待在更私密的家里，以及在避难所一般的私家车中四处游荡。亚历山大希望看到这种情况的终结："街道应该用来停留，而不是像当下的它们这样仅仅是用来

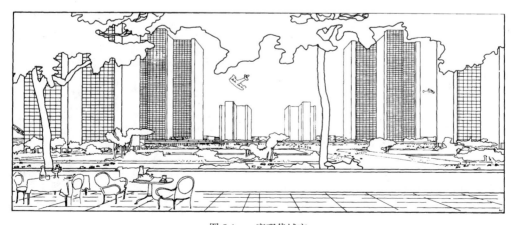

图5.4　一座现代城市

通过的道路。"因此他建议，"在公共路径的中间做一个突起，并在终端收窄，使路径形成一个围合的、可以停留的地方，而不仅是通过的地方。"[31]

　　将一条街道定义为属于车辆的道路，和将之设计为"路径"有所不同。工程师设计的服务于单位车辆乘载人数的交通路线（PCUs），是将街道等同于下水道，街道仅被作为一条促进污水有效流动的管道。这已远远背离了诺伯格–舒尔茨对路径的象征定义："在平面上，人选择并创造了路径，以给予他的存在主义空间更加特别的结构。人对环境的占有，总是意味着离开居住地，并沿着一条路径，向着他的目的地以及他对环境想象决定的方向开启旅行……因此，路径代表着人类存在的基本性质，它也是伟大的原创符号之一。"[32]一条满足交通机动化标准的街道，也无法满足林奇对于难忘性路径（memorable path）的要求。这样的路径有开头和结尾，且沿其路径长度可以定义场所或节点——专门用途及活动的场所；这种路径的尺度也是可以衡量的，它们拥有对比元素，而最重要的，是它们可以向观者展示关联场所具有的刺激性及难以忘怀的意象。[33]

　　如果房屋正面临街所定义的空间体量，被视为突出于周围建筑所形成一般背景的积极形式，或言突出于"底"的"图形"，那么就会产生街道设计中最好的场所感。依据吉伯德："街道不是建筑正立面，而是成组住宅所形成的街景；或者换言之，街道是一种可以扩展的空间，它可以成为更宽的巷（closes，英国一种街的叫法）或广场。"[34]街道作为城市中场所或外部房间的功能，必须拥有公共广场"围合"品质："理想的街道必须形成一个完全围合的单元！人在其中所感知的印象越是受限（于所在场所），其所获取的画面就越接近完美：一个人只有在他的凝视不会消散在无限的空间中时才会感到轻松。"[35]因而街道的绝对尺度应该保持合理的比例："普通立面住房之间长且宽的街道，最难以形成围合感。"[36]有很多取缔过长街道的建议："古人已经……在街道上设置了拱门，以打断过长的透视效果。"[37]（图5.5）《埃塞克斯设计导则》建议，明显过长的街道，可以通过偏移（offset）建筑的临街空间来缓解。[38]如果街道或其一部分拥有围合的品质，那么它必定具有三个要素：入口、场所，以及结束或出口。因为街道同时也是路径，路径有两个方向，所以场所也必须在两个方向上都有端点。

## 街道长度

　　西特建议，在公共广场的规划中，围合墙面长度与高度的比率不应该大于3：1。超出这一限制，汇集并消失于地平线的屋脊线暗示着动线方向，而这种城市空间的动态更适合于路径。[39]这一广场比例的上限，也许事实上也定义了街道的下限。[40]诺丁汉的市集广场就是街道与广场混淆的案例。在这

图5.5　阿西西

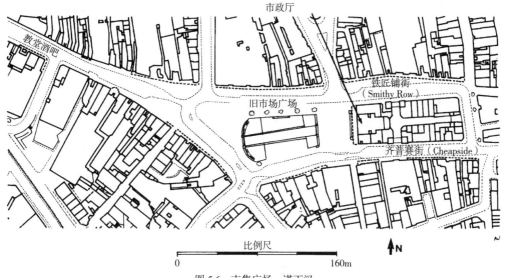

图 5.6　市集广场，诺丁汉

里，当地人口中的"石板广场"沿西北方向渐窄，最后挤压穿过天使街（Angel Row）抵达教堂酒吧（Chapel Bar）。这条动线终止了远处由普金设计的圣巴拿巴（St Barnabas）教堂的景象。沿反方向，街道至市政厅（Council House）前逐渐变宽为广场直至全宽。缺乏这种形式表达的清晰度也许会冒犯纯粹主义者，也给城市分析家带来麻烦，但它确实给我们生活的真实世界增添了丰富和魅力（图5.6–图5.9）。

街道长度的上限，大约为1500米（1英里）。超过这个距离，就会丧失人的尺度。即使是远短于1500米的长街景，保持视觉的围合感也是个难题。依据赫格曼和皮茨，到达终端建筑的距离不应太远，他们的建议是，小于18°的视线角度，即使是支配性的突出建筑也会开始融入周围

图 5.7　市集广场市政厅，诺丁汉

图 5.8　市集广场，诺丁汉

136

图 5.9　市集广场，诺丁汉，朝向圣巴拿巴的景观

图 5.10　歌剧院，巴黎

图 5.11　歌剧院大街，巴黎

图 5.12　玛德琳，巴黎

邻近建筑的轮廓线。[41] 而当远景街道两侧是高建筑时，情况还会恶化。让－路易斯·加尼叶（Jean-Louis Garnier）设计的巴黎歌剧院，就是这种尺度失当的例子。歌剧院，一座本来厚重而令人印象深刻的终端建筑，却被歌剧院大街（Avenue de l'Opera）两侧的高大建筑削弱了价值（图 5.10、图 5.11）。大街两侧六、七层公寓体量形成的显著透视效果，压制了歌剧院的轴线视觉效应。与此相反，沿皇家大道（Rue Royale）通往马德莱娜（Madeleine）教堂的景象则是成功的，即长街景上的终端建筑因坐落在高地上而获得了主导性（图 5.12）。香榭丽舍大道（The Champs Elysées）终端的凯旋门（Arc de Triomphe），也是利用了地形优势，有效地终止了一个重要的长街景。香榭丽舍大道的宽度，以及缓坡上升的林荫街区，确保了凯旋门的主导作用。

长街景适用于特殊用途的街道，如盛大仪式的路线，或国家活动的公共通道。这种宏伟大街或许可以用来装饰首都城市；奥斯曼在巴黎、西克斯图斯五世在罗马，或者是朗方（l'Enfant）在华盛顿的设计，都适用于这种辉煌的国家庆典。而在城市悠久的历史中小比例街道才是更普遍的情况，也更加接近赫格曼和皮茨的尺度苛评："有效地设置终端景物，是街道设计的一个重要部分。在中世纪城市，这像是一条无须预先规划便'根深蒂固'的规则。近乎不可思议地，弯曲的街道总是能够稳妥地沿轴线行进，视线越过低矮的住房屋顶，瞥见远处的纪念碑建筑，而无论站在哪条街道，都是绝佳的视觉享受。"[42] 诺伯格－舒尔茨所持观点毫无二致："在过去的城镇里，斜角和曲线创造了一种'闭合的透视'，使预期更加生动。"[43] 即使是阿尔伯蒂，这位严格的古典思想家，也赞颂维特鲁威的小尺度与曲折街道："此外，这种街道的蜿蜒，使得每迈出一步都能发现新的结构，每座房屋的前门都直接朝向街道的中脊；较大城镇中过宽的街道既不美观也不健康，而在小城镇中则是既健康又愉悦，凭借街道的转折，每一栋房屋都有开阔的视野。"[44] 英国中世纪街道的最佳案例，是约克郡的肉铺街（The Shambles，图 5.13）。这条街道很窄，建筑物虽都是三层高却尺度很小，围合感通过高层连续的悬挑结构而得到加强。从小尺度的中世纪街道，到宏大尺度将车辆和行人分开的香榭丽舍大道，这种街道的持续感在约克郡的肉铺街上都达到了极致。

"街道"并不只是一条简单的路径，也不仅是为了"通过"；它是一系列相互关联的场所，是可以让人停驻的场所。用诺伯格 – 舒尔茨的话来说，街道"在过去……曾是一个'小世界'，将地区以及城镇特质的整体，浓缩并传达到访者。街道所呈现的可以说是生活的剖面——正是历史雕琢了其细节。"[45] 在林奇的术语里，街道是由许多节点激活的路径，不同的路径在这些节点交汇，或各种活动在这些节点得到增强，它场所和游憩的功能甚至超过了交通和动线的功能。[46] 这种场所和节点的间隔，应该控制在 200 米到 300 米之间。正如我们所见，亚历山大指导我们"在公共路径中间设置一个突起。"[47] 一个街道沿长度加宽形成场所的优美案例，位于佩鲁贾（Perugia），沿万努齐大道（Corso Vannucci）中段开始，连接意大利广场（Piazza Italia）和大教堂，街道逐渐拓宽成附属的公共空间，同时又保持着街道的整体部分（图 5.14 – 图 5.17）。

图 5.13　肉铺街，约克郡

图 5.14　教堂广场，佩鲁贾

图 5.15　始于教堂广场的万努齐大道，佩鲁贾

图 5.16　万努齐大道，佩鲁贾　　　　　　　　　图 5.17　万努齐大道，佩鲁贾

　　我们已经介绍了很多设计舒适街道的技巧。《埃塞克斯设计导则》建议，街道的视觉长度可以通过偏移建筑临街空间的方式来缩短，与此同时赫格曼和皮茨建议使用大门："坚固的哥特式和文艺复兴式大门阴影深远的拱券，可以形成有效终端景象的效果……"[48] 阿西西就有这种效果的案例，一个跨过街道的拱券结构，框出远处大教堂穹顶如画的景象；在圣吉米尼亚诺也是如此，城镇街道终端的大门，也再一次宣告了外面世界的开始（图 4.47）。

139　　街道长度的结语，将由西特给出："理想的街道必须形成一个完全围合的单元！人在其中所感知的印象越是受限，其所获取的画面就越接近完美：一个人只有在他的凝视不会消散在无尽的空间中时才会感到轻松。"[49] 西特用布鲁日规划的一部分图示，表明了他理想中的街道系统（图 5.18）。他坚定地认为，如此独特图画般的结果，定是出于实用原因的实践结果，例如结合地形的开发、避开一座现存建筑、或通过既促进交通又形成建筑用地的良好形状的弯曲道路来理清交叉口。尽管西特有对弯曲街道的个人偏好，他

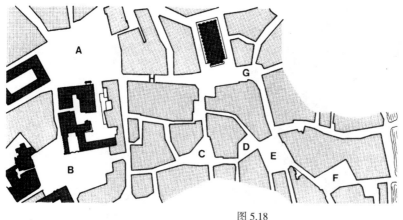

A 大广场
B 城镇广场
C 圣让广场
D 比斯坎广场
E 让·凡·艾克广场
F 星期三商业市场
G 旧证券交易所广场
H 弗拉芒大街

图 5.18

却没有将直线街道排除在城市规划之外："如果说弯曲街道更加独特，那么直线街道则更具纪念性；但我们不能只靠纪念性生存，因此就需要现代城市的建设者，不能偏废其中任何一个，而是恰当合理地使用两者，以使得其所在地区的面貌与目标达成一致。"[50] 他希望运用于所有街道设计的法则是"围合"。直线街道的围合可以使用拱券来实现，例如他画图说明的佛罗伦萨乌菲奇美术馆拱券。他以略显通俗又些许夸张的图解，阐明了一个矩形城市街坊布局的改进方案：每条直线短街道，都以与其垂直方向的街道立面为终端景象（图5.19）。

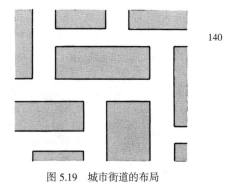

图 5.19　城市街道的布局

## 街道比例

　　如果比例的定义里包括希腊时期所用的对称概念，那么在街道设计中使用这个术语时，就能明白长 – 宽 – 高粗略比率背后更深的含义：这个更宽泛的概念拓展至包括了街道各个部分相互之间的关系，以及各个部分与整体构图之间的比例关系。它甚至可能包含将古典三段式细分定义为引导、发展及高潮的概念。[51] 在中世纪案例中，这种程式化旋律结构的作用，在直线街道设计中，比在类似的独特街道设计中更为重要。"直线街道限制了我们的研究领域。在直线街道当中，街道的完美，根本上取决于长度和宽度的良好比例、组成它的建筑种类，以及终端的纪念碑建筑。"[52] 很多人会与西特因其研究领域受限而不重视古典直线街道的观点相左，但却会认同他这一观点中的"多愁善感"。

　　良好街道设计的关键，是街道宽度与围合建筑高度之间的比率。例如，当一条街道长且宽时，沿街一排2层的住宅建筑就会让空间的围合感消失殆尽。没有密植的绿化，一条林荫大道就很难使人振奋，或排解单调。吉伯德推崇的街道设计是"……减少道路本身的宽度……但如果缩减边缘绿地和屋前花园，让居住单元合理的靠近，那么重新找回标志着我们优秀城市规划的城市品质依旧是十拿九稳的。"[53] 吉伯德这些针对住区街道的评论，同样适用于英国传统的购物街道。很受道路工程师青睐的宽阔街道，却最不适合购物。狭窄的、街道围合墙比街道宽度略高的城市步行街，则最适合购物，也最具吸引力。撇开交通工程师最关注的内容，这样的街道依然有待更多地被发现，例如在诺丁汉，以及更小一些的像斯坦福德或者是金斯林这样的城镇（图5.20–图5.22）当街道较窄，宽度6–9米（20–30英尺）、两侧沿街建筑三或四层时，这样的街道就形成了具"完整和围合感的画面……"[54]《埃塞克斯设计导则》建议的1：1的高宽比的舒适度有点过于紧张，而1：2.5的开敞度则是可以容忍的。[55] 狭窄街道也会促进购物：从一边到另一边观看橱窗的行动不受阻碍，实际上也是受到了开发建设形式的吸引所致。

　　街道设计中不仅要考虑诸如尺度和比例这样的审美因素，还需要考虑更有意义的其他因素，其中一个此类因素是气候。例如，帕拉第奥说："对于气温温和而空气凉爽的气候，街道应该丰富而宽敞；这是由于考虑了街道的呼吸会让城市更加卫生、方便和美

140

141

142

图 5.20 步行街，图尔（左）
图 5.21 五金店街，斯坦福德（右）

图 5.22 宽街，斯坦福德

丽……"然而他又补充道："也因此在越冷、空气越稀薄、建筑越高的城市，应该建造更宽、可以使阳光能有更多照射面积的街道……但在气温较热国家的城市，街道应该狭窄，建筑应该高，以使建筑的阴影和街道的狭窄能够有助于降低温度，这也意味着更加健康的城市。"[56] 阿尔伯蒂也曾写过讨论气候对建成形式影响的短文。当中他叙述了尼禄（Nero）在罗马失败"现代化"的悲伤故事，以及城市微气候的灾难性后果："科尼利厄斯·塔西佗（Cornilius Tacitus）写道，尼禄拓宽了罗马的街道，使城市更炎热，因而少了健康；而其他街道狭窄的地方，空气新鲜，夏天也有持续阴影。但进一步；在我们蜿蜒的街道上，所有住房在一天里的某一个时候都能享受阳光，也不会缺少来自任何角落的微风，永远都是自由而干净的通道；且不会被暴风雨骚扰，因为暴风雨会被蜿蜒的街道打断。"[57] 阿尔伯蒂和帕拉第奥的这两段描述，已被引用来反驳出现在 20 世纪五六十年代的开阔广场和没有阳光的地下通道。

尽管有很多关于气候的著述，但城市形式的设计似乎依旧经常忽视早期理论家常识性的论述。[58] 然而，这种对气候的使用考虑固然重要，但也不能妨碍考虑街道的尺度、比例和构图，因它们简单地设定了恰当的考虑参数。例如，在阿尔及利亚的沙漠城镇盖尔达耶（Ghadaia），狭窄且由阴影覆盖的街道穿过密集环绕小山顶的居住群，独有的街道空间比例使得街道在酷暑中可以保持凉爽，这也与温和气候地区大不相同（图 5.23）。

## 街道设计的统一性

有很多因素有助于设计统一的街道，而最重要的，也许是建筑呈现的形式应该是表面（surface）而不是体块（mass）。当建筑呈现强烈的三维形式时，就会控制场景，空间的重要性就消失了。当沿街建筑的形式、风格和处理手法过于多样化，空间就会失去定义。诺丁汉的侍女玛丽安大道就是这种开发的结果（图 2.39－图 2.41）。[59] 相对的，统一的街道设计会将空间体量升华至突出于背景、墙面、路面和天空等二维平面的"具象"位置。

图 5.23　盖尔达耶，阿尔及利亚

吉伯德也陈述了相似的要点："街道不是建筑正立面，而是成组住宅形成的街景；或者换言之，街道是可以扩展的空间，成为更宽的巷甚或广场。"[60] 奇平卡姆登的主街，便是一个公共街道体积支配整体构图形成统一街道的优秀案例，街道主立面连续，仅有少数进入的路径将其打断，屋顶的高度变化也很轻微。尽管建筑式样跨越了 2-3 个世纪，却依旧以相同的建筑材料、简洁的要素和相似的细节，形成了统一构图，对比与变化也发生在有约束的主题范围内。一个好的对比元素是仁立在街道内的市场建筑，好似一件与街道空间体积形成对比的雕塑，拥有开放的形式，却同时也是街道空间体积的一部分（图 5.24－图 5.27）。

图 5.24　奇平卡姆登，格洛斯特郡

图 5.25　奇平卡姆登，格洛斯特郡

图 5.26　奇平卡姆登，格洛斯特郡　　　　　　　　图 5.27　奇平卡姆登，格洛斯特郡

也有一些体量适宜、看起来是三维形式的建筑，与封闭街道和广场在地面层就起主导作用的城市景观融为一体的成功案例；最重要的案例位于圣吉米尼亚诺。在圣吉米尼亚诺，三、四层立面围合的主要公共空间，导向另一个西特以独特方法"充分证明"的空间（图 4.45– 图 4.50）。城镇主要部分较低矮的楼层都连续遵从同一模式，公共空间戏剧化地被比普通建筑屋顶高出很多中世纪的塔群所贯穿，为内部不断变化的透视与远处的景致增添了犀利的对比。

显然，普通材料、细节和建筑元素的运用，加强了很多街道景象的统一性。然而更为重要的，是普通屋顶轮廓线的拼接，以及在开发中相似间隔尺寸的重复使用。屋顶轮廓线构成空间的盖子，其高度变化越多，空间就越不稳定。当然，这一描述不应理解为街道设计中统一建筑高度的金科玉律；事实上，一些最迷人的中世纪街道，是由完全不规则的立面构成。只是这种不规则，经常是 1–2 层之间的外部变化。差异保持在这个范围时，就能维持街道场景的统一并避免单调。以同样的方式，或许是按照古代地块划分而确立的建筑间隔尺度的重复，形成了一种律动，并为街道建立了条理分明的框架，多种式样在里面可控且有序。当这样的段落尺度被违反时，就会像诺丁汉铁匠铺街（Smithy Row）那样，得到的不是美观的对比，而是街道的毁容（图 5.28）。

图 5.28　铁匠铺街，诺丁汉

正如赫格曼和皮茨所指出的，街道建筑的大问题"在于必须将大量不同业主的个人品位和实际需求，与和谐乃至统一等必要元素相结合，不然街道就会变成令人生厌、自相矛盾的大杂烩。"[61] 弯曲街道的非正式属性，拥有必然的内生优势，它能使个人业主的需求与社会统一的更大需求和谐共存，正如约翰·拉斯金（John Ruskin）所说，像"城市街道上伟大的协奏曲。"[62] 诸如限定范围的材料、颜色、细节、建设间距，或是重复的地块宽度，这些在成功弯曲街道设计中提及的技巧，同样适用于直线型街道设计。然而，直线型街道因其正式的属性，相对的，其成功的设计会要求更为精确的考量和一些部分更为明确的定义。阿尔伯蒂认为，"如果所有房门都按照同一个模型建造，且街道两侧的住房都排成一条直线，也没有任何一栋比其他的高"，那么城市街道将会显得"更加高贵。"[63] 古典主义中理想的秩序井然与比例恰当的街道，与帕拉第奥的描述如出一辙："当一座城市中的直线型街道丰富而整洁时，将拥有最宜人的景象；街道两侧都有壮丽的肌理，饰以先前提到的精美装饰。"[64] 阿尔伯蒂和帕拉第奥以建筑学的古典语言，向我们呈现了一个直线街道的模型，它具有用正规方法组织街道的必然性。

直线街道中单体建筑的绝对相似并非必要。地面层统一的强烈主题，便往往足以将组群聚集在一起。古典方式中，经常以在较低楼层引入柱廊或拱廊的做法来实现统一。而后在该统一元素的后方或上方楼层进行个性化建设。据希波丹姆斯规划，或古罗马城市记录，在例如米利都等地保留下来的柱廊无疑影响了文艺复兴时期的建筑师，例如曾建议"街道应分为'无门廊'和'有门廊'的部分，通过门廊，市民可以庇护于烈日和雨雪天而免受侵扰"的帕拉第奥（图 5.29、图 5.30）。[65] 在英国，也有建筑师采用这个理念，例如尼古拉斯·霍克斯莫尔于 1735–1736 年规划的有拱廊议会街（Parliament Street），宽 110 英尺，是连接同样是他设计的威斯敏斯特大桥（Westminster Bridge）的通道。[66] 此外还有纳什（Nash）早期为四方区（Quadrant）——事实上是整条摄政街（Regent Street）——设计的连续柱廊的正规立面。[67] 在绍斯波特（Southport），贯穿了整条洛德街（Lord Street）的玻璃拱廊，也是类似且更加正式的柱廊；它不仅为购物者提供了避雨的场所，

图 5.29 拱廊街道，博洛尼亚

图 5.30 拱廊街道，博洛尼亚

图 5.31 洛德街，绍斯波特

图 5.32 洛德街，绍斯波特

还拥有将各色建筑统一起来的建筑学元素功能。绍斯波特的拱廊，将普通的街道建筑学提升为优秀的城市设计，并在过程中创造出了肯定是英国、也许是欧洲最优美的商业街（图 5.31 – 图 5.32）。

　　当一条街道的两侧都由同一位建筑师为同一个业主设计时，设计师就能实践对建筑形式和空间模型的最大掌控。乔治·瓦萨里（Giorgio Vasari）1560–1574 年为美第奇家族（the Medici）在佛罗伦萨建造乌菲奇美术馆时就是这种情况。短街道的建筑学统一，就是出自乌菲奇广场的经典处理手法（图 4.34 – 图 4.37）。乌菲奇项目中沿着阿诺尔河岸延伸至街道的亭子，用培根的话说，就是其产生了"沿河捕捉流动空间并将之引入领主广场的效果。"[68] 街道的横断面接近黄金分割率，三个飞檐及连续突出屋顶所形成街道的对称构图，造就了这个"深度透视的杰作"。[69] 被乌菲奇美术馆水平线牢牢抓住的视线被引入领主广场，并顺着一字排开的《海格立斯与凯克斯》雕像、米开朗琪罗的《大卫》雕像复制品，一直到阿马纳提的海神喷泉，最后以科西莫一世的骑马雕像为终结。远处由维琪奥塔的垂直线完美衬托出的大教堂的穹顶，稳定了水平动线。瓦萨里的乌菲奇项目给出了街道设计的范例，一个完整的统一构图。它是一个包含"理念引入""概念发展"和"给出结论"的空间序列。

第 4 章中我们讨论了老约翰·伍德是如何在巴斯开发的土地出让技巧，让他能够控制私人地产的设计，使得有很多单元的长露台能够形成统一构图。他作品中的三大空间，女王广场、圆形广场和新月广场以短街道相连，街道两侧立面的主要元素，像镜像反射一样相互关联。然而，做这种严格而工整街道设计的机会并不常有。在这种情况下，重要的是不要忽视主要原则，并接受正在被设计的是整个街道立面，继而要将重点放在完整的街道景象而不是单体建筑上。尽可能地封闭建筑物立面任何一端的缝隙，而从边上进入街道的路也应尽量窄与少。应该避免在街道反方向建立强烈轴线的建筑特色，除非在街道的另一边有与之相呼应或反射的对应元素。街道中主要元素的反射，在术语叫作"变调"（inflection）。在可能的情况下，街道两侧应保持一致，就像一曲复杂的舞蹈，整体的编舞认可并跟随别组的运动。用这种方法，就有可能从受可辨识语法支配的可视化优雅街道的角度来思考，因在这一语法中，"变调"对实现统一至关重要。

漫步街头，欣赏不经意的街道魅力，不断期待每一个拐角展开如画的风景，从不期而遇的小巷道里转左或转右，是很愉快的事。在深入研究后，就有可能分辨出一些使景观得以呈现出来的重要因素。这些因素都具有彻底的实用性，例如用地形式、开发顺序、当地环境的演进、社会阶层的变化，以及人口的分布模式。这些实用因素的知识，不仅不会因对现有物质结构的审美而减损，反而会因理解形式与使用功能之间的联系而加强——这里的"使用功能"拥有最宽泛的定义。意大利很多优美的山城都可以作为这种研究的理想主题，且会给予研究者丰厚的回报。而就当下的目的而言，我们将概括仅两座意大利小山城，即卡拉布里亚省的圣乔治莫尔杰托，以及蒙特普尔恰诺的开发，以阐明街道形式和一些构成要素之间的关系，这些构成要素将有利于形成今天优美的街道并激发到访者的想象力。这里需要强调的是，只有在清楚地学习并了解了这一特性之后，设计师才能充分领悟现有结构；这在任何有效地改造或开发的提案之前都是必不可少的过程。

## 圣乔治莫尔杰托

圣乔治莫尔杰托是一座坐落在海拔 500 米斜坡上的小城（图 5.33–图 5.38）。城镇分布在几个逐层下降、周围远景优美的台地上。这座小城最有特点的是位于其山顶上的场地、瓦屋顶，以及阴影深厚的狭窄街道。街道随山形上升和下降，好像雕刻在岩石中似的；简洁实用的阶梯逐级穿过等高线。[70]

整座城镇的建设分为四个阶段，跨越了数个世纪。第一阶段与诺曼人（Normans）在 10 世纪建立的城堡有关。为防御而建的城堡设在制高点上，周围便聚集成为第一批居民点。第二阶段与 14 世纪的女修道院建设有关。女修道院是一个学习基都教多米尼克教派

图 5.33　圣乔治莫尔杰托

城堡

喷泉广场

购物街

修道院

长斯泰洛大道

港口修道院

比例尺

0　　　　　　　　　　　　　300m

图 5.34　圣乔治莫尔杰托

图 5.35　圣乔治莫尔杰托

图 5.36　卡斯泰罗大道，
圣乔治莫尔杰托

图 5.37　商业街，
圣乔治莫尔杰托

图 5.38　喷泉广场，
圣乔治莫尔杰托

哲学和神学的重要中心。女修道院位于城堡山下约 1 公里处，其周边聚集了第二批孪生居民点。在这两个中心之间，建设了一条重要的通道，卡斯泰洛大道（Via Castello）。这条路径始于城镇的主要入口，港口修道院（Porto Convento），为进一步开发提供了一条强势的轴线。第三阶段建设是于 14 世纪晚期建设的主教堂并以其为主导的周边区域，这在后来还成为该区域的中心区。第四阶段的建设始于 17 世纪。这座城镇成为资产阶级的一个重要中心——其富有依赖于周围优质的农业和牧场、熟练加工栗木和橙木的工匠、佛手柑香水产品、地方精神，以及优质纯净矿泉水源。17 世纪的新贵建造了许多小型却比例匀称的巴洛克宫殿，可惜的是仅保留下当中的四座。

现在城镇的形式已受到 1659 年、1783 年和 1908 年地震的影响。然而，再建所遵循的是古老的中世纪街道模式，并使用传统的建筑材料和平面类型。依旧可以从街道模式中区分出城镇的四个片区。城西较低部分的修道院片区被阳光温暖，可以看见周围领地的优良景观。北部片区充满巷道的迷宫，鲜少有阳光，过去疾病曾流行。这个区域有很多废弃住房，并有很多用于仓储的建筑，通常被较为贫困的社群所占据。东片区邻近城堡，景观视线良好，阳光充足，也许是有着最有趣街道模式的区域。中心片区的主要特点是小商店，以及两座市场广场，其中一个有可爱的喷泉，一座教堂，是星期市场的所在地。

圣乔治莫尔杰托呈现了完美的山城类型，阿尔伯蒂在着手他最早的建筑学著作时就已熟悉这些类型。不难想象，像这样的一座城镇给了他街道蜿蜒"转向"（turn about），并由此可以在极端气候下提供保护，并同时允许阳光和光线进入所有建筑物的理念。圣乔治莫尔杰托所有片区中的三个都符合这些条件，而也许只是为满足城镇最繁荣时期的扩张之需才修建了前景不佳的第四区及西北片区。它与社会富裕阶层在中世纪街道模式中设计出的宽敞和更为正式的建筑形成了强烈的对比。

圣乔治莫尔杰托的形式适用于林奇式的分析。[71] 城镇分明坐落于景观之中，建筑轮廓鲜明的边线清晰地伫立在山坡上。城镇被分为易于识别且有名字的片区，被路径网络统一联系在一起。主要路径从两个门户——港口修道院和喷泉广场——直接引出，通往中心商务区，然后向上去到曾经作为政治中心的城堡。沿路在重要的交叉点，也是次要节点的周围，布满酒吧及其他公共设施。控制着天际线的是城堡这处远距离的地标，在内部，教堂是一处重要的景物，而下方的女修道院，则宣告了城镇的存在。这一章的目的是阐明街道模式，或者说是阐明如何布置契合最有趣等高线的路径。然而，在圣乔治莫尔杰托，这些路径必须被看作是更宏大的整体、城镇形式本身的一部分。

## 蒙特普尔恰诺

蒙特普尔恰诺，意大利很多优美山顶城镇中的一座，至今仍像是一座中世纪有围墙的城镇（图 5.39– 图 5.44）。它是由砖、凝灰岩和石头建造的房子组成，跨坐在山顶上，主导着基亚纳（Chiana）和奥尔恰（Orcia）河山谷。街道模式与圣乔治莫尔杰托一样依山而势，只是这里的建筑更加壮观。

图 5.39　格拉恰诺大道，
蒙特普尔恰诺

图 5.41　蒙特普尔恰诺

图 5.43　圣多纳托大道，
蒙特普尔恰诺

诺比利 –
大教堂　塔鲁吉宫　人民首领宫

谷物市场

切尔维尼宫

图 5.40　蒙特普尔恰诺

图 5.42　诺比利 – 塔鲁吉宫，蒙特普尔恰诺

图 5.44　大广场，蒙特普尔恰诺

圣多纳托大道（Via di San Donato）及其延伸段里奇大道（Via Ricci）贯穿整条山脊。两条大道交汇处的大广场（Piazza Grande），是由市政厅（Palazzo Comunale）主导的城镇中心。市政厅的建设始于14世纪下半叶，直到15世纪中期才完成。其最后的设计由米开罗佐以佛罗伦萨风格完成，且与佛罗伦萨的维琪奥宫有明显相似。大广场的其他主要建筑人民首领宫（Palazzo del Capitano del Popolo），是城镇里少数保留下来的哥特式建筑样本之一；它旁边是圣加洛设计的塔鲁吉宫（Palazzo Tarugi）；面对市政厅的孔图奇宫（Palazzo Contucci）也由圣加洛设计，最后围合广场的是大教堂（Duomo）未完成的墙。

蒙特普尔恰诺的主广场，是整座城镇建筑的缩影。蒙特普尔恰诺第一次提及于史料是在一张日期为公元715年的羊皮纸上，它似乎在那个时候就已经是一座有自己法律的独立城镇。蒙特普尔恰诺首先是自治，后来卷入了与周边更强大市镇的战争当中。城镇位于战略位置并因其富有而被迫与锡耶纳和佛罗伦萨中的一个联盟，最终它与佛罗伦萨永久结盟，并于1511年归入美第奇家族（Signoria dei Medici）的主权之下。

战争的漫长过程，也是蒙特普尔恰诺权贵家族之间控制地方政府激烈竞争的过程。这种竞争的一个看得见的结果，是大家族在城镇里建造的富丽堂皇的公共及私人用途的建筑物，这些建筑物渴求与佛罗伦萨和锡耶纳的建筑竞相媲美。

这些纪念碑建筑大多建于1300–1500年，是显贵家族经济、社会和政治力量的证言；这种力量依赖于周围乡村的财富。蒙特普尔恰诺的建筑物，即每座都是单独设计的杰作，却仍然符合基本的中世纪街道景象，大多数的二维立面在透视倾斜观看时成为更宏大街道立面的一部分。在蒙特普尔恰诺工作的众多建筑师中，是老圣加洛和小圣加洛、米开罗佐，维尼奥拉，以及安德烈亚·波佐（Andrea Pozzo）在文艺复兴早期到巴洛克时期期间，给出了一些影响这座城镇开发赞助者的理念。

将建筑物设计为街道建筑，不是一项容易的任务，这成了当时一些伟大设计师的技能，蒙特普尔恰诺的两三个例子便足以说明这一点。在科尔索的格拉恰诺大道（Via di Gracciano Nel Corso）、沃尔泰亚大道（Via di Voltaia Nel Corso），以及香草大道（Via delle Erbe）的T形交叉口，狭窄的街道通向一个小广场，香草广场，展现了维尼奥拉设计的谷物市场[Logge del Grano，或称为旧粮仓（del Marcato）]。狭窄街道在其轴线末端，以优秀的凉廊结构扩大了地面层空间。沿沃尔泰亚路往上，是朱利亚诺·达·圣加洛（Giuliano da Sangallo）设计的切尔维尼宫（Palazzo Cervini）。圣加洛在保持屋顶的总体高度和街道正立面理念的同时，用聪明的"U"形宫殿平面，在街道景观中植入一个小型院落。

蒙特普尔恰诺的街道建筑，甚至被誉为一种艺术形式。单体建筑在设计优秀的同时，也尊重总体城镇景观的文脉。如此一来，可以有利于作为主要设计考虑因素的街道封闭三维围合空间，从而实现更大的统一。为了变化和对比，街道在重要的节点上放宽形成小广场，空间构图由山顶上的大广场来把控。所有的街道都环绕这个中心，就像一层层剥开的洋葱。在城镇的主广场，圣加洛用与城镇总体面貌相适应的可控立面完成围合，这种公共领域的围合比单体建筑的展示更有意义。而只有抵达市政厅的塔顶，才能欣赏到城镇的壮丽全景。

与城镇建筑紧密的城市结构形成对比的，是可以在防御城墙外找到的，由老安东尼奥·达·圣加洛设计的圣比亚焦神庙（Tempio di San Biagio，图5.45）。与设计用于围合公共空间的建筑完全不同，神庙三维雕塑的体量孤立地伫立于景观空间中。该设计基于一个内接十字的中心广场，这是那个时代广受青睐的一种设计模型。也如圣加洛所论证的，虽说孤立是成功的，但它却不是一种适宜高密度城市建设的形式。

154

## 牛津的高街

155
弯曲的街道未必局限于等高线决定了道路坡度和线型的丘陵地形——牛津的高街（The High Street）就是这样一个案例（图5.46– 图5.51）。牛津的基本地形并不是高街优美弯曲的首要原因。当爱德华国王（King Edward）在912年占领伦敦和牛津时，他不仅在城市西边建筑了要塞，还"在某个确定的时刻，规划并创造了牛津。"[72] 即便事实或许并非如此，但从牛津城墙内保留至今的部分居民点中，还依稀能看出也许是最初正交网格的规划。其主要的街道，高街，就是其中一条，在卡法克斯（Carfax，意为交叉路口）和每一条其他街道都是直角交汇。这是经常和殖民地居民区有关的预想城镇布局。从卡法克斯开始，高街的一段是直线，但从圣玛丽（St Mary）教堂起，就逐渐弯向玛格达伦桥（Magdalen Bridge）。

牛津高街的精彩曲线，是规划开发终点与重要跨河通道之间便捷连接的结果，或更简单的，是沿着古代路权穿过既有物业的路线。无论原因是什么，其现有形态都形成了一系列街道美景，高高低低的建筑物鳞次栉比，连绵起伏，尖顶和塔不断映入眼帘。

图5.45 圣比亚焦神庙，蒙特普尔恰诺

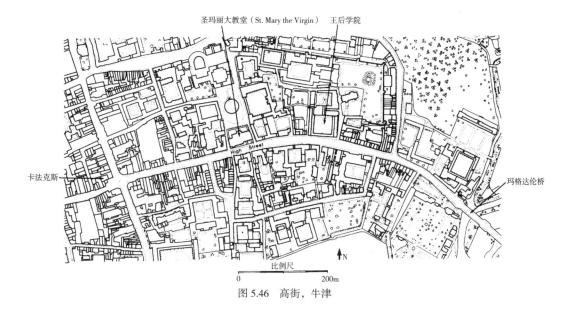

圣玛丽大教堂（St. Mary the Virgin）　王后学院

卡法克斯

玛格达伦桥

比例尺
0　　　　　　　　　200m
↑N

图 5.46　高街，牛津

图 5.47　高街，牛津 [ 布赖
迪·内维尔摄影,（Bridie
Neville）]（左）
图 5.48　高街，牛津（右上）
图 5.49　王后学院圆顶塔，
高街，牛津（右下）

托马斯·夏普（Thomas Sharp）对此提议这条街"是英格兰拥有的最伟大也最典型的艺术品……"[73]

视觉序列从玛格达伦桥展开，越过玛格达伦学院（Magdalen College）耸立的尖塔，高街开始向左弯曲。沿高街前行，北侧逐渐呈现霍克斯莫尔王后学院（Hawksmoor's

图 5.50 高街，牛津

图 5.51 玛格达伦学院塔，高街，牛津

Queen's College）。[74] 从王后学院，可以看到万灵学院（All Souls College）上方升起的圣玛丽教堂（St Mary's Church）尖塔。在靠近王后学院的人行道上，还能看见圣玛丽教堂和万灵学院上方的万圣教堂（All Saints Church）尖顶。继续向前，在街道对面，优雅的曲线开始平缓，沿街正面也产生一种纪念性效果。全景戏剧化地结束在卡法克斯的圣马丁（St Martin）塔顶之上。反方向同样独特的视觉进程，亦从卡法克斯开始。沿街立面的建筑外墙弯向右侧，停驻于任何一点都有围合及完整感，即便转角处似乎还暗藏了更多惊喜。沿街的建筑外墙看起来是连续的，建筑的体量也使得入口显得微不足道。从圣玛丽教堂看向王后学院，立面因万灵学院和王后学院之间的树木而完整，这些树被夏普描述成"世界上最重要"的为街道景观增添对比的形式之一。[75] 王后学院往后，同样连续的街道继续延伸，直至得以初次瞥见玛格达伦桥。随后视线朝向大桥逐渐开敞，并以桥上的高塔作为这个独特视觉序列的结束。

  昂温警告说，规划师面临的诱惑，是仅仅拷贝例如牛津高街的街道外观，而结局会是"漫无目的的徘徊在希望发生意外惊喜的街道上。"[76] 牛津的高街也许是一系列"意外惊喜"的结果，但无论如何都有可分析的完整效果。这种完整性或者说统一，仅在一定程度上取决于单体建筑的品质——按国际标准，即使有最高品质也是极少数。总而言之，高街是出色的。它的第一个特征是从卡法克斯到玛格达伦的完整性。第二个重要的特征，是观察者沿其行进时，很容易识别出的街边细分的小尺度围合空间单元。此外其他重要品质包括建筑物之间的关系、相似材料的和谐、形式和细节与补充性元素的并置，如卡法克斯、万圣教堂、圣玛丽教堂以及玛格达伦桥等处的塔等。最后，沿途的街道景观，因精致的细节而更加鲜活，圣玛丽教堂的巴洛克门廊、王后学院的霍克斯莫尔圆顶塔、玛格达伦桥可爱的中世纪大门。街道的任何部分都有装饰物、飘窗、小尖塔耸立的屋顶、装饰性的烟囱，或者是玛格达伦桥奇形怪状的滴水兽，吸引眼球并振奋精神。尽管昂温适时提醒反对以弯曲街道作为避免单调的灵丹妙药，但牛津的高街还是有很多值得设计师学习的地方，至少在如何装饰城市方面。

## 巴斯兰斯当新月和萨默塞特广场

当然，曲线也可以和直线一样正式。如前面章节所见，约翰·伍德父子在巴斯为极其正式的构图建造了曲线台地。后来，在18世纪的最后25年里，约翰·帕尔默（John Palmer）在巴斯开发了连续波浪曲线的兰斯当新月街坊（Landsdown Crescent）和萨默塞特广场街坊（Somerset Place）。从某些方面看，该项目是适应等高线而设计。设计包括四个由四层住宅组成的街坊，各自分开并沿景观洼地布置。兰斯当新月街坊是一个对称构图；顺等高线处于基地最高点的中心街坊，和两侧成反弧状的新月形街坊以桥相连。中心街坊两侧的地势陡然下沉，使得两侧的街坊也顺坡而下。构图中的最后一个街坊萨默塞特广场街坊，再次反转弧线方向，与组群中心兰斯当新月街坊的弧形相呼应。波状起伏的外墙，成功传达了纪念性和庄重感，形式化与牛津高街整体上的非正式化形成鲜明的对比。

设计曲线而非直线街道有很多现实原因，除了在丘陵地带需要让路面跟随等高线，也许还有遵守古代的通行权、避开重要的建筑结构、尊重产权的边界，或在固定点之间设计一条便利连接线等。有时甚至是出于审美的理由，也可能提出用一条曲线街道的布置，来形成远处景观或重要地标的视觉效果。

## 普南城

在巴斯的兰斯当新月，山地及其等高线或许指导了建设起点的确定，但其绝不是组群最后形成波状起伏的原因。同理，尽管直线街道主要适合于平地，然而，却也在许多情况中被用在难以协调的陡峭坡地上。这种建设形式的一个重要例子，是位于土耳其迈卡莱 [Mykale，现土耳其萨姆松山（Samsun Dağı）] 的普南城（图5.52）。

普南城是一座人口约4500人的地方城镇，于公元前350年建于今天的选址之上。[77] 它也许是当时很多其他希腊风格居民点的典型，但其壮丽却独树一帜。在这个陡峭的基地上，成功设置了方格网布局，东西向的街道甚或都在同一高度，而南北向的连接则是陡峭的阶梯。方格网平面经常被认为是呆滞、无趣、二维的规划概念，但在普南城，它被给予了足够的建筑处理，以使其第三维度被充分开发利用。两座深谷之间隆起的卫城岩石高300米（985英尺），卫城下方标高210米（690英尺）处的城镇布局于四个主要的台地之上。最高的台地上座落着得墨忒耳（Demeter）神庙，其下方分别是雅典娜神庙（the temple of Athene Polias）、剧场和上体育馆（upper gymnasium）。第三座台地包括主市集和宙斯神庙，第四座也是最低的一座台地，是体育场和下体育馆。这四座大台地之间的连接是南北向陡峭的阶梯。城镇的其余部分由方格布局间的普通屋群（insulae）组成；每组屋群包含四座24米×18米（78英尺×59英尺）的住房。[78]

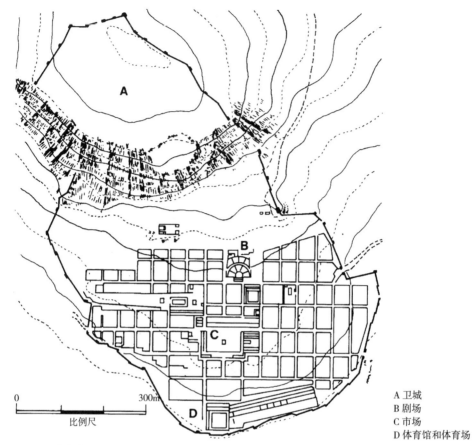

A 卫城
B 剧场
C 市场
D 体育馆和体育场

图 5.52　普南城

　　城镇中央的市场覆盖两组屋群，周围三面围有柱廊；沿着保持开敞的北面，东西向主要道路的长柱廊与广场交汇，闭合了整个构图。普南城的市场呈现了一个清晰的建筑程序，在这里，邻近的街道都服从并适合它的形式。主要街道没有引向通过空间中心的连续轴线，市场也不是街道的扩张，而仅是一座与街道切线交界的广场。以这种方式，街道保持了自身作为交通路线功能的完整性，广场也保持了不受干扰的安静的聚会场所。

## 索尔泰尔

　　索尔泰尔（Saltaire），一座规划过的小型 19 世纪居民点，临近约克郡（Yorkshire）的布拉德福德（Bradford），与土耳其 2000 多年前建在海边的普南城有很多相似之处（图 5.53– 图 5.56）。和普南城一样，索尔泰尔的人口仅有不到 4500 人，规模 20 公顷（49 英亩），与普南城的建成区相似，但不包括普南城的卫城部分。普南城和索尔泰尔都是基于方格网规划布局，且都是规划于坡地之上。索尔泰尔没有任何麦卡莱那样戏剧性的景观变化，而其北面两侧依旧是一些非常悦目的乡村景象。

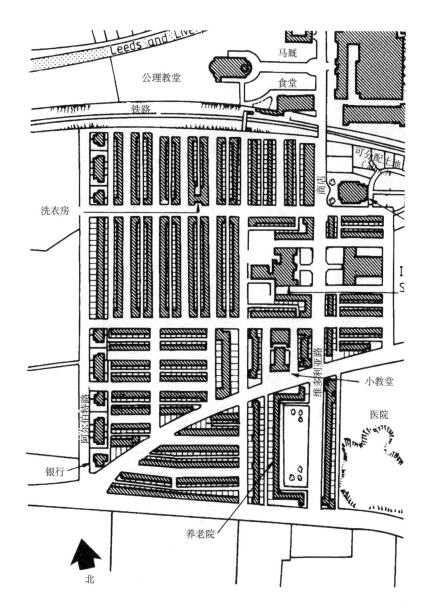

公理教堂

马厩

食堂

铁路

可分配土地

洗衣房

商店

IS
S

小教堂

医院

维多利亚路

国尔伯特路

银行

养老院

北

图 5.53　索尔泰尔

　　索尔泰尔始建于 1851 年，即泰特斯·索尔特（Titus Salt）决定将他的生意移出正在发展和逐渐拥挤的布拉德福德之时。受迪斯累里（Disraeli）1845 年出版的一本小说《女巫》（Sybil）的启发，泰特斯·索尔特雇佣了建筑师洛克伍德（Lockwood）和莫森（Mawson），来设计建造位于布拉德福德 4 英里外艾尔河（River Aire）上，利兹 – 利物浦运河与从苏格兰到英格兰中部地区主要铁路线之间的新城镇。这个选址并非偶然，布拉德福德外围的开发成本较低，且不受自治市镇的价格管制，新奇的建筑面貌也不会受到过多限制。此外，该选址非常适合制造业城镇；工厂坐落于运河与铁路之间，使得货物的装卸成本低廉，还与原材料来源和完成货物的市场出路直接连接。

图 5.54　索尔泰尔

图 5.55　索尔泰尔

为了决定城镇所需的住房类型和数量，索尔特在他的工人中进行了一项社会调查，以估算出不同家庭规模住房的需求。据罗伯特·杜赫斯特（Robert Dewhurst）记载，这是"第一次有人想到有 10 个孩子的工人，比只有一个孩子的工人需要更多的房间。"[79] 计划中住房类型的多样性，让他的建筑师有了塑造长街立面的可能。大型住宅被置于台地的尽头，或位于沿 60–90 米（197–295 英尺）长度街道需要强调的关键位置上。顺等高线而下的长街正立面，明智地以大型住宅的屋篷进行分隔，这些屋篷合理地以建筑手段控制以适应屋顶天际线的变化。虽然方格网规划与 19 世纪普遍使用的相似，但索尔泰尔的工薪阶层住房，却并未沦落为单调。这部分或许可以归因于较小的开发规模，但更可能是由于赋予建筑细节的构思。

主街维多利亚路（Victoria Road），是开发建设的主轴线，公共建筑沿维多利亚路布置。索尔泰尔的入口是一个小广场，小广场的一面是医院，另外三面是救济院。与普南城一样，道路经过广场的一边，使广场空间成为附属于救济院的公共花园。从广场入口开始，道路在台地街坊之间逐渐变窄，而后又敞开进入另一座由学校和学院围合成的广场。从这里台地街坊之间再次变窄，并跨过铁路通往工厂和小礼拜堂。此处可以体现索尔特和维多利亚统治时期的新教价值观——生活的关键是勤奋地工作和祷告。从工厂正门到小礼拜堂入口的轴线，与维多利亚路的动线成直角，是主街的终点，也是对新教价值观持续的提醒。

图 5.56　索尔泰尔

散步于维多利亚路是一场愉悦的审美体验。空间经过建筑手法的调整，以相互反射投影或轴向组合立面的方式排布于道路两侧。正如特里斯坦·爱德华兹（A. Trystan Edwards）描述的"街道建筑的小步舞曲"那样，整条街道是一次曲调变化的练习，整个空间中特征与特征之间的交相回响。[80]

## 轴向规划

除方格网规划之外，直线街道还和轴向城市规划（axial planning）相关。两个杰出的轴向规划案例分别为，西克斯图斯五世规划的罗马，以及奥斯曼为拿破仑三世规划的巴黎。西克斯图斯五世专注于建立一个朝圣者能够在教堂间自由穿行的路径结构。[81] 西克斯图斯五世的游行路线，为后来的很多建筑开发建立了模式，且当中的许多成为保留至今的建筑遗产。奥斯曼同样专注于动线，只是更着重于维持城市秩序部队的快速行进路线，奥斯曼的规划也为城市街道设计留下了很多遗产。[82] 巴黎的林荫大道是城市街道设计的一个模型，一个在过去几十年间一直被城市设计师和规划师忽视的模型。如果城市设计艺术本身需要复活，那也就必须复活这个模型。

## 巴斯普尔特尼桥和普尔特尼大街

阿尔伯蒂、帕拉第奥和塞利奥都在他们的著述中，给予了桥梁设计极大的关注。[83] 对他们来说，尤其是对于帕拉第奥来说，桥梁是个建筑学问题，是一个和建筑、防御工事或城镇广场一样重要的分析主题。部分是出于对交通增长的回应，街道的主要功能，在近些年来似乎已等同于让车辆行进。这一对行进的强调，导致了对街道"三维活动场所"功能的忽视。街道一度沦为二维的、碎石铺面的道路，成为道路工程师的领域。而承载这一二维柏油路面纽带的桥梁，也沦为一个工程问题。当然，以这种方式和为了这个目的设计的桥，也不乏精彩之作。例如，塞文河（River Severn）上由达比（Darby）设计的第一座铸铁桥，或由马亚尔（Maillart）设计，位于坎顿贝尔讷（Canton Berne）尚巴赫–布鲁克（Schanbach–Bruke），建于 1933 年的优雅钢筋混凝土桥。很明显，在达比和工业革命之前，跨越河流和峡谷的桥梁就已载有人行道。然而，它们不是唯一的桥梁形式，尤其是在城镇和城市里。老伦敦桥不仅有人行道，还有商店，而从建筑角度更为重要的或许是它围合的街道空间。佛罗伦萨跨越阿诺尔河最窄点的老桥（Ponte Vecchio），以及威尼斯的里阿尔托桥（Rialto），都是桥梁为街道而不是跨过开敞空间道路而设计的鲜活例证（图 5.57– 图 5.61）。

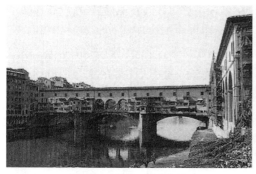

图 5.57  老桥，佛罗伦萨

图 5.58  老桥，佛罗伦萨

图 5.59 里阿尔托桥，威尼斯

图 5.60 里阿尔托桥，威尼斯

图 5.61 里阿尔托桥，威尼斯

因这个传统而起，以老桥为建筑模型，罗伯特·亚当（Robert Adam）在巴斯建造了一座跨越埃文河（Avon）的桥梁。作为开放由埃文河以东至巴斯威克房地产的第一步，业主威廉·普尔特尼爵士（Sir William Pulteney）委托亚当设计的桥梁建于 1769–1774 年。而亚当设计中的很多细节因反复改建而不复存在，但幸运的是，主要的围合街道形式都保留了下来。亚当的这座桥是一项杰作，是英国城市街道建筑的独特例证；它不仅是简单跨越河流的桥梁，同时也是视觉交叉点、连接着 19 世纪巴斯两个部分的节点，以及欧洲最伟大街道之一的精美入口（图 5.62 – 图 5.64）。

亚当也为巴斯威克（Bathwick）新城镇的开发进行了规划设计。他的第一稿，也是最有想象力的方案"以一条宽阔的道路将桥连向一个放射出另外五条街道的圆形广

图 5.62 普尔特尼桥，巴斯

图 5.63 普尔特尼桥，巴斯

图 5.64 普尔特尼桥，巴斯

场。五条街道依次与汇聚于桥梁入口处半圆形开敞空间的街道相交。"[84]然而最后在巴斯威克实施的方案，并非这个方案或这个方案的修改版，而是托马斯·鲍德温（Thomas Baldwin）起草的方案（图 5.65–图 5.69）。鲍德温在他的规划中包含了亚当的宽阔街道，但省略了原设计的重点，即桥前面的半圆形和圆形广场。鲍德温的规划包含一条短街，阿盖尔街（Argyle Street），通往一座对角布置的广场，劳拉广场（Laura Place），其他三个角也有街道连通，这三条街道中的两条不通向任何地方。阿盖尔街延续至普尔特尼大街，进入悉尼花园（Sydney Gardens），一座为快乐设计的瘦长六边形花园。[85]普尔特尼大街进入悉尼花园的位置，是六边形空间的顶点，和进入劳拉广场的位置一样。工程始于 1788 年，但那时鲍德温和其他很多建设者都已破产。工程结束时，六边形只有一个街坊建成，即悉尼广场（Sydney Place）。规划伊始普尔特尼大街轴线上的悉尼旅馆（The Sydney Hotel），后来由哈考特·马斯特斯（Harcourt Masters）按照鲍德温的理念完成，后

163

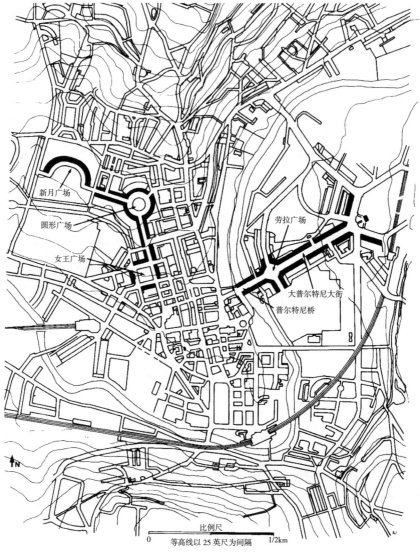

新月广场

圆形广场

女王广场

劳拉广场

大普尔特尼大街

普尔特尼桥

比例尺

0    等高线以 25 英尺为间隔    1/2km

图 5.65 巴斯

图 5.66 从劳拉广场看普尔特尼大街，巴斯

图 5.67 劳拉广场，巴斯

图 5.68　普尔特尼大街，巴斯

图 5.69　悉尼旅馆，巴斯

来又被雷金纳德·布卢姆菲尔德爵士（Sir Reginald Blomfield）彻底改造成今天的霍尔本和门斯特里博物馆（Holburn and Menstrie Museum）。

普尔特尼大街长 300 米，宽 30 米（984 英尺 ×98 英尺），沿街建筑高三层，虽然建筑细节优雅且比例匀称，却既没有伍德的权威，也没有亚当的魅力。从桥上观看的长街景，全长 600 米（656 码），被密植的绿化加强，并以悉尼旅馆的体量为有效终结。沿街空间的多样化——小尺度的桥、精短的阿盖尔街、拓宽的劳拉广场，以及以悉尼旅馆为终端，又连接了远处公园的瘦长普尔特尼大街；这座公园是建筑控制的一个模型，将巴斯的这一区域得以区别于其他并成为一项城市设计的伟大作品。其还与两位伍德的早期构图形成鲜明对比，以其特有的方式，成为同样重要的开发建设类别模型。

## 伦敦摄政街

约翰·纳什，与开发商莱弗顿（Leverton）和乔纳（Chawner）一起，受命编制马里波恩公园（Marylebone Park）规划，并规划一条街道以改善伦敦市在这一部分南北之间的交通（图 5.70 – 图 5.75）。

在认真分析了问题之后，纳什认为，界定新街道的线形不可避免。他发现，在某一时期，城市形态和特征发生过突变。他建议，这个清晰的开发建设边界，应该成为一条新的街道路线，成为"一条在由贵族和绅士占

164

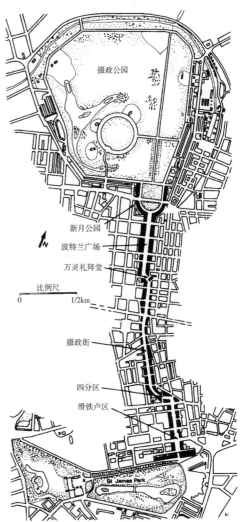

图 5.70　摄政街，伦敦

165

图 5.71 新月公园，伦敦

图 5.72 摄政街四分区，伦敦（左上）
图 5.73 万灵礼拜堂，伦敦（右）
图 5.74 下摄政街，伦敦（左中）
图 5.75 约克立柱，伦敦（左下）

有的街道和广场，与由技工和商贩社区占有的狭窄街道和简陋住宅之间的边界。"纳什后来解释了他的目的，"是新的街道应该穿过东入口，进入较高阶层占有的所有街道，并将所有糟糕街道置于东边不作过多处理，也就像一个水手会表达的那样，拥抱所有良好的街道。"[86] 这也许不能与 20 世纪早期规划的社会理念相符，但它却提供了一个完美的、实现房地产投机商提高土地价值愿望的策略。

亚当兄弟（Adam brothers）的波特兰广场（Portland Place）和伦敦当时的出色街道，是新街最北端的起点。向南，纳什将街道延伸穿过牛津街并通过一座圆形广场。新街的动线继续向南，经过金色广场（Golden Square）从一座包含独立公共建筑新广场的西北角进入，后从东南角穿出，然后继续向南，在皮卡迪利广场（Piccadilly Circus）处转角。从这开始，便是一眼望向卡尔顿府邸（Carlton House）的长街景。[87]

纳什所规划的，从牛津圆形广场（Oxford Circus）到帕尔购物中心（Pall Mall）的街道两侧，都是连续的有顶柱廊，这是一个远比英国任何已建成街道都更为正式和更有想象力的设计。然而，新街的长度需要足够巧妙地恰好连起多个重要交叉口，或者刚好终止于需要改变方向的节点。而在这些关键位置上，也需要引入圆形或方形广场，以使得任何一段连续街道的长度不超过 600 米（656 码）。

在纳什的报告和规划得到规范认可后，他被要求更详尽地考量新街的规划。于是他拟备了两个额外的规划，而在最后实施的规划中，代替广场的，是一部分"像是对牛津大街致敬的曲线街道。"[88]

从摄政公园（Regent's Park）到圣詹姆斯公园（St James's Park）然后沿着购物中心到白金汉宫（Buckingham Palace）的开发建设，是欧洲城市设计的杰作之一。公园广场（Park Square）和新月公园（Park Crescent），是摄政公园和波特兰广场之间的强力连接。半圆形广场的半月形爱奥尼柱廊，标明了通往波特兰广场的动线，并预示着街道序列的壮丽入口。出于实用原因，纳什不得不在波特兰广场的末端改变街道的方向。在掌控能力稍差的设计师手里，这或许会是个拙劣的转弯设计。但纳什却精巧地解决了问题；万灵礼拜堂（All Souls' Church）恰当的布置，铺以圆形尖顶门廊为畸形交叉口的端景，完成了巧妙的转弯。礼拜堂及其尖顶曾被诟病缺少建筑构架的清晰度，然而，圆形鼓座的选址所表现出的，却是对城市形态的珍视与欣赏。

在与牛津街的交叉口，纳什使用了早先规划中的圆形广场。它不仅让一个重要交叉口显得庄严，还能协助其他方向的转变（directional change）。培根赞扬了"摄政街的弯曲"，并评论其"极好地处理了由圆柱体和扁平穹顶乏味建筑组成的街道之转向。"[89] 以牛津高街为模型，摄政街以四分区（The Quadrant）实现了方向的大幅转变。然而，其建筑手法却与高街截然不同。与原型牛津高街不同，摄政街全程都有"有盖步行柱廊"，而其整齐统一的整体构图，也与牛津独特如画般的中世纪街道景象形成鲜明对比。从四分区开始，街道骤转 90°角，沿轴线通往卡尔顿府邸，先在皮卡迪利穿过一座圆形广场，随后又抵达一座位于滑铁卢区（Waterloo Place）的新广场。

自纳什的规划完成之后，摄政街还经历了很多次改造。19 世纪 20 年代晚期，国王乔治四世（King George IV）下令拆除了卡尔顿府邸并建起了白金汉宫。下摄政街的轴线被约克立柱和一组通往公园的壮观阶梯中断。纳什在公园的边上建了卡尔顿露台（Carlton Terrace），并将新路线延伸至白金汉宫。街道的第一次大改造发生在1848年，那次拆除了四分区的拱廊。然而，多数大改造都发生在20世纪的前几十年很多租赁到期时。数次改造铸就了摄政街如今的建筑特性，包括适合新购物需求的建筑尺度。纳什的灰泥建筑，或者是那些在他批准下建起的建筑，大部分甚或是全部，都被更加笨重的建筑所取代。尽管历经数次改造，还有对皮卡迪利广场的侵占，从摄政公园到白金汉宫的路线却始终得保留，且基本上还是原来的线形和城市形态。这生动地说明，好的城市设计并不会仅依赖周围建筑的品质，即使如果有重建其部分的机会，那么最好的选择似乎是重新考虑回归其原本的尺度和特质。

## 结 论

欧洲城市街道有两种通用类型。第一种街道，像是从原本的固态体块中雕刻而出。在这个概念里，正立面所界定的街道体积被视为积极的空间形式，或者是由一般周围建筑背景所衬托出的主体。第二种概念强调的，是在建筑物作为三维主体的情况下，城市就像是一座园邸，建筑物则是如雕塑一般孤立其中，空间则包括没有形状流动于建筑周围的街道和其他景观特征。后一种概念的最佳实现，例如弗兰克·劳埃德·赖特的广亩城市，需要大范围的低密度开发、分散的功能，以及完全自由无限制的小汽车交通。[90]实际上，这与场所构成的中心性理论正好相反。两个城市及街道的主要概念，在真实世界里并行存在。事实上，它们也许代表了连续统一体的两极，而不是简单的二分枝。牛津高街虽被分类为围合形式，但事实上它相当一部分的趣味又是来自塔和尖顶三维形态的对比。

一条街道的主要品质主要取决于对其体量的处理，而街道的状态或特征，则又是由其中的建筑来创造。街道景象的主要类型，已被塞利奥比喻为悲剧、喜剧和羊人剧三种剧院产品。悲剧景象是街道的正式经典，巴黎纪念碑式的林荫大道即阐释了这种类型。而在英国，这并不是最普遍的街道建筑类型；它是一个例外而非惯例。爱丁堡和巴斯的开发建设更接近这种街道类型，尤其是普尔特尼大街。作为一个规则，纪念性的特征与直线街道最为吻合。然而，纳什蜿蜒的摄政街，特别是有连续柱廊的四分区部分，与塞利奥所界定的经典传统的纪念性完全吻合。

塞利奥的喜剧景象最适合不列颠，尤其是英国的传统。迟缓、漫步的中世纪街道，小尺度建筑上纷繁及奇思妙想的细节，温暖，契合当地气候的材料形成的街道景象，点亮了不列颠的小城镇。牛津高街，虽然不是居住区街道，却保持了家庭式的尺度，即使是古典建筑物，例如王后学院，也与整体景象的统一性相契合。

羊人剧街道景象是不列颠城镇中的另一种普遍类型。英国人理想家园中花园环绕的小型城堡是驱动力，是郊区生活的原动力。逃离城市生活的烦躁，回归乡村的信条和审美形式来自埃比尼泽·霍华德（Ebenezer Howard）和他的建筑师帕克与昂温，他们的田园城市运动。低密度住宅和景观街道形成的花园郊区，代表了绝大多数英国人能够获得的理想环境。这也是一种本质上，财产民主高度分享的城市形态。当然，若所有人都想有建设自己梦想家园的自由，也必是需要付出代价的。那些负担不起抵押贷款或月付利息的人，就不能分享这种勇于创新的郊区生活建设；他们变成了下一阶层，永远不再有机会。这种昂贵而广阔的郊区梦境，要以个人交通自由为前提。鉴于中东持续不断的政治骚乱，以及已知化石燃料有限的寿命，要持续郊区生活，就需要为个人交通开发出另一种机动车形式。正如我们今天所知道的，假设将来开发出了私家车的另一种形式，无限制车辆交通的巨大规模也会与城市及其街道不相容。

## 注释与文献

1  维特鲁威，《建筑十书》[*The Ten Books of Architecture*，莫里斯·希基·摩根（Morris Hicky Morgan）译]，多佛出版社，纽约，1960 年，第 150 页。

2  塞巴斯蒂亚诺·塞利奥（Serlio, Sebastiano），《建筑五书》（*The Five Books of Architecture*），1611 年完整英语重印版，多佛出版社，纽约，1982 年，第 2 册，第 3 章，后 25、26 页。

3  安东尼·维德勒（Vidler, Anthony），"街道景象：理想和现实的转变"（"The scenes of the street: transformations in ideal and reality"），《在街上》[*On Streets*，安德森·斯坦福（Stanford Anderson）编]，麻省理工学院出版社，剑桥，马萨诸塞州，1986 年，第 29、30 页。

4  莱昂·巴蒂斯塔·阿尔伯蒂，《建筑十书》[*Ten Books of Architecture*，科西莫·巴尔托利（Cosimo Bartoli）译意大利语，詹姆斯·莱昂尼（James Leon）译英语]，蒂兰蒂出版社（Tiranti），伦敦，1955 年，第 8 册，第 1 章，第 162 页。

5  安德烈亚·帕拉第奥，《建筑四书》（*The Four Books of Architecture*），多佛出版公司，纽约，1965 年，第 3 册，第 3 章，第 60 页。

6  同上，第 60 页。

7  莱昂·巴蒂斯塔·阿尔伯蒂，引文同前，第 4 册，第 5 章，第 75 页。

8  安德烈亚·帕拉第奥，引文同前，第 3 册，第 1 章，第 58 页。

9  同上，第 3 册，第 1 章，第 59 页。

10  定义见《简明牛津字典》（*The Shorter Oxford Dictionary*），克拉伦登出版社（Clarendon Press），牛津，1933 年。

11  勒·柯布西耶（Le Corbusier），《光辉城市》（*The Radiant City*），费伯出版公司，伦敦，1967 年，第 121、123 页。

12  A. 史密森（Smithson, A.）与 P. 史密森（Smithson, P.），《城市建构》（*Urban Structuring*），远景工作室（Studio Vista），伦敦，1967 年，第 15 页。

13  同上，第 22 页。

14  简·雅各布斯（Jacobs, Jane），《美国大城市的死与生》（*The Death and Life of Great American Cities*），兰登书屋（Random House），纽约，1961 年，与企鹅出版社（Penguin Books），哈蒙兹沃思，1965 年，第 39 页。

15  O. 纽曼（Newman, O.），《防御空间》（*Defensible Space*），麦克米伦出版社（Macmillan），纽约，1972 年；艾丽丝·科尔曼（Coleman, Alice），《审判乌托邦》（*Utopia on Trial*），希拉里·希普曼出

版公司（Hilary Shipman），伦敦，1985 年。

16 简·雅各布斯，引文同前，第 41 页。

17 同上，第 45 页。

18 J.C. 芒福汀（Moughtin, J.C.），《策划者愿景》（*The Plansters Vision*），诺丁汉大学（The University of Nottingham），诺丁汉，1978 年，第 5 页。

19 罗伯特·古特曼（Gutman, Robert），"街头一代"（"The Street Generation"），《街道之上》（*On Streets*），引文同前，第 259 页。

20 阿摩斯·拉普卜特（Rapoport, Amos），《宅形与文化》（*House Form and Culture*），普伦蒂斯—霍尔出版社（Prentice—Hall），恩格尔伍德·克利夫斯（Englewood Cliffs），新泽西，1969 年；《城市形态的人文视角：走向人性化环境的城市形态和设计方法》（*Human Aspects of Urban Form: Towards a Man Environment Approach to Urban Form and Design*），帕加马出版社（Pergamon Press），纽约，1977 年。

21 赫伯特·甘斯（Gans, Herbert），《人与规划》（*People and Plans*），基础读物出版社（Basic Books），纽约，1968 年，第 19 页。

22 赫伯特·甘斯，《人与规划》，删减版，企鹅出版社，哈蒙兹沃思，1968 年，第 34 页。

23 罗伯特·古特曼，引文同前，第 250 页。

24 C. 布坎南（Buchanan, C.），《城镇交通：关于城市地区长期交通问题的研究》（*Traffic in Towns, The Specially Shortened Edition of the Buchanan Report*），企鹅出版社，哈蒙兹沃思，1963 年，第 55 页。

25 同上，第 56–57 页。

26 T. 舒马赫 Schumacher, T. "建筑物和街道：配置和使用注意事项"（"Buildings and streets: notes on configuration and use"），《在街上》（*On Streets*），引文同前，第 133 页。

27 阿摩斯·拉普卜特，《城市形态的人文视角》，引文同前。

28 艾丽丝·科尔曼（Coleman, Alice），《审判乌托邦》（*Utopia on Trial*），希拉里·希普曼出版社，伦敦，1985 年。

29 W.C. 埃利斯（Ellis, W.C.），"街道的空间结构"（"The spatial structure of streets"），《在街上》（*On Streets*），引文同前，第 115 页。

30 J. 巴内特（Barnett, J.），《城市设计导论》（*An Introduction to Urban Design*），哈佩尔与罗出版公司（Harper & Row），纽约，1982 年，第 168 页。

31 C. 亚历山大等（Alexander, C. et al.）《建筑模式语言》（*A Pattern Language*），牛津大学出版社，牛津，1977 年，第 590–591 页。

32 C. 诺伯格 – 舒尔茨（Norberg–Schulz, C.），《存在·空间·建筑》（*Existence, Space and Architecture*），远景工作室，伦敦，1971 年，第 21 页。

33 K. 林奇（Lynch, K.），《城市意象》（*The Image of the City*），麻省理工学院出版社，剑桥，马萨诸塞州，1960 年，第 47–56 页。

34 F. 吉伯德（Gibberd, F.），《市镇设计》（*Town Design*），建筑出版社（Architectural Press），伦敦，第 2 版，1955 年，第 230 页。

35 G.R. 柯林斯（Collins, G.R.）与 C.C. 柯林斯（Collins, C.C.），《卡米洛·西特：现代城市规划的诞生》（*Camillo Sitte: The Birth of Modern City Planning*），里佐利出版社（Rizzoli），纽约，1986 年，第 199 页。

36 F. 吉伯德，引文同前，第 230 页。

37 G.R. 柯林斯和 C.C. 柯林斯，引文同前，第 202 页。

38 埃塞克斯郡议会（County Council of Essex），《居住区设计导则》（*A Design Guide for Residential Areas*），埃塞克斯郡议会，切姆斯福德，1973 年，第 71 页。

39 卡米洛·西特（Sitte, Camillo），《城市建筑》（*Der Stadte—Bau*），卡尔·格雷泽尔出版社（Carl Graeser），维也纳，1901 年。

40 埃塞克斯郡议会，引文同前，第 65 页。

41 沃尔纳·赫格曼（Hegemann, Werner）与埃尔伯特·皮茨（Peets, Elbert），《美国的维特鲁威：建筑师的城市艺术》（*The American Vitruvius, An Architect's Handbook of Civic Art*），本杰明·布洛姆出版公司（Benjamin Blom），纽约，1922 年，第 154 页。

42 同上，第 152 页。

43 C. 诺伯格 – 舒尔茨，引文同前，第 83 页。

44 L.B. 阿尔伯蒂，引文同前，第 4 册，第 5 章，第 75 页。

45 C. 诺伯格 – 舒尔茨，引文同前，第 81 页。

46 K. 林奇，1960 年，引文同前。

47 C. 亚历山大，引文同前，第 591 页。

48 埃塞克斯郡议会，引文同前，第 71 页；沃尔纳·赫格曼和埃尔伯特·皮茨，引文同前，第 152 页。

49 G.R. 柯林斯和 C.C. 柯林斯，引文同前，第 199 页。

50 同上，第 205 页。

51 K. 林奇，引文同前，第 99 页。

52 G.R. 柯林斯和 C.C. 柯林斯，引文同前，第 204 页。

53 F. 吉伯德，引文同前，第 231 页。

54 雷蒙德·昂温（Unwin, Raymond），《市镇规划实践》（*Town Planning in Practice*），费希尔·昂温出版公司（Fisher Unwin），伦敦，1909 年，第 245 页。

55 埃塞克斯郡议会，引文同前。

56 帕拉第奥，引文同前，第 3 册，第 2 章，第 59 页。

57 L.B. 阿尔伯蒂，引文同前，第 3 册，第 5 章，第 75 页。

58 案例见 O. 柯尼格斯伯格（Koenigsberger）等，《热带住房与建筑手册 第 1 部分：气候设计》（*Manual of Tropical Housing and Building, Part 1: Climatic Design*），朗文（Longman），伦敦，1974 年；J.C. 芒福汀（Moughtin, J.C.），《豪撒族建筑》（*Hausa Architecture*），民族志（Ethnographica），伦敦，1985 年，第 6 章"气候与建成形式"（"Climate and built form"）。

59 据称是由诺丁汉大学第一个建筑学教授林·亚瑟所发表的不实陈述。

60 F. 吉伯德，引文同前，第 230 页。

61 沃尔纳·赫格曼和埃尔伯特·皮茨，引文同前，第 187 页。

62 同上，第 169 页。

63 L.B. 阿尔伯蒂，引文同前，第 8 册，第 6 章，第 172 页。

64 A. 帕拉第奥，引文同前，第 3 册，第 1 章，第 58 页。

65 同上，第 60 页。

66 凯丽·唐斯（Downes, Kerry），《霍克斯莫尔》（Hawksmoor），泰晤士与哈得孙出版社（Thames and Hudson），伦敦，1980 年，第 86 页。

67 约翰·萨默森（Summerson, John），《约翰·纳什，乔治四世的建筑师》（John Nash, Architect to King George IV），艾伦与昂温出版公司（Allen and Unwin），伦敦，1935 年，第 219 页。

68 埃德蒙·N. 培根（Bacon, Edmund N.），《城市设计》（Design of Cities），泰晤士与哈得孙出版社，伦敦，1975 年，第 112 页。

69 S. 吉迪恩（Giedion, S. Space），《空间·时间·建筑》（Time and Architecture），哈佛大学出版社（Harvard University Press），剑桥，马萨诸塞州，1954 年，第 59 页。

70 对于这项城镇分析，我很感激我学生们的工作，他们是：戴维·阿米格（David Armiger）、拉斐尔·库斯塔（Raphael Cuesta）、艾莉森·吉（Alison Gee）、琼·格林韦（June Greenway）、佩尔基福涅·英格拉姆（Persephone Ingram），以及克里斯蒂安·萨里斯（Christine Sarris）。案例见 J.R. 库斯塔等，《伊拉斯莫斯项目，给圣乔治莫尔杰托的评价与建议》（Appraisal and Proposals for San Giorgio Morgeto, Programa Erasmus），雷焦卡拉布里亚大学和诺丁汉大学未出版的报告，1989 年 3 月。

71 K. 林奇，引文同前。

72 引自 K.A. 古特金德（Gutkind, K.A.），《西欧的城市发展》（Urban Development in Western Europe），第 6 卷，《荷兰与大不列颠》（The Netherlands and Great Britain），自由出版社（The Free Press），纽约，1971 年，第 392 页。

73 托马斯·夏普（Sharp, Thomas），《牛津再规划》（Oxford Replanned），建筑出版社，伦敦，1948 年，第 20 页。

74 王后学院的设计来源"十分复杂，且与雷恩、奥尔德里奇、霍克斯莫尔、克拉克，以及泥瓦承包商汤森有关"。依据来自 A.F. 克斯廷（Kersting, A.F.）与约翰·阿什当（Ashdown, John）的《牛津的建筑》，伦敦，1980 年，第 141 页。

舍伍德和佩夫斯纳似乎建议了也许是由霍克斯莫尔负责的面朝牛津高街的前四方院，"无论是谁设计的前四方院，都知道雷恩的先例，然而北侧范围内的细节却与雷恩无关；它们，以及那些西侧和前侧范围内的细节更多的是出自霍克斯莫尔，即雷恩的主要学徒，比任何人都配得上。"出自詹妮弗·舍伍德和尼古拉斯·佩夫纳斯《英格兰建筑物》（The Building of England），哈蒙兹沃思，企鹅出版社，1974 年，第 188 页。

75 托马斯·夏普，引文同前，第 23 页。

76 雷蒙德·昂温，引文同前，第 260 页。

77 A.E.J. 莫里斯（Morris, A.E.J.），《城市形态史》（History of Urban Form），乔治·戈德温出版公司（George Godwin），伦敦，1972 年，第 28 页。

78 E.A. 古特金德,《南欧的城市发展》(*Urban Development in Southern Europe*), 第 4 卷 :《意大利与希腊》(*Italy and Greece*), 自由出版社, 纽约, 1969 年, 第 579–583 页。

79 R.K. 杜赫斯特 (Dewhurst, R.K.), "索尔泰尔" ("Saltaire"),《城镇规划评论》(*Town Planning Review*,), 第 16 卷, 2 号, 1960 年 7 月, 第 135–144 页。

80 A.T. 爱德华兹 (Edwards, A.T.),《建筑风格》(*Architectural Style*), 费伯与格怀尔出版公司 (Faber and Gwyer), 伦敦, 1926 年, 第 106–107 页。

81 S. 吉迪恩,《空间·时间·建筑》, 第 3 版, 哈佛大学出版社, 剑桥, 马萨诸塞州, 1956 年, 第 75–106 页。

82 埃德蒙·N. 培根, 引文同前, 第 193 页。

83 L.B. 阿尔伯蒂, 引文同前, 第 8 册, 第 6 章, 第 172–173 页;帕拉第奥, 引文同前, 第 3 册, 第 4 章到第 15 章 (特别是第九和第十版图);塞利奥, 引文同前, 第 3 册, 第 4 章, 第 41 页。

84 戴维·加德 (Gadd, David),《乔治王时代的夏季》(*Georgian Summer*), 亚当斯与达特出版社 (Adams and Dart), 巴斯, 1971 年, 第 120 页。

85 尼古拉斯·佩夫斯纳 (Pevsner, Nikolaus),《英格兰建筑, 北萨默塞特和布里斯托尔》(*The Buildings of England: North Somerset and Bristol*), 企鹅出版社, 哈蒙兹沃思, 1958 年, 第 135 页。

86 约翰·萨默森, 引文同前, 1935 年, 第 124 页。

87 赫米奥娜·霍布豪斯 (Hobhouse, Hermione),《摄政街的历史》(*History of Regent Street*), 麦克唐纳与简 (Macdonald and Jane's), 伦敦, 1975 年 (见第 30 页地图)。

88 同上, 第 34 页。

89 埃德蒙·N. 培根, 引文同前, 第 209 页。

90 弗兰克·劳埃德·赖特 (Wright, Frank Lloyd),《生活城市》(*The Living City*), 地平线出版社 (Horizon Press), 纽约, 1958 年, 第 81–83 页。

# 第6章　滨海、河流与运河

它终会水涨，一如既往，

吞没死亡和深渊。
仍圣洁凯旋。

传递着世界，
河流是神明。

双膝没入芦苇，脚踝悬于坝口，
如此观察着人们。

它是神明，不可侵犯，
不朽，不染于一切死亡。

《河流》，特德·休斯（Ted Hughes）

## 引言

　　城市水景有四种类型。第一种是点状的水景（water point）或喷泉（fountain），具有和赋予生命的泉水、深井，以及石窟（grotto）相关的奇妙含义。泉水衍生出城市中的饮水泉，是社区的活动中心与集聚场所，经常布置在集市广场的中心位置。第二种是水塘（pool），是倒影、沉思和游憩的场所。和"绿化"一起，它是英国乡村的中心。在一个更为形式化像水仙花样的池塘镜像中，安逸追随着慵懒的行为者，与城市构筑的背景形成对比。这种倒影水塘（reflective pool）的绝佳例子当然就是阿尔罕布拉宫（Alhambre，图6.1）。第三种是线状水景（Linear water course），通常是以河流或运河的形态流经城市。失控河流的景象异常可怖，是极大毁灭的来源。因此，当一条河流从自然景观流入城镇

图 6.1　阿尔罕布拉宫

或城市时，须受到控制。河流对生命和财产破坏的能量，在它流经城市的过程中被驯服：开凿河道、建坝、筑堰以疏导，或者将其限定在充足的泛滥平原范围内。此外，还可以用渠化并以一个复杂闸门系统的方式加以控制，以便水流可以更好地服务于水运需求。第四种，也是最后一种水景类型与滨海城市相关。与河流或者运河一样，这是一种构成城市形态的线状特征：它是城市的边缘，另一个世界开始的地方。在这里，危险与可能性并存。港口正是布置于此，在这里，娼妓、酗酒、毒品和犯罪都有可能发生，但也是这里，预示着一个新世界的开端。

在《美化与装饰》[1]中，记录了关于城市设计中喷泉和倒影水塘装饰含义的讨论。因而本章将集中讨论河流（river）、运河（canal）及滨水（waterfront）在城市设计中的功能，尤其是它们与街道和广场的关系。

## 水的特性

水对生命而言必不可少。水是城市聚居、控制生育、选址及发展的起源，没有水，就不可能有城市的聚居。因此，水是生命的保障，很多城市因此坐落在护城河范围内，护城河是城市自由的符号和存在的理由。孟加拉国的河流泛滥可谓水流破坏及危险力量的见证，而随泛滥而来的是复兴，伟大的圣经神话中的诺亚就是一个原型。这种水流复兴力量的具体化例子就是尼罗河每年一度的泛滥，它是古埃及（Pharaonic Egypt）悠久城市文化的生命线。因而，水同时具有保护性和危险性。如若得不到控制和梳理，它会对那些生活与之接近且依赖它生活的人们形成威胁。水的力量雕凿了世界上很多独一无二的风景：这些风景由雨、冰河，或者是海洋及山洪一手创造。水的活动所铸造的景观，是建筑师和城市设计师不竭的灵感源泉，水的动能给予那些设计中包含水体的结构以活力，抑或给予那些设计中利用其巨大力量、持续发展及改进社区安康的构筑物以活力。水还为那些融入其流水的视听效果，或是倒影状态之宁静与安详的建筑物、街道和城市广场注入品质（图 6.2 – 图 6.3）。

作为一种构成要素，水是城市建设艺术的核心。表达了可以预期的市民需求和愿望的城市形式建设的创造性行为，建立在欣赏和理解与水相关的神话，以及我们赋予水的象征意义的基础之上。[2]水是世界真实的本质，它处在伟大创世神话的核心："起初神创造天地，地是空虚混沌，渊面黑暗；神的灵运行在水面上……神又说，诸水之间要有空气，将水分为上下；神造就出空气，将空气以下的水，空气以上的水分开了，事就这样成了；神称空气为天……神说，天下的水要聚在一处，使旱地露出来，事就这样成了；神称旱地为地，称水的聚集处为海。"[3]水在这样那样的创世神话中都被视为生命的来源。

图 6.2　泰姬玛哈陵

图 6.3　斯利那加莫卧儿园林，印度克什米尔地区

在犹太基督教世界中，水还被视为重生的源泉：水中的洗礼和洗褪各种罪过相关，也是重生进入一个更为纯净热情社区的启动过程。水是世界的镜子，但它会扰动当下的确定性，并扩展出一个更为光明和美好未来的可能性。在古希腊，水被视为构成我们所生活世界的四种主要元素之一，与冥河（the Styx）、恒河及尼罗河相关的神话，都标示着通往下面世界、死亡世界的交界点，在这里，身体不能跟随，只有灵魂可以通过。水具有这两个相反及对立的特质：它唤起恐惧和敬畏，它也是边界符号以及生命本身。就现实而言，这些相反的特质在现实生活中的表现即为，水能够带来荒芜及死亡，毁灭来自失控洪水的威力。

## 水作为一个设计元素的功能

　　显然，对于城市发展，水最重要且最明显的功能是维持城市中的生命。城市的持续存在，依赖足够且适宜的饮用水及工农业用水的供应。这里无意讨论问题的这个方面；然而，如何维持大城市中心水耗的担忧，正在以明显的速度增长。也许让人感到有些欣慰的是，在英国，我们的民用、工业用水及农业用水尽管有浪费，但和其他发达国家相比尚好。就全球范围而言，对水这个并非不竭资源的过度使用，将会严重影响世界各大城市内部以及周边地区的地表径流和地下水位。建立各个城市中文明与平衡的水域设计战略，或许会要求更为节俭的态度以对待这个生死攸关的大地资源的使用。"可持续发展"和一座"更为绿色城市"所需要的各种态度及价值观，在《绿色尺度》[4]中有更充分的讨论。自该书于1996年出版以来，已有很多警告性的报告和政治决策，尤其是在美国，一并出现的还有对地球未来的暗淡描绘。联合国编辑的《全球环境展望》（The Global Environmental Outlook）报告中有1100个科学家阐释了过去30年的环境恶化，并预测了2032年的世界将会怎样。报告预测，除非改变当前"经济第一"的发展路径文化，否则，超过一半的世界将会受到缺水的影响，中东95%、非洲及太平洋地区65%的人口将会面临严重问题。[5]

很多城镇和城市因水才得以存在，即围绕一座港口发展或坐落在一条适宜航行河流的重要位置。滨水成为商业、工业和交通的焦点。"近30年传统工业的快速衰退以及技术改变，释放出大面积的土地供开发建设，这也使得重新利用（re-use）滨水空间来促进城市的更新成为可能。"[6]然而，更新（regeneration）依赖于找到邻近滨水土地和建筑物的新用途。而更为重要的，是这也意味着为水体本身找到一个新的功能，以求得城市更新的动力或目的与理由。当然滨水区的更新，也许实际上源自一种被给予新强调或新方向的更为古老或更为形式化的使用。

滨水区的传统功能曾和货物及人员运输有关。自19世纪运河的全盛时期以来，水运方式的货物流通已显著减少；然而，很多内陆水路及港口城市，还仍然保留着水运这项重要功能。在仍然有水运的城市地区，例如布鲁日、威尼斯以及阿姆斯特丹，其运作为运河增添了色彩和生命力，或者是为很多大型海港的码头增添了色彩和生命力（图6.4-图6.6）。显然，当下以及未来一段时间内，工作往返以及来往其他城市的人员流动，都将继续以陆地交通为主。相对容易建造的联结城市两岸的桥梁及隧道，减少了轮渡往返的需求。轮渡在各个城市例如香港、奥克兰，或英国的南安普顿及利物浦的使用，形象地说明了这种城市交通形式的潜能，它赋予城市滨水空间以生命力和动感，是一个可以通过保留及发展公共及私人水上交通而抓住的机会。

休闲活动的开发，为运河及河流沿岸多余的码头及场地更新提供了一种可行的前景，这种活动与将滨水废弃用地转变为受到休闲使用者欢迎的场所相关。"从一座旅馆、餐厅或者俱乐部的窗户或露台能够直接看见水景，可以增添其吸引力并因而增添价值。光线

图6.4　码头顶，利物浦

图 6.5　大运河，威尼斯　　　　　　　图 6.6　阿姆斯特丹

越好，倒影也经常由此越强；表面变幻莫测；零星甚或毫无往来的水面交通。一个人或许会看到更一望无垠的远景，或是偶尔瞥见船上站立的人。"[7] 然而，有很多休闲娱乐追求，只和滨水相关，这种专门的休闲娱乐追求，如安逸的水面巡航、划船和垂钓，都要求选址接近滨水。服务于这些昂贵水上产业的码头及相关设施，本身就对公众有吸引力，附加划船、独木舟及汽船等水上活动，一同激发了岸上活动的多样性。和垂钓相关的店面，包括鱼只售卖、水族馆，以及例如利物浦海事博物馆（Maritime Museum）等的博物馆，也许也会因近水及其所激发的相关活动而繁荣。为使休闲活动取得成功，"必须说服一个或一组公司去创建一种综合休闲产业，既要足够大，又要足够刺激以使其能够成为一个景点……并且，如果没有好的设计和管理，也可能永远不会成功……因此必须管理好滨水休闲区域，还必须足够大和繁忙以值得为之付出努力。"[8] 然而，大型的单一用途区域不再适合白天。倾向可持续发展的运动以及使得城市的所有部分有趣而生动的理念，都需要采取城市区域多功能用途的政策。因而，单独休闲娱乐就能够更新多余码头用地的观念，是一种需要纠正的理念。

如果采取计划引入一系列兼容且用途相互支持的政策，滨水地区的更新更有可能取得成功。与水的"审美"相关的吸引迄今为止并没有被视为功能的一部分。然而对于居住区，这却是最具有吸引力的环境布置。大量新的滨水开发，将住宅毗邻运河及原有的工业码头布置。西布罗米奇（West Bromwich）的蒂维代尔码头（Tividale Quays）便是这种类型的一个有趣的开发项目。现在已经解散的黑乡开发公司，在1987年建立时负责一片带状土地的重建，土地宽阔至25平方公里，范围从北面的达勒斯顿到南部的兰利。[9] 任务包括升级黑乡的运河体系，运河体系改造的一部分包括将沿河区域开发设计为群组居住区；位于蒂维代尔码头的居住区就围合了一片大型水体（图 6.7– 图 6.8）。

176

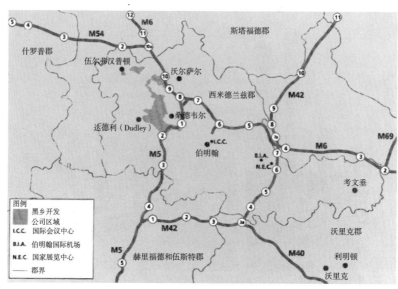

图 6.7　黑乡开发公司区域

图 6.8　伯明翰运河居住区开发

邻近诺丁汉运河（Nottingham Canal）破败与未充分使用场地的更新建设，是一个综合利用开发的成功实例。20 年以前，诺丁汉运河两岸废弃、肮脏，是城市中令人十分不快的眼中钉。其后，进行了一系列的开发建设，包括住宅、码头、博物馆、商店及办公建筑，由迈克尔·霍普金斯及合伙人事务所（Michael Hopkins and Partners）设计的久负盛名的税务局大楼（Inland Revenue Building），一些院落，以及带有酒吧、俱乐部和餐厅的娱乐综合设施。运河长度之内的河道被清理，驳岸以园林美化；如今这里已经是一个美丽的、可供散步、观赏建筑及观看船运交通的场所（图 6.9 – 图 6.11）。

　　河流、运河和城市岸线，在环境保护方面具有至关重要的作用。水道，尤其是河流边缘的湿地，是城市区域中独具价值的生态系统，它们是野生动物的重要走廊，通常连接着各个孤立且脆弱的栖息地。水道在实现通过环境保护维持生物多样性这个功能的同时，还要服务人类社区更为自私的各种需求：它们是景观网络之间最基本的连接，而这些景观网络是城市的肺，且会为城市人口提供娱乐消遣的去处。和住房一样，埃利斯（Ellis）和舒茨（Shutes）指出，"尽管管控立法增加了不少，但流域整治及投机用地依旧导致了生态系统的重大损失。"[10] 或许在水道沿岸保护环境的目标，与更新废弃滨水区的可理解期望之间，存在着强烈冲突。"甚至是休闲活动也会因影响野生动植物及其栖居环境，而对河流及溪流的生态系统产生破坏效果……游泳、独木舟、划船和钓鱼，都与野生动植物的保护

图 6.9　小船坞，诺丁汉运河

图 6.11　诺丁汉运河修复的仓库　　　　图 6.10　晚邮报大楼，诺丁汉运河

存在明显的冲突倾向。另外，公众希望集中管理河流走道的明显欲望，也直接和自然保护目标相背。"[11] 清楚这种开发目标和环境保护之间潜在的冲突，是构筑一个对所有关切都敏感的滨水开发战略的关键。大多数城市开发建设所需要的环境综述，都包含环境效应（environmental effect）评估，这是在这些相互矛盾的目标中寻求一个合理平衡的有效工具。

## 滨水及其形式

　　有七种类型的滨水形式。第一种形式来自垂直的悬崖边缘，它由从水体边缘全然直上的建筑物组成。第二种主要类型源自渔村，该建设遮蔽于沿岸强劲的海风。以狭窄的小巷和通道与海洋相连，欧文（Owen）将这种类型称为"多孔水体边缘（perforated wateredge）"。[12] 第三种类型是岸（bank）或滩（beach），水直接与软质、自然岸线或缓坡，而不是与第四种类型，即以硬质形式构建的码头驳岸区域相交会。第五种类型是水体边缘围合成的湾（bay）或开放广场（open square）。第六种类型是与岸线成直角伸入水面的悬臂码头。最后一种类型，顺应传统便利的"不处理"（turning a back）的做法，将水道用作下水道、垃圾倾倒处，或至多作为涵洞（culvert）。这最后一种滨水处理类型，也已经是世界很多地方很多城市开发最为常见的类型之一（图 6.12–图 6.17）。

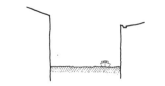

图 6.12　滨水形式：垂直悬崖边缘

图 6.14　滨水形式：岸或滩

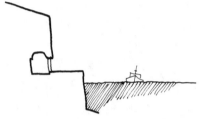

图 6.15　滨水形式：码头驳岸

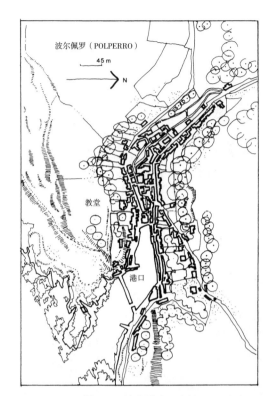

波尔佩罗（POLPERRO）

45 m

N

教堂

港口

图 6.13　滨水形式：渔村

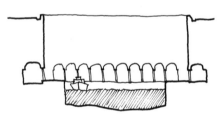

图 6.16　滨水形式：湾或开放广场

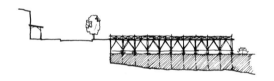

图 6.17　滨水形式：码头

　　"悬崖边缘"的滨水处理手法，是 19 世纪沿运河布置多层货栈最常见的类型，货栈拥有朝向运河立面的私人所有权，朝向运河开敞的目的是从建筑物中装卸货物。因而在货栈的长度内，也没有到达水边的公共通道。诺丁汉运河的水道大厦（The Waterways Building）就是悬崖边缘滨水形式的典型（图 6.11）。作为一种运河立面，这种建筑类型有着漫长的历史。例如，威尼斯很多优美的运河立面，与各个宫殿并列排布，都有运河景观和通往水边的私人通道。布鲁日运河的部分，其处理手法也与此相似，某些情况下临水的建筑和物业由宗教组织建设（图 6.18– 图 6.20）。这种类型限制了一般公众到达水体边缘的临水空间，现今只有在特殊情况下才会使用。连续使用这种水体边缘处理手法的原因，是为了保护有价值的建筑例如诺丁汉的水道大厦，或者，是为了私人拥有权而阻止公众通达水体边缘。

179

图 6.18　贝居安会院，布鲁日

图 6.19　运河景象，布鲁日

图 6.20　运河景象，布鲁日

　　"多孔边缘"，正如这个名字所暗示的，是以传统渔村为原型，有多条指状狭窄公共通道通往码头和海滨。以下是托马斯·夏普对英国滨海村庄的描述："几乎从这些村庄的平面图上可以看出，它的建设者故意拒绝承认其家门口巨大自然要素的存在。所有的房屋几乎都背向大海，甚或在悬崖的庇护下在视线上远远地躲开……然而这种明显的否认，实际上却是一种非常恭敬的承认：承认在大自然一整年的面孔里，夏天开始的几个月的平静带给人的满足，与剩下大部分风雨咆哮的日子相比不值一提。一座渔村的所有建筑物都紧密围绕曲折的街道挤在一起，以相互取暖并寻求庇护。"[13] 显然传统渔村的功能性需求，并不适用于今天一条运河的立面、城市滨河或者滨海。不过，当这种形式运用于伸展的滨水区时，确实可以保证公众对滨水良好的通达性。高频数通往滨水的小巷，以本特利（Bentley）等人的话来说，可以提高地区的"渗透性"（permeability）。[14] 佛罗伦萨狭长的乌菲齐广场就可以归类为这种"多孔边缘水体"的类型。广场狭长的走廊，除了赋予乌菲齐宫通达性之外，还连接了阿诺尔河河岸和位于中心位置的领主广场（图 4.34－图 4.36）。

　　自然岸线（bank）或滩（beach），我们常将其与闲散地在乡间蔓延的河流或海岸线的很多部分相关联。城市水体中也可以发现这种类型，其主要功能与环境污染的控制有关，或更常见的，作为城市公园或者绿色走廊简单的软质休闲娱乐园林景观的一部分。河流

180

图 6.21　埃文河，斯特拉特福　　　　　　　图 6.22　埃文河，斯特拉特福

所提供的愉快感受，例如斯特拉特福（Stratford）的埃文河（Avon）或切斯特（Chester）的迪河（Dee），显然都在大众之间颇受欢迎（图 6.21- 图 6.22）。《住房及其他》（*House et al.*）一文对一项衡量公众对一些河道景物质量感知的调查作了分析并得到以下发现："……公众对于他们理想中的河流环境，具有十分肯定的理念，且对河流及绿化特色两个方面都有强烈偏爱……尤其是对河流岸边无论是顺序排列还是悬于水边树木的强烈渴望。对绿化植物、树木及草坪的多样性也具有强烈的偏爱，这种对植物多样性的偏爱，建议并倾向一种更为自然及远离均质的环境。"[15]《住房及其他》一文继续建议道，远离公众渴望的、集中管理和修剪的园林，经常只是国家河流权威机构及一些地方权威设计师所假定的，而公众所实际表现出的是对于城镇中沿河风景的强烈偏爱。

　　在一个受保护的地点，沿港口码头驳岸布置建筑物，是滨水码头布局的普通处理手法。水体边缘的处理手法构成一个被与海岸线平行的码头所环绕的海堤（Sea wall），在码头的空地上是建筑物的所在地。建筑物之间的公共通道通向城镇或城市的内部地区。这种建设形式的典型，是肯尼亚的海岸小城拉穆（Lamu，图 6.23- 图 6.24）。利物浦的城市入口码头顶（Pier Head），与一个更大尺度上的纽约巨大滨水城区和香港，都是这第四种滨水类型的例子（图 6.4 与图 6.25）。阿姆斯特丹的很多河道滨水的优美形式都遵从这种模式，沿河道两侧布置码头，码头上是成排的四到五层的联排露台住宅（图 6.26-图 6.28）。阿姆斯特丹的河道大多都有弧线的街道形式，其围合的滨水建筑倒影在水中，其长度方向上不时有一系列的桥梁跨过河道：这是水体两侧都设置码头的雅致利用。

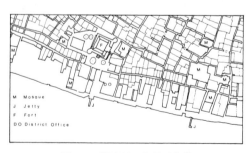

图 6.23　滨水区，肯尼亚拉穆

　　滨水处理手法的第五种原型是湾。一个特别好的范例，是北爱尔兰贝尔法斯特的自然环境。城市屹立在贝尔法斯特湾（Belfast Lough）端头的拉根河（River Lagan）口岸，城市被海湾两侧的山脉围合环绕，这是绝妙的城市环境。幸运的是，良好的风景被"绿带政策"（Green Belt Policy）所保护，这个政策严格地限制了建

图 6.24 滨水区，肯尼亚拉穆

图 6.25 滨水区，纽约

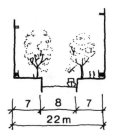

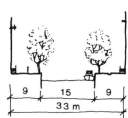

图 6.26 阿赫特布格瓦尔，阿姆斯特丹 [Achterburgwal，摘自索恩 "前方街道" (Streets Ahead)，《建筑评论》1994 年 3 月 )

图 6.27 修士运河，阿姆斯特丹 ( Reguliersgracht，摘自索恩 "前方街道"，《建筑评论》1994 年 3 月 )

图 6.28 运河景象，阿姆斯特丹

图 6.29 雷斯顿，美国

成区的扩张，这种城市围堵政策是因 "马修停止线" ( Matthew Stopline ) 而施加的，这是一个以 20 世纪 60 年代贝尔法斯特区域的规划师罗伯特·马修爵士 ( Sir Robert Matthew ) 的名字命名的规划工具。这种围合水体的原型，被更为形式化也更小尺度地运用于美国的新城镇雷斯顿 ( Reston，图 6.29 )。利物浦的阿尔伯特港 ( Albert Dock )，是一个利用建筑物围合大面积水体的良好实例，现今是一个休闲娱乐活动的场所。在这个实例中，统一构图的是围合建筑物首层的柱廊。如果说威尼斯的河道等同于水面街道，那么阿尔伯特港就等同于滨水构成有反射地坪的步行街或广场 ( 图 6.30 )。

图 6.30　阿尔伯特港，利物浦

索伯恩（Thorburn）指出，码头或防波堤，和伸出水面建于漂浮结构上的建筑，是两种滨水结构规划和设计的基本形式，尤其对于休闲用途。[16] 像布莱克浦（Blackpool）这样有趣的码头使很多英国滨海度假区生机勃勃。而维护成本的增加让人们对这类码头的生存和继续使用产生了质疑，尽管这种码头是 19 世纪结构创新伟大传统的一部分。码头上的咖啡馆、店铺和摊位，是滨海街道的延伸：悠闲度假者的漫游，他或她可以与大海有更亲密的接触，获得截然不同体验。然而，对小船所使用的防波堤（jetty）的需求却十分强烈，它不仅增添了可用的滨水区域，也因而增加了沿岸土地和物业的价值（图 6.9）。相对于陆地建筑物的开支，漂浮结构建筑物具有更强的竞争力。[17] 依据索伯恩的建议，漂浮建筑物可用于被庇护的水面，随着潮汐浮动。显然，这样结构的建筑物，提供了创造一种独特水面体验的机会。

很多城市水道，都被引至混凝土涵洞或是开敞的排水沟。它们尊崇工程学整洁的传统，具有值得赞赏的、改进公共健康和卫生的目标。这遵循了城市建设的悠久传统，让建筑物背靠水面，将水面用作排水渠道而非宜人环境。爱尔兰共和国梅奥郡（County Mayo）韦斯特波特（Westport）优美的运河改造，是城镇规划的一部分，与爱尔兰整合城镇与河流的通常程序形成了鲜明对比（图 6.31）。

水是城市设计的主要元素之一。它也许像是在韦斯特波特的运河（图 6.31）、威尼斯（图 6.32）及阿姆斯特丹（图 6.28）那样的街道景物，或像是在阿尔伯特港口（图 6.30）那样被建筑物围合成的广场形式。罗马的纳沃纳广场，如前所述，偶尔会被用作城市湖泊（见图 4.23– 图 4.25）。通过堵塞排水口注水，就可以淹没纳沃纳广场的整个铺装，使其成为一座大水塘，教堂和宫殿倒影其间，观众可以从抬高人行道或楼层窗户看到水面上的节日景象。与街道、广场、公园，以及主要的公共建筑物一同，水景是城市设计师用来创造精彩城市视觉的一个组成部分。滨水以及水体周围处理手法类型的分类，不是一

图 6.31　运河，韦斯特波特，梅奥郡，爱尔兰共和国

图 6.32　大运河，威尼斯

系列形式的选项，而是一个宽泛的各种理念的连续统一：设计师在意识到这个概念化的范围时，就有了创造适合他或她特定目标的滨水处理手法。城市设计的目的之一，是为公共用途创造兴奋的城市空间。水为设计师提供了将具有反射和听觉的维度与光线和色彩一起引入城市风景的机会。威尼斯就是这样一个注重研究将水引入城市空间构图的范例（图 6.5– 图 6.32）。

　　水道在城市设计中的另外一个角色，是为具有知觉清晰或知觉"意象力"的城市构建结构。[18] 水可以用来加强五种感知的结构性要素：路径、节点、边缘、地区和地标。航道河流及运河在过去是进入城市的重要路线，经常是到达城镇和城市的主要途径。如

图 6.33　塞纳河，巴黎

图 6.34　圣母院，巴黎法兰西岛

今的河流和运河仍然具有这个作用，只是程度已大幅降低，先是被铁路然后是陆路连接所取代。然而，城市的滨水步道，却成为主要的步行网络及骑行路线。当这些路线与其他路径在跨水桥梁附近交会时，就构成了一个节点。而在轮渡装载的各个点上，就会构成一个具有特殊形式的终端或交通站点。坐落于交通网络各个"转运"点（break of bulk point）上的城市，也经常是市场的所在地，或长途旅行后休息及恢复的重要场所，河流上最适宜航行或重要的河流交会点，就具有这种意义。即使在今天，城市中的水体依旧可以唤起这些历史记忆，并给予城市肌理当中的这些场所或节点以强调。水界定出城镇最早的防御性边界，在附近河流地幔的保护之下城镇的存在与公民安全得以维持，尽管作为防御侵略的需要也许已不再具有相同含义，但水仍然保有作为城市边界的功能，仍然有河流具有作为城市开发建设看得见边界的作用，例如伦敦的泰晤士河或是巴黎的塞纳河（图 6.33）。水道及其沿岸建筑的特别处理手法，可以让一个城市片区或地区浸透独特的品质，与邻近区域区别开来。巴黎的法兰西岛（Isle de France）就是这样一个形成了另外一个与塞纳河左右两岸邻近区域截然不同世界的地区（图 6.33– 图 6.34）。水，当它倒影一座美丽而沉静的建筑物，例如泰姬陵时，便会赋予它更大的威力和视觉意义，放大建筑物的潜力，发挥令人难忘的地标作用（图 6.2）。

## 泰晤士河战略

　　城市设计的核心领域是城市中的公共空间设计，尤其是各个城市片区的构建。城市设计师也许该也应该涉足不止于项目选址设计研究的宽泛事物，而河流滨水设计尤其如此。泰晤士河战略，图示了在为大伦敦广阔的子区域组成而编的规划战略中所需要的城市设计技巧。[19] 1994 年，伦敦市政府委托奥雅纳公司（The Ove Arup Partnership）负责泰晤士河的详细分析、准备总体设计原则，并提供对规划条例草案的建议。其根本目的是准备一份远景文件，以促进泰晤士河沿岸的高质量设计及园林绿化。除了城镇规划、景观建筑、交通规划、经济及旅游行业的专家外，奥雅纳集合的专业人士还包括城市设计方面的专家。这项研究的本质是战略性的，目标是给出针对沿河 30 英里范围，而不是整个长度内个别地段开发潜力的总体发展前景概述。

和预期一致，分析内容包括了泰晤士河沿岸的建设历史、影响开发的决策机构、河流管理，以及规划文脉。信息也以地图的形式被聚合起来，分别归类为河岸的土地利用、沿岸的可达性、河流的腹地交通、河流自身的交通利用，以及包括了遗产区域和生态重要性、关键地标、建筑物高度、城市形态及景观特性主题的环境定性研究。除了地图形式的记录，还拍摄了河边开发及环境条件的 1500 张照片以连续影相记录河水走廊的情况。

图 6.35 摘录了奥雅纳公司为改进泰晤士河沿岸 30 英里环境而提出的建议。一系列焦点被建议应给予强调及视觉标注（visual punctuation）。奥雅纳公司认为，这里有加强现有焦点并在活动产生的路线交会点建立新场所的机会。图 6.36– 图 6.47 展示了奥雅纳公司在报告中发展的详细设计概念。图 6.36 展示了一种渗透性布局，图 6.37 和 6.38 阐明的是城市肌理和河流临水面之间"积极关系"的建议。此外，建议中还特别强调了一种与平行河流临水面成正交关系的城市建设形式，以及相应具有适宜尺度的建筑式样。对于接近临水面的基地首层，建议用作公共混合用途，以激发活动。图 6.40 与图 6.41 展示了一些建议中有景观质量的特征："好的种植设计应该用来表现形式主义的功能并加强边界，尤其是在城市条件下，以及道路邻近河流的地方……强烈的景观处理手法，建议用在建筑混乱及视线分裂的地方以建立连续与协调。巴黎的塞纳河以及里昂（Lyon）的罗讷河（Rhône），就是两个以树木的形式化栽植提供适宜质量城市景观的实例。"[20] 而如图 6.39 所示的屏障种植（Barrier Planting），依据设计团队的建议，应该在大多数选址中避免。

优化机会点
开环与编号
1. 汉普顿公园
（Hampton Court Park）
2. 金斯顿桥南
（South of Kingston Bridge）
3. 汉姆兰（Ham Lands）
4. 英国皇家植物园
（Kew Gardens）
5. 布伦特福德（Brentford）
6. 杜克草场（Duke's Meadow）
7. 莫特莱克区（Mortlake）
8. 康妮河道（Corney Reach）

9. 哈默史密斯（Hammersmith）
10. 榆树谷仓（Barn Elms）
11. 富勒姆宫花园
（Fulham Palace Gardens）
12. 普特尼桥东
（East side Putney Bridge）
13. 石像鬼码头
（Gargoyle Wharf Site）
14. 富勒姆宫（Fulham）
15. 旺兹沃思（Wandsworth）
16. 九榆树区（Nine Elms）
17. 泰特美术馆（Tate Gallery）
18. 阿尔伯特路堤

（Albert Embankment）
19. 南岸中心
（South Bank Centre）
20. 圣保罗前广场
（St Paul's frontage）
21. 泰晤士河畔（Bankside）
22. 塔桥西（Westside Tower Bridge）
23. 沃平（Wapping）
24. 西码头（Westferry）
25. 米尔沃尔（Millwall）
26. 德特福德溪（Deptford Creek）

图 6.35 奥雅纳公司的泰晤士河战略
[图 6.35– 图 6.47 出自 M. 洛（M. Lowe），"泰晤士河战略"，《城市设计》第 55 期，1995 年 7 月]

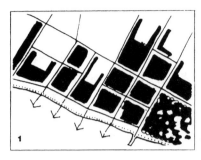
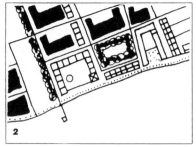

图 6.36 渗透布局（左）
图 6.37 创建与河流的积极关系（右）

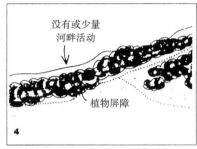

没有或少量河畔活动

植物屏障

图 6.38 强化河流边缘的形式（左）
图 6.39 屏障种植（右）

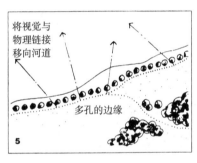
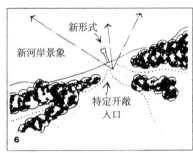

将视觉与物理链接移向河道

多孔的边缘

新形式

新河岸景象

特定开敞入口

图 6.40 多孔式边界（左）
图 6.41 活动地点（右）

实体女儿墙或牢固的围栏

砌石或相似材料的斜水岸

图 6.42 城市区域的石工墙（左）
图 6.43 碎石（Battered masonry）水边界（右）

　　图 6.42– 图 6.44 展示了建议中用以延伸河道的边界处理手法。研究中给出几种不同的河道边界处理手法，包括：一种城市地段的砖石边界、泰晤士河上段的碎石墙（Battered masonry wall），以及城郊区域更为自然的处理手法。水体边界的处理手法，还和河流沿岸交通类型所引发的需求相关。步行交通的需求和自行车或摩托车交通的需求截然不同，

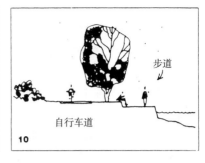

图 6.44 自然边界处理手法（左）

图 6.45 自行车和步行路线的安排（右）

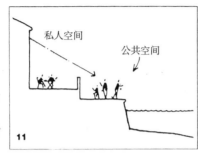
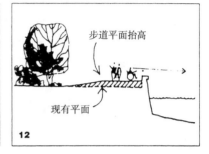

图 6.46 公共与私有空间的分隔（左）

图 6.47 为观景而抬高的散步道（右）

这些不同形式交通之间的关系，以及邻近的土地利用可能还有一些潜在矛盾，这时可以用"敏感河岸处理手法"（sensitive riverside treatment）来一并解决（图 6.45– 图 6.47）。

## 结　论

奥雅纳公司的研究，以一种实践的方式，将本章前面概括的几个理论化概念整合了起来。战略性文脉在城市设计领域极为重要：它设定了详细开发建议的参数，例如组成城市及其片区的街道与广场。水是城市设计的元素之一：它具有很多功能，并且也可以具有很多特定形式。对城市规划和设计中水的可能性，尤其是水在街道与广场中运用潜能的理解，都是基于对一系列通用形式的分析，包括可以采用的形式，以及在任何给定条件下选定形式是否适合并满足相应的功能及审美需求。

## 注释与文献

1　J.C. 芒福汀（Moughtin, J.C.）、T. 厄奇（Oc, T.）与 S.A. 帝斯德尔（Tiesdell, S. A.），《城市设计：美化与装饰》（*Urban Design: Ornament and Decoration*），巴特沃斯·海涅曼出版公司（Butterworth–Heinemann），牛津，1995 年。

2　A. 别茨基（Betsky, A.），"带我去水边：投身建筑中水元素的历史"（"Take Me to the Water: Dipping in the History of Water in Architecture"），《建筑设计》（*Architectural Design*），第 65 卷，1/2 号，1995 年 1–2 月，第 9–15 页。

3 "创世纪"("The Book of Genesis"),《圣经》(*The Holy Bible*,译自拉丁文本),伯恩斯与奥茨出版公司(Burns and Oats Ltd),伦敦,1963 年。

4 J.C. 芒福汀,《城市设计:绿色尺度》(*Urban Design: Green Dimensions*,中国建筑工业出版社版为《绿色尺度》),巴特沃斯 – 海涅曼出版社,牛津,1996 年。

5 联合国(United Nations),《全球环境展望》(*The Global Environmental Outlook*),联合国,2002 年。

6 N. 福尔克(Falk, N.),"英国滨水区开发"("UK Waterside Development"),《城市设计》(*Urban Design*),第 55 卷,1995 年 7 月,第 19–23 页。

7 A. 索伯恩(Thorburn, A.),"滨水休闲"("Leisure on the Waterfront"),《规划师》(*The Planner*),第 73 卷,13 号,1990 年,第 18–19 页。

8 同上。

9 黑乡开发公司(Black Country Development Corporation),"之前与之后"("Before and After"),奥尔德伯里(Oldbury),西米德兰兹郡(West Midlands),黑乡开发公司未注明日期的报告。

10 M.A. 豪斯等(House, M.A. et al.),"城市河流:生态影响和管理"("Urban rivers: ecological impact and management"),《城市滨水重建:问题与预期》[*Urban Waterside Regeneration: Problems and Prospects*,K.N. 怀特等(K.N. White et al.)编 ],埃利斯霍伍德出版公司(Ellis Horwood Ltd),奇切斯特(Chichester),1993 年,第 312 页。

11 同上,第 317 页。

12 J. 欧文(Owen, J.),"水边:建筑与水之间"("The Water's Edge: The Space Between Buildings and Water"),《城市滨水重建:问题与预期》,同上。

13 T. 夏普(Sharp, T.),《村庄解剖》(*The Anatomy of the Village*),企鹅出版社(Penguin),哈蒙兹沃思,1946 年。

14 I. 本特利等(Bentley, I. et al.),《建筑环境共鸣设计》(*Responsive Environments*),巴特沃斯 – 海涅曼出版社,牛津,1985 年。

15 M.A. 豪斯等,引文同前。

16 A. 索伯恩,引文同前。

17 同上。

18 K. 林奇(Lynch, K.),《城市意象》(*The Image of the City*),麻省理工学院出版社(MIT Press),剑桥,马萨诸塞州,1972 年。

19 M. 勒韦(Lowe, M.),"泰晤士河战略"("The Thames Strategy"),《城市设计》(*Urban Design*),第 55 卷,1995 年 7 月,第 24–29 页。

20 同上。

# 第 7 章　可持续的城市形态

## 引　言

这一章将会概述影响城市形态的可持续发展理论，特别是其与城市片区要素——街道与广场设计的关系。这应该与《绿色尺度》一起阅读，这本书对可持续发展的讨论更加充分。[1] 本章专注于可持续交通的概念，将研究实施这类交通系统将会如何影响城市的街道与广场。一座不由汽车支配，主要交通为公共交通、步行或自行车的城市，会为城市公共空间的设计打开一个全新的前景。这一章最后的部分将集中讨论有轨电车或轻轨的建筑环境，以研究几个城镇旧案例开始，在这些案例中，有轨电车是城市基础设施的重要部分。最后的最后，将综述并讨论更为新近的英国及欧洲其他地区的开发建设，有轨电车是这些地区改造后的交通网络核心。本章的这一部分也将包括一个案例研究，即诺丁汉的一个城市轻轨网络建议方案。

> 在自然资源衰退、臭氧层损耗、污染加剧、温室效应令人忧心忡忡的时代，
> 任何不解决环境问题的公共空间设计讨论都几乎没有意义。

该陈述载于 1996 年出版的《绿色尺度》一书。[2] 如今它依然适用，尽管隆堡（Lomborg）在他发人深省的书著《持疑的环保论者》[3] 中表达了相关争论。大多数环境科学领域有声望的科学家，都已驳斥隆堡对全球环境状态近乎自满的乐观 [ 例如，2002 年 1 月的《科学美国人》（*Scientific American*）[4]]。然而尽管如此，隆堡有关"人类福利所需的全球环境总体是改善"的评估，却已经鼓励了那些提倡"全人环境自由"论调的人，尤其鼓励了美国政治右派。幸运的是，在英国乃至欧洲，可持续发展和环境保护似乎依然是城市规划的目标。福克纳勋爵（Lord Faulkner）对一些关于绿皮书《规划：传承一种根本性的改变》（*Planning: Delivering a Fundamental Change*）批判的回应中承诺，在未来的规划改革中将增加可持续发展性目标的比重。[5] 该目标倡导将"预防为主"的准则作为环境设计的指导：这项准则是可持续发展的基础，倡导谨慎使用环境资源的方法。除非科学

团体对其研究发现给予证实，否则，就建议谨慎提出发展战略，尽最大可能减小对脆弱地球环境的压力。

为什么我们应该追求可持续发展政策？为什么设计可持续的城市结构是重要的？如果有，是什么样的城市设计方法，能够有助于改善全球环境？令人信服的答案，需要说服主要关注利润率的跨国公司及其他全球能源经纪人去严肃地考虑地球环境问题；答案也是重要的，如果国家和地方行政追求全球环境的可持续发展政策，即便有时候会与担心可能因此带来经济损失的投资利益集团相对立。建成环境的结构和建设，在限制对我们赖以生存的脆弱星球造成伤害中都具有至关重要的作用，包括城市建设中使用和消耗的稀有资源，例如土地、建筑材料、能源等，连同废弃物及其副产品污染的控制和管理。虽然建成环境与国际政治协议、例如试图制定全世界行动议程的《京都条约》（*Kyoto Accord*）的需要相比较时，显得无关紧要，但这些本地建成环境对全球环境的影响实则难以忽视。

## 环境问题的本质和程度

讨论人类面临的环境问题时需要谨慎。在评估全球或区域条件的未来时有太多的不确定性，无论是对于人口、气候变化、能源、生物多样性或者是污染的预测。这种谨慎的态度，确是与自然科学家在他们的专业领域发表研究报告时一致：也是《绿色尺度》[6]所秉持的态度。《增长的极限》（*The Limits to Growth*）的作者，以及其他追随类似道路的人将绿色运动的目标推进了多少，是一个需要考虑的问题。[7]《增长的极限》试图划分资源的损耗，并试图警告指数增长的危险将导致适宜人类生存的全球环境的终极毁坏，尽管存在争议。这被批判为夸大环境毁坏的事实，且被认为是给予隆堡和其他与他一样持有过分乐观观点的人们有关"我们现在的世界是所有可能存在的世界中最好的"，以及它还在日益见好的说法以凭证。[8]

那些预测人口快速增长引发广泛饥荒的人，经常夸大其词。然而，依据邦加茨（Bongaarts）的说法，隆堡声称"这个星球上的人口数字不是问题"的说法是完全错误的。[9]影响环境退化的一个重要主导因素，就是人口。全球人口增长率在最近几年也许是有所减缓，但依据最近一个世纪几十年的监测，确实是在绝对持续的高增长，最近几年的减缓，只是因为人口基数在不断扩大。1960年的世界人口是30亿：现在已经达到60亿并有望在2050年达到100亿。然而，这些全球数据掩盖了人口统计前所未有的变化细节，这些细节对于这些数据可能对环境产生的影响而言非常重要。非洲、亚洲和拉丁美洲那些世界上最贫穷国家的人口和年轻人口快速增长，与此同时欧洲、北美洲及日本等富裕国家的人口零增长，在一些情况下甚至是负增长。总体而言，人们的寿命更长，身体也更加健康；妇女选择孕育更少的子女，越来越多的人口移居城市，或是踏出国门，寻求更好的生活。在欧洲，包括英国在内（依据一些评论员文章），我们处在需要接受更为年轻人口以维持在役人员数的"接收端"，进而以此控制老龄人口。这个国家的城市将会看到无论合法与否的大量移民流入。

养活这些大部分分布在世界最贫困国家当中的额外人口的需求，将会是一个巨大的挑战：“农业学家的能力能否应付这一挑战仍然难以确定”，邦加茨相信，“技术乐观主义者声称粮食产量在接下来的几十年里将会持续提高的说法可能是正确的。”这种农业扩张将会是昂贵的，一些扩张将可能发生在贫瘠的土地上，选址于灌溉条件不理想的区域，而不是现有农场化的土地。水越来越短缺，而需求却在增长，因此，增加粮食产量的环境代价，将极其严重。“为人口增长提供改善饮食的大规模农业扩张，可能导致更多森林被砍伐、物种消失、水土流失、农场化加剧的农药和化肥径流污染，以及新土地被迫投入生产。”[10] 像英国这样，限制城市侵占农业用地以保持其粮食生产潜力的作法，似乎是明智之举。这种想法将会支持紧凑城市（Compact City）的理念，无论在何地，只要可行就实施“棕色地块”的再利用。

全球环境问题，包括温室效应，与我们用于维持我们文明的能源丰度紧密相关：大多数大气污染，都来自支撑城市生活能源的化石燃料燃烧。这些能源用于城市结构的建造（能源资本），并贯穿该结构的生命周期；此外还用于城市内及城市间人与货物的运输（能源收益）。因而，城市设计采用的方法对自然环境有巨大影响。很少有严肃的环境科学家相信我们正在耗尽维持我们文明的能源。“能源问题”——确实存在的能源问题——“并不是任何全球意义上资源消耗的首要事宜，环境影响和社会政治风险——以及，潜在的、在环境和社会政治危害足够内在化和确保被反对时，为能源花钱投资的风险才是症结。”[11] 石油是用途最多也是最有价值的常规燃料，满足我们长期所有的城市建造能源需求；且现如今它仍然是世界能源的最大贡献者，几乎是所有交通的能源。然而，大多数可开采的石油似乎都在中东，世界上政治不稳定的那个部分；而其他可开采石油又大多位于海上，以及其他困难或环境脆弱的地区。核能，目前占全球能源供应的 6%，却有长期的污染和废料存储问题，此外，还有其他很多问题。增殖反应堆产生能用于武器制造的大量钚元素：这可能是阻止这项技术运用的一个严重安全问题。石油与核能的问题，让城市设计师面临挑战，去探寻可以更少地依赖这些常规能源而持续存在的城市结构。

几乎每个星期我们都从新闻里看到，我们正面临气候变化，并且情况只在变得越来越糟。然而，科学家却相对更加小心谨慎。在对隆堡的反驳中，施耐德（Schneider）强调了围绕“气候变化”这个争论不休问题的不确定性。他说：“不确定性浸染了气候变化问题，要划分出‘尚可’或是‘灾难性’的结果几乎是无稽之谈。”到 2100 年，气温可能会上升 1.4 摄氏度甚或是 5.8 摄氏度，第一个温度意味着相对可以接受的变化；而第二个温度则将引发极具破坏性的变化。施耐德继续说道：“正是由于负责任的科学界不能高度自信地划分出这个灾难性的后果，才严肃地提出了气候减缓政策。”[12]

## 可持续发展

解决全球环境问题，意味着采用导向可持续发展的政策和程序，这在英国，尤其是在欧洲似乎已得到广泛的认可。一个普遍接受的可持续发展定义，出自《布伦特兰报告》（Brundtland Report）：“可持续发展是满足当代人的需求，并不削弱未来的后代满足他们自身需求的能力。"[13] 建立在布伦特兰的理念之上，埃尔金（Elkin）提出了可持续发展的四项原则：未来（futurity）、环境（environment）、公平（equity）及参与（participation）。[14] 第一项原则"未来"，被看作是维持最小环境资本，这包括地球主要的环境支持系统，以及维护更多的常规可再生资源，例如森林。第二项原则涉及环境消耗，所有活动的真实消耗，无论是否发生在市场内，都应该通过规范以及/或者是基于市场激励的专门发展来偿付：环境消耗不应该递延给未来的后代来偿付。第三项原则是世代内及世代间的公平，这也是其他许多关于可持续发展著述中所倡导的。第四也是最后一项埃尔金的原则，是"参与"，他解释道："没有民主参与的经济发展带来的问题，已经发生了一遍又一遍。除非个体间可以真正地在发展过程中分享决策制定，否则失败是必然。"[15]

## 城市设计与可持续发展

在可持续发展的机制中，城市设计框架的目标，将会分别强调自然环境和建成环境两个方面的保护。首先，在使建成区成为更有吸引力的生活和工作场所的同时，需对其进行更加有效的利用。可持续的城市设计原则，会将建筑物、基础设施，以及道路的适应及再利用，还有相关材料和部件的回收再利用置于优先位置，此外，也会有一个有助于保护的推定：开发证明的责任将直接落在开发者肩上。最近相当成功的保护区概念，可以直接运用于较少值得注意的城市地区，而与此同时整座城市可以像巴塞罗那那样，受益于基于区位及历史遗产内在优点的更新改造。其次，可持续发展鼓励保护自然资源、野生动植物和景观。最后，在必要的新开发区，开发模式和建设应将不可再生能源的使用降到最低，包括不同活动之间交通能源消耗，以及建筑物营运的能源消耗。符合可持续性要求的新建，必须施行弹性规划，以保证在其可使用寿命之外还可以用作其他用途。服务于未来城市系统的交通系统，将不仅是服务于经济发展，也将保护环境并支持未来的生活品质。这样的交通系统，将给予公共交通、自行车和步行以优先，并减少对私家车的依赖。

这些可持续发展的要求，反映了当前的城市设计议程。在片区、城市及区域等规模尺度上良好城市设计原则的运用，都支持了可持续发展的概念，尽管城市设计领域的行动还不够充分。显然，国家及国际政治领域的行动，以及经济发展，对实现长期的可持续定居点至关重要。而本书的焦点，是构成良好城市设计的要素，尤其是后现代城市设计理论的各种概念如何影响了街道与广场的设计。因而，本章的剩余部分，将聚焦于可持续发展框架内的街道与广场设计。《迈向城市的复兴》（*Towards an Urban Renaissance*）详尽地综述了当前的城市设计思潮。[16] 下面的段落主要归功于其摘录。

可持续的城市，或更准确地说，一座接近可持续形态的城市是一种紧凑而灵活的结构，其各部分之间以及各部分与整座城市之间紧密相连，其公共空间之间也清晰铰接。将遍布城市的各个不同片区连接起来的公共领域，同时也将众多的个人家庭，与工作场所、学校、社会机构及娱乐场所等连接起来。图 7.1 展示了紧凑城市的一种可能的结构，图 7.2 展示了结构间的连接。罗杰斯勋爵（Lord Rogers）的特遣组这样描述紧凑城市："城

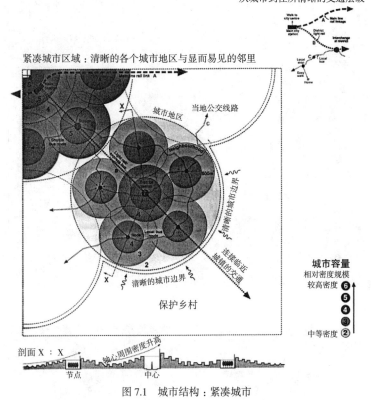

紧凑城市区域：清晰的各个城市地区与显而易见的邻里

图 7.1　城市结构：紧凑城市

市区域依照同心密度群而组织起来，较高的密度围绕着交通节点（轨道、公交及地下站点），而在连接较少的区域，密度则较低。这种紧凑布局的效果，为的是建立包含城市扩张和减少小汽车使用的清晰城市边界。"[17]

　　可持续的城市形态，密度需要比当前英国郊区建设的 20–30 户 / 公顷高很多。开发密度在 70–100 户 / 公顷的区域，会使用明显更少的土地，从而缩减家庭和地方交通枢纽之间的距离。例如，一块土地上的一个拥有约 7500 人，密度为 70 户 / 公顷的邻里，到达中心的最远距离刚刚过 500 米，一个合理的步行距离。7500 人的社区，将足够支持其中心活动的活力（图 7.3）。集聚这样的邻里，正如图 7.3 所示，将会支持一个更大和更有活力的一系列公共设施，并进而确保更广泛的公交服务。

　　同样的人口密度可以通过很多完全不同的建筑形式来表达。住宅可以是布置在基地中间的一栋高层，也可以是排成几行相互平行的两层排屋，或围绕基地周边布置的四层房屋（图 7.4）。这种周边开发式样在很多欧洲城市中都有（图 7.5 – 图 7.7），也是在英国文脉的一些新开发中已经证明有效的一个模型。

　　并没有原因可以支持为什么一座城市的密度应该一致。例如，有一种支持提高重要交通换乘点附近区域密度的声音。这种活动节点（activity node）能够支持更高的人口密度与多种土地用途的混合，由此它就变成了城市场景中的强度金字塔。这个混合使用而非城市

194

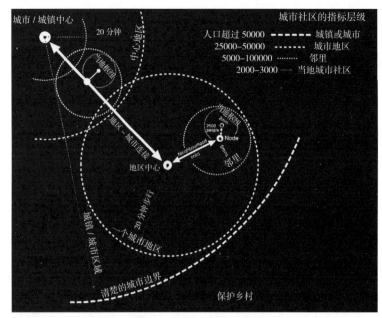

图 7.2　紧凑城市里的循环

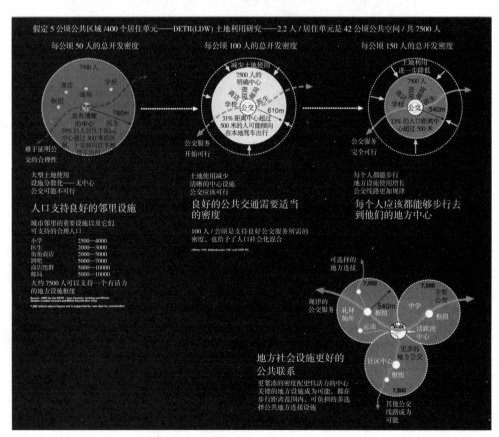

图 7.3　土地需求：7500 人和 22500 人的社区

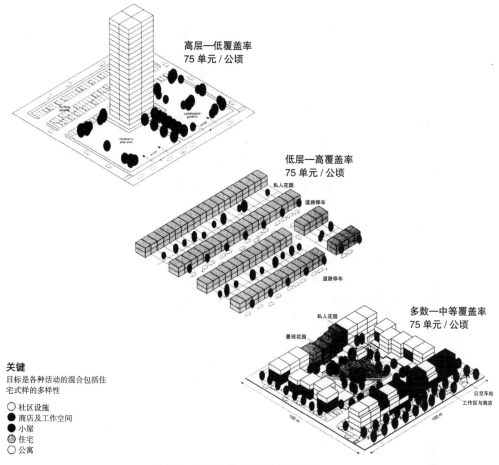

高层—低覆盖率
75 单元 / 公顷

低层—高覆盖率
75 单元 / 公顷

私人花园

道路停车

道路停车

多数—中等覆盖率
75 单元 / 公顷

私人花园

景观花园

公交车站

工作区与商店

**关键**
目标是各种活动的混合包括住
宅式样的多样性

○ 社区设施
● 商店及工作空间
● 小屋
◐ 住宅
○ 公寓

图 7.4　密度与城市形态之间的关系

图 7.5、图 7.6　周边式开发：阿姆斯特丹，布鲁格大街的
重建（Her Bragstraat），德·克勒克设计

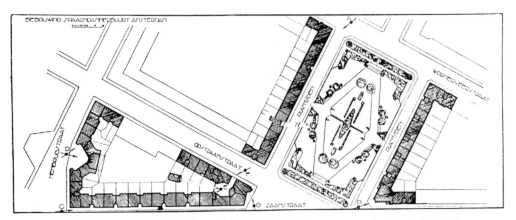

图 7.7　周边式开发：阿姆斯特丹，布鲁格大街的重建（Her Bragstroat），德·克勒克设计

里大片土地完全用于单一用途的理念是一个建议，和很多书里所写的可持续发展及城市设计的建议相同。"城市生活的主要吸引力是与工作、购物及基本社交、教育以及休闲等用途的接近度。无论我们谈论的是同一个邻里、一条街道或城市街坊的混合用途，还是一栋建筑物里的垂直混合，良好的城市设计都应该鼓励使更多人常态化的生活需求更临近相关服务。"[18] 很多活动都可以相互毗邻：大多数商业和城市服务都可以和谐地存活于居住区。当然，也有些例外：有害的工业，以及那些引发大交通量及噪音的产业，需要谨慎选址。尽管，这些邻里中土地混合使用的重要例外，或也有助于创造并维持一种自身可持续的城市社区。自身可持续或自治邻里，会进一步要求收入广泛的家庭的人口去占有混合土地使用权的财产。这种混合收入邻里能够支持有活力的各种邻里设施，并且有可能通过采购本地货物及服务，实现邻里内的支出循环利用。如果一个邻里的住房类型多样且土地混合使用，那么该社区的稳定性也会增加。住房类型和土地使用权的混合，也为那些因需求有所改变而需变更房产的家庭提供了更多的灵活性，而不需要迁出邻里。

　　如前所述，本书的主题是街道与广场的设计。街道与广场都是公共领域的重要元素：每条街道和每座广场都有其自身的特质和设计要求。然而，作为连接公共领域的因子，它们会呈现出更多的重要意义，事实上就像卡米洛·西特在他对欧洲中世纪城镇研究中记述的那样。[19] 一座有综合交通系统的城市，服务于大多数人口的有轨电车、轻轨、地铁或公交，能够在交通系统的各个间隙里开发建设；这是一个为步行用途设计的公共空间并联网络，通过一系列街道、广场和绿色走廊，将家庭与城市中心与乡村连接起来。[20]

　　城市内的轨道交通始于 19 世纪。例如，在大部分伦敦范围外最为全面的地方轨道交通网络建于 19 世纪 50 年代的默西赛德（Merseyside）。1886 年，默西河铁路（Mersey Railway）开通，提供了水下客运服务，从利物浦的詹姆斯大街站（James Street Station）到伯肯黑德（Birkenhead）的绿径（Green Lane）。这条线路后来延伸到威勒尔半岛（Wirral）的其他区域，包括从詹姆斯大街站到中心站，并继而与国家轨道路网相连。1890 年，峰值时期的默西河铁路，运载量达一千万乘客。1903 年，该线路实现电气化，成为世界上第一条电气化铁路——比伦敦还早。后来的电气化计划，建造了从换乘站连通绍斯波特、

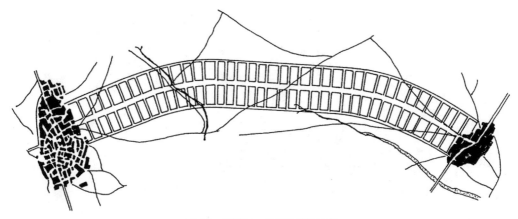

图 7.8　索里亚·马塔的带状城市

安特里（Aintree）及奥姆斯柯克（Ormskirk）的线路。整个网络于 1974 年完成，连接了四个主要城市车站。[21]

有轨电车及公交网络，是郊区轨道系统的补充，例如利物浦的体系和伦敦范围更广的轨道及地下系统。电车轨道是一种有效且环境友好的方式，将很多人运送到城市各处。电车悠久的历史可以追溯到 19 世纪末期。一个广为人知的例子，是由索里亚·马塔（Soriay Mata）规划，服务于马德里带状郊区的电车线路（图 7.8）。索里亚·马塔的带状郊区沿着城市的两条主要放射线分布。与其他的城市开发建议，例如加尼叶工业城市（*Cite Industrielle*）的规划不同，马德里的项目得到了实际的实施，并由设计师家族来运营，直到 20 世纪 30 年代。[22] 电车轨道的意图是环绕整个马德里，最初的设计是为了服务中产阶级的廉价住宅区域。开发的主要特点，是两侧有行道树的林荫大道，沿线行驶一种私有的"有轨电车"（Street Car）。"有轨电车"将带状布置的住宅地块，与通往城市中心的放射状交通路线连接起来。

英国的第一代有轨电车，淘汰于第二次世界大战之后：例如，利物浦"最后的有轨电车"，淘汰于 20 世纪 50 年代中期。然而，这些第一代有轨电车是一种温馨的回忆，有些还在继续作为公共服务运行，虽然主要是为了吸引游客，就像在布莱克浦那样。在欧洲大陆的一些城市，例如布拉格和里斯本，以及美国的旧金山，有轨电车从 19 世纪的早期一直存活至今（图 7.9）。

法国是一个在为中等规模城市开发快速交通系统方面有极多经验的国家。英国在城市规划的这个领域向法国学习了很多。法国的快速交通系统规划始于 20 世纪 70 年代。城市人口的增长和城市交通的拥堵，刺激了公共交通的兴起。在一些主要城市，例如马赛和里昂，地铁是城市拥堵的首选解决方案。后来，在 1975 年前后，法国政府开始着眼于比地铁便宜的系统，用于中等规模城市。结果是新一代的电车轨道：1985 年首次在南特（Nantes）开通，随后于 1987 年在格勒诺布尔（Grenoble）开通；其余的在 20 世纪 90 年代相继开通。正是文雅而又时髦的法国电车轨道系统，影响了英国很多城市的相关建设，例如曼彻斯特、设菲尔德以及诺丁汉快速交通系统（Express Transit System，图 7.10）。[23]

图 7.9  有轨电车，里斯本，葡萄牙

在曼彻斯特，两条主线车站，维多利亚站（Victoria）和皮卡迪利站（Piccadilly）彼此互不相连。曾有很多连接这两座车站的方案建议，而最后实施的是一条轻轨搭载电车。这条连接线成了从城市中心放射出去的六条路线系统的一部分，总体线网长度约 100 公里。最初阶段的建设可追溯至 20 世纪 90 年代早期，包含了一段利用既有英国铁路线作为通往贝里（Bury）和奥尔特灵厄姆（Altrincham）的线路。此外，它还包括了城市中心重要的街道部分。在这之后通往索尔福德码头（Salford Quays）的路线，因其助于开发的潜力而尤其引起了城市设计师的兴趣。局部有地铁服务的索尔福德码头区域，为整个周边区域提供了土地混合利用开发的机会，包括广场、街道、知名建筑等设施，都可以围绕着一个相互连接的流域系统布置：由此便形成了最高环境品质的可持续发展（图 7.11– 图 7.13）。

图 7.10  地铁，曼彻斯特

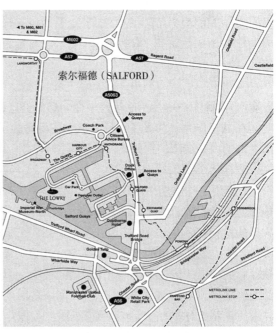

图 7.11  索尔福德码头平面图

图 7.12　滨水开发，索
尔福德码头

图 7.13　劳里中心，索
尔福德

## 诺丁汉的快速交通

这个案例研究的主要关注点，是诺丁汉广场及街道上的有轨电车及其基础设施的视觉印象。这只是系统设计中环境分析的一部分。

诺丁汉快速交通（Nottingham Express Transit，NET）系统的设计，为的是满足大诺丁汉未来可能增长的公共交通需求。第一条 NET 线路正在建设当中（1999 年），它是将有轨电车和公交线路与公共交通服务及国家铁路网络相连接的综合交通系统的一部分。NET 的第一条线路于 2003 年 11 月竣工，届时将有 15 列有轨电车投入使用。图 7.14 是 NET 1 号线正在建设时的位置，图 7.15 是建议中这条线路建成后的位置。

图 7.14　诺丁汉，NET 1 号线，中心区域

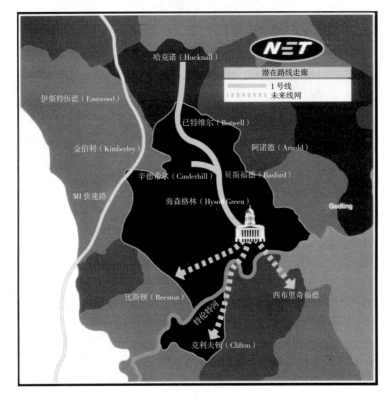

图 7.15　诺丁汉，NET 的扩展

投资诺丁汉快速交通的主要原因，是城市道路中不断增加的小汽车使用。城市道路 <sup>201</sup>每年都会更加拥堵。人们认为，这种拥堵最终将扼杀城市充满活力的经济，使其无法进一步增长。诺丁汉道路上拥堵的车辆也造成了污染，不仅有损人们的健康，还会对诺丁汉的环境有所危害。提供融入城市生活的一流的公共交通服务与其他形式的交通，包括自行车及步行，通过减少道路上的车辆数量而一举两得地解决拥堵和污染问题。这也给民众提供了选择多种交通的机会，而不再是压倒性地依赖私家车辆。

通过在英国以及欧洲大陆其他地方接驳新型有轨电车系统，许多城市区域的经济得以复苏。这也是影响诺丁汉 1 号线项目决策时的一个重要因素，诺丁汉的 1 号线始于哈克诺尔（Hucknall），经布尔韦尔（Bulwell）、巴斯福德（Baseford）和海森格林（Hyson Green）抵达市中心，它还有一个连接 M1 高速公路分支。这些都是城市里的一些最为破败的区域，包括以前的煤田：它们应可以从新的业态以及人们应该重回靠近新型公交服务区域而获益。因而，除了预估会每年减少 200 万辆次的小汽车出行 <sup>202</sup>外，NET 1 号线还应当能够因其与城市经济的强劲增长有了更好的连接而振兴破败的地方经济。[24] 它也将把活力带回公共领域，其通过的地方，将意味着更有活力的街道与广场。

这个项目本是环境鉴定程序（Environmental Assessment Process）的一个课题，这项技术在《方法与技术》（*Urban Design: Method and Technique*）中得到了更全面的阐述。[25] 环境鉴定是一项评估重要项目环境影响的程序，其基本评估内容包括对项目特质的分析以及项目对现有环境可能产生的影响。

然而，有轨电车对诺丁汉街道与广场的完整视觉影响，只有在快速交通布置完善 <sup>203</sup>并运行后才能判断。图 7.16a/b 是关于诺丁汉 1 号线不同运行段对环境预期影响的一个概要：它表明，在"视觉侵入/景观"的标题下，在线上七个运行段中的四个，有轨电车系统会有适当的积极影响；一个运行段的好处和缺点相互抵消，两个运行段有环 <sup>205</sup>境方面的缺点。例如，在巴斯福德，更换的人行天桥造成使人担忧的视觉品质，而在布尔韦尔，关注的是自然保护以及大量靠近轨道家庭的舒适性缺失。在这两个案例中，都建议采取额外的措施以缓解相关不良影响，例如额外的安全措施以防止破坏行为，以及植树作为保护屏障。[26] 超越环境鉴定的乏味陈述，需要想象力的飞越，以及重新获得这种昂贵却必须执行项目背后的愿景所带来的兴奋。有关有轨电车对曼彻斯特、设菲尔德或是其他有轨电车正在运行的城市的影响的研究，也许是获得相关结果的最好方式（图 7.17–图 7.20）。

毋庸置疑，在城市中心的街道上引入新型的交通模式，定将改变诺丁汉的外貌。这并不是对城市景象的细微调整。例如，这样一种车辆出现在市集广场，或可将活力直接带入城市心脏。如果它复制了法国的类似开发，那将只会改善城市意象。有轨电车作为基础设施建设的一部分，将会衍生如人行道、新路面材料、一些为自行车和步行者而设的大胆街道设备设施等全新的道路景观。

有轨电车是解决城市交通问题的文雅方案：其尺度与规模与街道景象匹配。现代有 <sup>207</sup>有轨电车的地方，城镇景观就会受到积极影响，且通常与欧洲式的咖啡文化关系紧密。

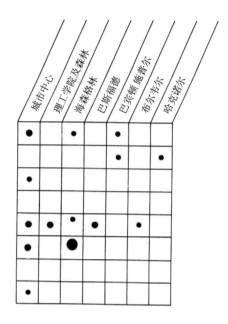

（a）

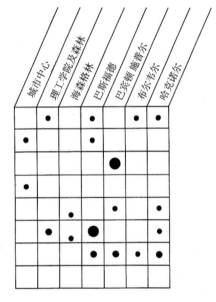

（b）

图 7.16　诺丁汉，NET 的环境影响

有轨电车将在很多城市的街道和广场上，取代破坏城镇景观"四处散落"停放的车辆。结果是友好的人行道和免于污染的环境，以及更好地欣赏装饰我们城市的街道与广场。快速交通系统的布置，作为更广泛和综合的公共交通网络的一部分，是迈向环境品质更加可持续城市的一步。

图 7.17　有轨电车，克赖斯特彻奇，新西兰

图 7.18　有轨电车博物馆，德比郡

图 7.19　阿姆斯特丹的有轨电车

图 7.20　阿姆斯特丹的有轨电车

## 注释与文献

1　J.C. 芒福汀（Moughtin, J.C.），《城市设计：绿色尺度》（*Urban Design: Green Dimensions*），建筑出版社，牛津，1996 年。

2　同上。

3　B. 隆堡（Lomberg, B.），《持疑的环保论者》（*The Skeptical Environmentalist*），剑桥大学出版社，剑桥，2001 年。

4　"科学面对持疑的环保论者为自身辩护"（"Science Defends itself Against the Skeptical Environmentalist"），《科学美国人》（*Scientific American*），2002 年 2 月。

5　交通部（Department of Transport），地方及区域政府（Local Government and the Regions），《规划绿皮书——规划，传递一种传递根本改变》（*Planning Green Paper, Planning: Delivering a Fundamental Change*），DTLR，2002 年；另见《规划》（*Planning*），2002 年 3 月 22 号。

6　J.C. 芒福汀，引文同前。

7　D.H. 梅多斯等（Meadows, D.H. et al.），《超越极限》（*Beyond the Limits*），地球瞭望出版社（Earthscan），伦敦，1992 年。

8　见伏尔泰（Voltaire），《老实人或乐观主义》[*Candide or Optimism*，拉斐尔博士（Doctor Ralph）译者]，企鹅出版社，哈蒙兹沃思。

9　J. 邦加茨（Bongaarts, J.），"Population, ignoring its impact"（"被忽略的人口影响"），《科学美国人》，2002 年 2 月，第 65–67 页。

10 同上。

11 J.P. 霍尔德伦（Holdren, J.P.），"能源：错误的问题"（"Energy: asking the wrong question"），《科学美国人》，2002 年 2 月，第 63–65 页。

12 S. 施耐德（Schneider, S.），"全球变暖：被忽视的复杂性"（"Global warming: neglecting the complexities"），《科学美国人》，2002 年 2 月，第 60–62 页。

13 世界环境及发展委员会（World Commission on Environment and Development），《共同的未来：布伦特兰报告》（*Our Common Future: The Brundtland Report*），牛津大学出版社，牛津，1987 年。

14 T. 埃尔金等（Elkin, T. et al.），《城市振兴》（*Reviving the City*），地球之友（Friends of the Earth），伦敦，1991 年。

15 同上。

16 环境，交通与地方部门（Department of the Environment, Transport and the Regions），《迈向城市复兴：罗杰斯勋爵领导的滨水城市任务小组的最终报告》（*Towards an Urban Renaissance: Final Report of the Urban Task Force Chaired by Lord Rogers of Riverside*），DETR，伦敦，1999 年。

17 同上。

18 同上。

19 C. 西特（Sitte, C.），《城市建筑》（*Der Stadte-Bau*），卡尔·格雷泽尔出版公司（Carl Graeser and Co.），维也纳，1901 年。

20 D. 沃姆斯利（Walmsley, D.）与 K. 佩雷特（Perrett, K.），《快速交通对公共交通和城市发展的影响》（*The Effects of Rapid Transit on Public Transport and Urban Development*），HMSO，伦敦，1992 年。

21 P. 霍尔（Hall, P.）与 C. 哈斯 – 克劳（Hass–Klau, C.），《轨道能拯救城市吗》（*Can Rail Save the City?*），高尔出版公司（Gower），佛蒙特州（Vermont），1985 年。

22 D. 威本森（Wiebenson, D.），《托尼·加尼叶：工业城》（*Tony Garnier: The Cite Industrielle*），远景工作室（Studio Vista），伦敦，未标明日期。

23 诺丁汉城市议会（Nottingham City Council），《诺丁汉快速交通，建设倒计时》（*Nottingham Express Transit, Construction Countdown*），NCC，诺丁汉，2001 年。

24 莫特·麦克唐纳（Mott MacDonald），《大诺丁汉轻轨快速交通项目，支持该法案的环境声明》（*Greater Nottingham Light Rapid Transit Project, Environmental Statement in Support of the Bill*），克里登（Croydon），1991 年。

25 J. C. 芒福汀，《方法与技巧》，建筑出版社，牛津，1999 年。

26 莫特·麦克唐纳，引文同前。

# 第8章 视觉分析

米格尔·默滕斯和克利夫·芒福汀

## 引 言

　　本章的主要目的，是要演示分析作为给定城市文脉中元素的街道与广场的形式、功能和重要性的程序。第二目标，是落实本书大多是从理论角度撰写的主要内容的实用意义。最后，本章将介绍城市设计调查技巧的理念。

　　这一章研究的案例是塔维拉（Tavira），葡萄牙阿尔加维（Algarve）的一座城镇，其历史核心区内有很多由狭窄传统街道连接起来的优美广场，四周围绕着一系列已命名的片区。本章的第一部分将分析塔维拉的历史和发展。这项研究对理解城镇及其地方特色很重要。对城镇历史的研究，也是建立保护政策的基础，是提升与地方传统相宜的发展理念的工具。

　　本章的第二部分将讨论城镇景观分析、渗透性（permeability）、土地利用，以及视觉分析，特别是塔维拉历史核心区的街道与广场。本章结论将说明如何用这种分析来为城市设计过程提供信息。

## 塔维拉及其区域

　　塔维拉行政辖区位于阿尔加维南部的海岸带上，区域首府法鲁（Faro）的东侧（图8.1）。塔维拉地区面积约占区域土地的12.2%，人口大约2.4万，约占区域人口的7.2%。这个人口数在夏天的几个月里将翻倍，因除了那些来自英国和欧洲其他地方的访客，还有葡萄牙其他地区游客的流入。正是这种人口的流入支撑了旅游产业，旅游产业是塔维拉的主要经济活动之一。

　　塔维拉镇位于整个地区的南部，赛夸河（River Sequa）横穿整座城镇，并在经过罗马桥（Roman Bridge）后成为吉劳河（River Gilâo），流入大海。塔维拉镇也位于主要道路和铁路线上，铁路横贯阿尔加维，连接瓜迪亚纳河（River Guadiana）上的圣安东尼奥雷阿尔城（Vila Real de Santo Antonio）、东边的西班牙边界，以及西边的拉古什

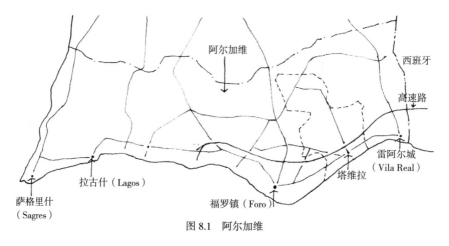

图 8.1　阿尔加维

（Lagos）和大西洋海岸。该区域与首都里斯本相连，可以通过高速公路去往西班牙，或通过位于法鲁的繁忙空港去往欧洲的其他国家和地区。在当地，塔维拉镇的影响延伸到了北部的山区，与圣布拉什－迪阿尔波特尔（São Brás de Alportel）和洛莱（Loulé）这样的城镇相互竞争。临近塔维拉镇有一组小型定居点，也在海岸区域，包括塔维拉的卢什（Luz de Tavira）、圣卢西亚（Santa Luzia）和卡巴纳斯（Cabanas）。图 8.2 是塔维拉的行政辖区。

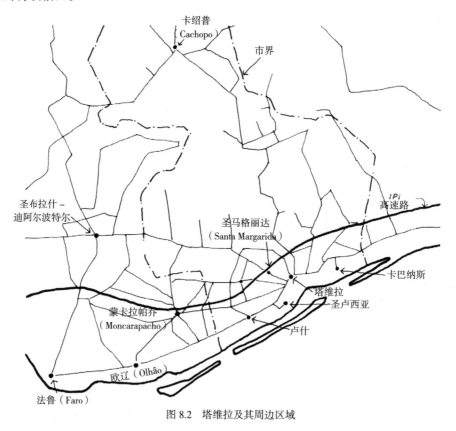

图 8.2　塔维拉及其周边区域

塔维拉在区域中的区位及其与交通网络的关系，蕴含着这座小城街道与广场的作用、功能和意义。图 8.3 是一份概要地图，展示了城镇的几个主要片区。大部分年月里，城镇服务于塔维拉居民及其郊区内陆人口的需求。一年中的八个月，塔维拉都是一座城市基础设施实施纯粹地方功能的小市镇。在热闹的旅游季，同样的基础设施，特别是街道与广场，则承担起完全不同的作用：成为众多游客的娱乐和休闲场所。塔维拉迄今为止都成功地结合了这两个功能，且没有失去其特质，也没有损失太多作为城镇主要魅力的环境品质。

　　发展的压力，源自两个方面，即快速扩张的旅游产业，以及阿尔加维东部以前所未有速率增长的欧盟成员资格创造的财富。这些压力体现在很多方面：汽车拥有量及道路拥堵的增长；当地人口从乡村向塔维拉及其郊区的移动；退休及度假家庭需求的增长；为游客而建的更多旅馆和其他住宿设施；以及诸如超市等与繁荣增长相关的建设需求。那些为塔维拉未来及其卫星定居点而设的规划，能够避免发生在例如西班牙的一些部分或者阿尔加维西边一些地方的、经常是伴随旅游发展而来的环境破坏吗？这么小但又有

图 8.3　塔维拉及其各个片区

吸引力的城镇，能够利用好其巨大的旅游潜力，而不破坏其非凡的适宜生活、工作或参

观的品质吗？这些都是对城镇未来负责任者所面临的难题。

## 塔维拉的发展

### 城镇的起源

　　塔维拉的起源和早期历史鲜为人知。一些作者曾提及该区域曾一度被希腊人、腓尼基人（Phoenecians）和迦太基人（Cartheginians）所占领。最近在塔维拉最古老部分的考古发掘，揭示了腓尼基人的遗迹，证实了塔维拉的古代起源。在圣卢西亚与塔维拉卢什之间的海岸，还发现了古罗马港口的遗迹，那里的古罗马道路连接了西班牙边境上临近瓜迪亚纳河的马林堡 [Castro Marim，即原巴苏里斯（Baesuris）] 和法鲁 [ 原奥索诺巴

（Ossonoba）]。古罗马人还建造了几座跨越阿尔马任（Almargem）和吉劳河（Gilâo）的桥梁。连接塔维拉吉劳河两边的桥，在当地被叫做罗马桥（Roman Bridge），虽然它现在的结构看上去像是出自更近的时期（图 8.4）。据说罗马人还曾占领了塔维拉的制高点，只是目前还没有考古学证据能证实这个假设。[1]

图 8.4　罗马桥

### 阿拉伯人占据了这座城镇

　　图 8.5 显示了阿拉伯人占据城镇可能的范围。大部分城市建设都在包含了两座清真寺的要塞城墙内。图 8.6 和图 8.7 展示的是保留下来的老城墙。港口和农场区域位于城墙外。在基督教再次征服葡萄牙期间，塔维拉解放于 1242 年。在接下来的和平时期，塔维拉利用其河上最低跨越点的重要区位，以及港口设施优势，开始扩张到墙外。港

口沿着滨水持续增长。此外围绕山丘也逐渐发展，河东岸的山上建造了圣弗朗西斯科修道院（Convent of Sâo Francisco）。同一发展阶段，防卫城墙也得到了相应的加固。这也证实了城镇的繁荣与不断增长的战略重要性。图 8.8 展示的是基督教再次征服此地之后的城镇范围。

图 8.5　阿拉伯人城镇

图 8.6　城镇的墙

## 14 世纪期间的塔维拉

　　塔维拉与北非紧密的贸易关系，以及与其他几个国家的商业联系，促使城镇发展壮大，尤其是在葡萄牙被称为"发现的世纪"（the Century of Discovery）的期间。这个伟大的发展世纪依然体现在城镇形态上。有几个片区的发展整合，例如里贝拉（Ribeira）、阿拉戈阿（Alagoa）、马弗罗（Malforo），以及圣弗朗西斯科（Sâo Fransisco）周围的高地。新片区例如圣拉萨罗（Sâo Lazaro）和圣布拉什（Sâo Bras），也是建于这个时期。塔维拉将一系列的城镇融合为一体（图 8.3）。每一座镇区都有自己的身份，并在一定程度上自给自足或是自治。该结构今天依然十分明显，虽然每个区自给自足的程度已降低不少。图 8.9 展示的是中世纪的塔维拉，是它商业活动的鼎盛时期。

图 8.7　城镇的墙

## 衰退与复兴

　　16 世纪，塔维拉失去了很多商业基础。港口衰退，很多贸易商转移到塞维利亚（Seville）。这是一个总体来说人口从城镇回流到乡村的衰退及停滞时期。图 8.10 展示的是这个时期的城镇，而直到 18 世纪中期商业才再次复兴。18 世纪的商业活动，完全关

图 8.8 基督教再征服
后的塔维拉

图 8.9 商业巅峰时期的塔维拉

图 8.10 16 世纪的塔维拉

系于沿阿尔加维的渔业和海岸贸易。1755 年的地震引发了巨大毁坏——尤其是里贝拉地区受影响最严重，医院的几个部分，圣弗朗西斯科修道院以及圣玛丽亚教堂都被摧毁。一座挂毯工厂的建立和盐业贸易的发展为地震后的经济复苏提供了动力。制盐工业现在依然是塔维拉经济的重要组成部分，也是其景观中的一大显著特征（图 8.11）。随着 18 世纪末期的经济复苏，新的城市区域得以开发，既有区域也得到了恢复和扩展。

图 8.11 盐田

215

19 世纪下半叶是另一个增长和发展期：城镇中心的核心区，因一座滨河花园和市政有盖市场的建设而改变。老的市场如今改造成为围绕着咖啡馆和小店铺的有顶盖公共广场（图 8.12- 图 8.13），经过城镇的河道砌上了石头挡土墙。这些舒适的滨河步道，如今依然是城镇中心的一大特征。塔维拉直接面朝河流这一赋予了城镇很多特质的重要视觉景观（图 8.14- 图 8.15）。

## 20 世纪的塔维拉

1904 年铁路的开通，开启了塔维拉另一个增长和扩张的时期。新建了一条从城镇西南的火车站通往城中心的大街，沿着这条大街，建设了新的居住区和一所小学，同时在进城通道上选址建造了几处新罐头厂。20 世纪的前 70 年，塔维拉得以扩张，建设了很

图 8.12 滨水公园

图 8.13 前市政市场

图 8.14 滨水

图 8.15 滨水

多与老城部分紧凑的街道与广场形式完全不同的低密度区。土地细分大多未经规划，分散的开发与老城的魅力核心之间几乎没有视觉关联。与此同时，历史核心区的一些部分，经历了拆迁和重建的过程，老城的几个部分也因此被拆毁，进而其特征和意象也被削弱了（图 8.16- 图 8.17）。

1981 年的塔维拉规划：城市化总规划（the Plano Geral de Urbanização，图 8.18）。这份规划试图控制并指导自主开发，并在可能的情况下，扭转一些最糟的影响（图 8.19）。不幸的是，这份规划于 1992 年才被正式批准，期间，城镇在没有任何环境影响方面的考虑下，不断扩大增长。1997 年，城镇边界被允许扩展到郊区。这是由两方面原因造成，一是周围乡村向城镇的人口流入，二是迫于满足在不断增长的商务和管理不可抗拒需求的压力下人口向城外的流动。

塔维拉定居点的传统模式，是围绕街道、广场、片区、公共建筑、雕塑及有品质的街道设施构建的。新的郊区却完全不同，这些新的开发不再被清楚地定义为自给自足的

图 8.16  20 世纪早期开发

图 8.17  传统街道上的现代立面

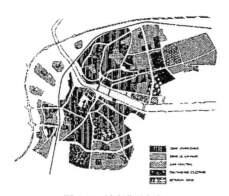

图 8.18　城市化总规划

图 8.19　城市衰败

图 8.20　已修复的建筑：现用作城镇的主要展廊

片区；而是一系列无组织的单一用途区域，几乎没有任何城市设计品质。它们不是为步行者而建，而是主要服务于小汽车，且现已成为历史核心区交通和停车问题的主要原因。

　　20 世纪晚期塔维拉的开发，模仿了欧洲其他城镇和城市的发展。塔维拉的这种开发发生的较晚，因此其施于塔维拉的压力，相较于其他城市也有所缓解。这表明城镇当局有机会从他者的错误中借鉴学习。寻求环境优良和可持续发展的双目标，也还可能在即将到来的新千年的几十年里，为这座目前仍然很精美的小城镇的规划和设计提供信息。也有积极的迹象显示这些关注已经得到落实。历史核心区的一些重要建筑已经得到修复；连接不同部分去往中心的城镇公交也已经启动；一项规划研究已经拟定，建议了改善 20 世纪均质开发糟糕景象的方法，并提出了城镇新开发的方向（图 8.20）。

## 城镇景观分析

　　本章的这一部分将讨论城镇景观分析的四个方面。第一个是易辨性（legibility）。意即，人们感知、理解和对城市环境做出反应的方式：它关注的是那些赋予城镇明确身份，容易被用户捕捉并感知到的场所品质。城镇景观分析的第二个方面，是关注环境的渗透性（permeability）。换句话说，就是环境呈现给用户的运动的选择（choice of movement）。

第三方面是环境的活力（vitality），尤其是土地利用的种类和混合，以及因此产生的活动。分析的第四个方面是视觉研究。这项研究更符合传统意义的城镇景观分析，与卡伦的城镇景观分析类似。[2] 视觉分析包括城镇各个空间的研究，以及它们之间的联系：这将聚焦于塔维拉历史核心区当中特定的一些街道与广场，并研究其立面、人行道、屋顶轮廓线、雕塑及街道设施的处理手法。

## 塔维拉的感知结构

本章的这个部分将以凯文·林奇[3]的作品为基础。他发展出了分析易辨性的技巧，并提出了相关可以用于在环境被不恰当的现代开发所削弱的地方，构建新的城市开发并加强现有区域易辨性的方法和理念。为了欣赏一条街道或一座广场的功能和形式，首先，要视其为这个感知结构的一个元素。林奇用意象地图（mental map）演示了他的研究，易辨的环境，是一种能够使人们清晰地感知其结构并转化为明确意象（image）的环境。凭借这个清晰的城镇感知意象，用户能更加有效地对环境做出反应。林奇也发现了个体会与同一社区中的其他成员分享共同意象景物的证据。正是这种共同或分享的意象，对城市设计十分重要。一些构成这种意象的特征，已在本书的前面讨论过——它们是：路径（path）、节点（node）、地区（district）、地标（landmark）以及边界（edges）。

### 路径

路径可能是建立意象的最重要的结构元素。大多数人将其他意象景物与他们的主要路径网络联系起来。塔维拉历史核心区的主要路径见图 8.21。城镇历史核心区的主要网络由罗马桥这一古代河流跨越点放射而出。这座桥如今已步行化，也因而加强了它作为聚会点的意象。路径连接了主要的公共建筑，通常坐落在重要的公共广场内。主要路径是公共节日时的巡游路线，与主要公共广场一起，例如共和广场（Praça da Republica）、帕迪尼亚博士广场（Praça Dr Padinha），以及圣布拉什广场（Largo de Sâo Bras），它们装饰丰富，构成了公众展示的背景（图 8.22）。

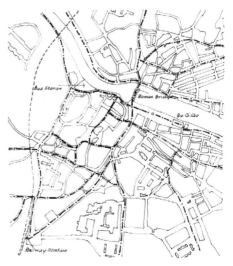

图 8.21 塔维拉的主要路径

图 8.22 街道装饰

## 节点

节点是活动的焦点，例如路径交叉点、聚会场所、市集广场，或是交通枢纽。一座城镇可能有一些仅服务于当地的节点，也会有一些在区域中具有更宽泛意义的节点。塔维拉的实际情况就是如此。主要的几个当地节点见图 8.23：其中也标示了那些具有特别意义的节点。例如，共和广场是具象征性的城镇中心；这里正是卡马拉（Câmara），地方政府办公室的所在地，市长办公室也坐落于此。帕迪尼亚博士广场是一座重要的广场，一个服务居民和游客的繁荣餐饮综合中心；圣玛丽亚（Santa Maria）和圣地亚哥（Santiago）教堂周围有一组重要空间。这里以前也许是城镇中心，但现在是主要的旅游景点，不久后或许会因被改造为恩典圣母修道院（Convento Nossa Senhora da Graça）的迎宾馆，即这组建筑群中的第三处主要宗教建筑（见稍后的图 8.30）而变得更加重要。这并不是塔维拉仅有的与教堂或其他以前的宗教基础有关的空间；事实上，大多数广场除了作为聚会场所及活动中心的现代功能，它们还是装点着城镇的许多教堂所置于其中的环境本身。

## 地区

依据林奇，城市被划分为片区（quaters）或地区（district），它们分别都具有一些可识别的特征。片区或地区是一座中等到大型城市的一部分，例如伦敦著名的苏活区（Soho）和梅费尔区（Mayfair）。遵照林奇的分类，塔维拉可以被视为由河流划分为完全不同的两个部分；两个主要区域之间的连接是罗马桥。然而与大城市相比，塔维拉便是小尺度。这反映在城镇中的几座主要广场的尺度上，见图 8.3。这些片区都有着与城镇历史和建设相关的根源：它们被命名并通常建在一座教堂及其广场周围，教堂及其广场是片区的主要节点或中心（图 8.24）。正是这种焦点上放射出的主要路径，将片区与定居点的其余部分连接起来。

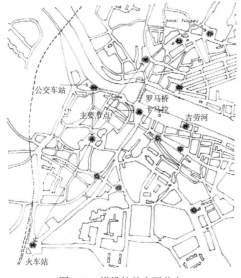

图 8.23 塔维拉的主要节点

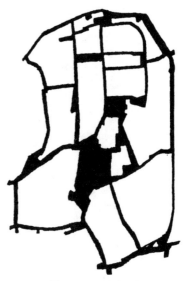

图 8.24 圣玛丽亚片区

## 地标

地标是在一定距离上体验的参考点（points of reference）。与设置了用于进入及须从内部体验的节点相比，地标是三维的雕塑类物体。塔维拉最重要的地标，是隶属于圣玛丽亚与圣地亚哥教堂的一组塔式建筑。与城镇的储水塔一同，它们标示出了城镇历史核心区中心山顶的位置。其他重要的地标是标示出城镇中重要广场位置的高大南洋杉属树木（图 8.25 – 图 8.26）。罗马桥是一处老少皆宜的重要聚会点：因此，它对当地人，同时对于游客也着实是一个地标参考点。

## 边界

城镇感知意象的第五个主要结构元素是边界。边界是二维元素，在这里通道（pathway）的作用不如边界（boundary）的作用重要。塔维拉最明显的边界是河流以及老城的城墙。塔维拉的主要通道，以及围合的街道立面，既有通道的功能又有划分出毗邻城镇片区边界的功能。这是亚历山大推崇的"肉质"（fleshy）界线类型。[4] "肉质"界线，允许货物和人的流动，反映了现代城市生活多种活动高度叠合的复杂性，城镇片区之间的界线尤其需要如此。图 8.27 是塔维拉重要边界的位置，包括实体边界例如河流、城墙及铁路线，除更加"肉质"之外，它们还不是很明显的片区界线。

路径、节点、地标、地区或片区，以及边界，在构建及决定塔维拉的城镇易辨性中，都具有重要作用，尤其是对于老城部分。19 世纪晚期以后的一些郊区开发就没有这种清晰的结构，它们的规划只是作为单一居住用途，以及主要服务于小汽车的有效使用。

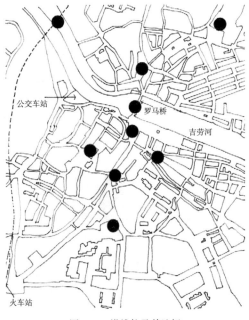

图 8.25 塔维拉及其地标

图 8.26 帕迪尼亚博士广场里的地标

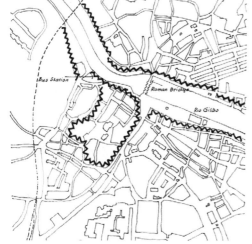

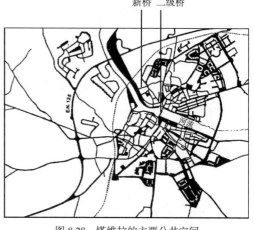

新桥 二级桥

河流

图 8.27　塔维拉的内部边界　　　　　　　图 8.28　塔维拉的主要公共空间

## 渗透性土地利用

我们都有公共和私人生活。城市政府的一项功能是确保公共领域的安全使用。而它的第二项作用是保证其公民文化所需的隐私水平；第三项作用是为社会和经济交流提供适宜条件。然而有时却相反，这些需求会在公共领域与私密领域、家庭的半私密领域、商店或办公室之间的"界面"上解决。本章这一部分关注的，是塔维拉街道与广场的公共空间，与更为私密的私人物业之间界面的设计属性。

依据本特利等人（Bentley et al）的观点，"物理与视觉的渗透性，都取决于公共空间网络如何将环境划分为街区：土地区域完全被公共路线所环绕。"[5] 显然，一个划分为小街区的区域，比一个划分为大街区的区域，会为使用者提供更多的路线选择，因而有了更多的交通灵活性。塔维拉历史核心区的很多区域很明显是这种细小的土地划分（图 8.28），而最近一个世纪的大尺度开发就失去了这个品质（图 8.16）。街区规模在半公顷到一公顷之间变化的地方，街道每 70 米到 100 米出现一次交叉，为从一个地方到另一个地方的步行交通提供了更多路线，因而，依据本特利等人，具有高度渗透性。这就是发生在塔维拉大部分中心区如迷宫般变化的可爱通道贯穿城市结构，也使其成为一座有伟大环境品质的城镇。

在一定程度上，街道的公共安全与其使用强度和活动内容有关。使用率高的街道，以及周围建筑中有居民俯瞰着的街道更加安全。简·雅各布斯所说的日夜都繁忙的街道是"自我监管的"（self policing）。[6] 塔维拉老城的土地利用模式是混合的，它依旧保持了赋予城镇生命力的大规模居住人口，居住区街道上还有无数的商店、酒吧、餐厅和小型办公室（图 8.29）。只有在那些 19 世纪后半叶开发的区域，这个特别的模式才被打破。在一些地方不假思索引入的大尺度管理或商业建筑物，鲜少能赋予城市环境品质。城镇中建筑物的地面层，才是发生社会和经济交换活动、使得街道既安全又优美的区域，建

224

图 8.29　街道景象

筑物的正立面，才是公共与私有空间之间确保隐私的机制。在塔维拉，隐私的保持，依靠的不是像在英国居住区街道上普遍存在的那种前花园。在塔维拉，排屋的街道正立面直接从人行道上竖起，狭窄的窗户保持了室内的通风和光线，既能看到外部世界的风景，又能使幽暗室内的隐私在公共视线之外（图 8.35 - 图 8.36）。英国及欧洲其他地区当前有关居住区规划的理念，提倡将混合土地利用作为在城市片区中实现一定程度自给自足，以及走向可持续城市发展的方法：在塔维拉，这项实践很普遍，但是却受到了重建压力的威胁，尤其是如果未来的开发允许短视的市场倾向之下。这种开发的压力，将会摧毁优秀的城市环境，并长期持续降低城镇的可持续性。

## 视觉研究

呈现在这里的视觉研究有两个部分：对主要公共空间的三维的研究和对围合公共空间表面的二维的研究，以及赋予了城镇很多特质的建筑细节。图 8.30 表示的研究区域包括了最古老城区中圣玛丽亚和圣地亚哥教堂周围的空间：它们通过城镇的主要街道自由大街（Rua da Liberdade）与共和广场相连。平行于共和广场的是靠近码头大街（Rua do Cais）的优美滨河绿地公园。城镇中心的共和广场通过跨过吉劳河的罗马桥与帕迪尼亚博士广场相连。这些主要的公共空间，都进一步与那些视觉上重要的贯穿并构成城镇其余部分的公共空间相连接，而为了方便和简洁，我们将暂不对它们进行探究。

在图 8.31 中，黑色表示空间，白色表示周围的建筑物：是前一图中图像技术的反转。它遵从吉伯德的理念，将图形与背景、建筑与空间转换呈现。[7]这一视角的改变，使得注意力不再集中于建筑物及其形式上，而是在建筑物之间的空间及其体积上。正是塔维拉这种狭窄通道蜿蜒扭转和与众不同的反转形式，形成了最终开敞向公共广场或更加正式商业街的更大空间。图 8.32a–g 是一系列展示了塔维拉城镇景观形态景象的手绘透视图。这种图示穿过系列城镇空间的方法出自卡伦的建议，我们将城镇作为一系列展开的画面去观看和欣赏。[8]卡伦将这种"看"的方法，称为"连续视景"（Serial Vision）。对于塔维拉这样如画的景观，连续视景最为令人难忘。图 8.30 表达了贯穿城镇的典型空间系列：它循着从圣玛丽亚教堂到主要广场，即作为城镇政治和社会中心的共和广场的路径。这座城镇的主要广场呈三角形，明显的小尺度，大约 100 米见方，中央是一座战争纪念碑。然而，广场沿着河流以带有演奏台的花园形式延展，成为跳舞、音乐会和户外就餐的场所。共和广场的两面被建筑物围合，第三面延伸到河流边缘并跨过了吉劳河，视觉结束在雅克佩索阿大街（Rua Jacques Pessoa）的正立面上。以这种方式，河流被围合成塔维拉非

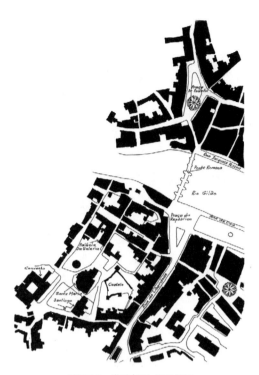

图 8.30　塔维拉的主要广场

图 8.31　塔维拉的主要广场，背景研究

（a）

（b）

图 8.32　塔维拉城镇景观

（c）

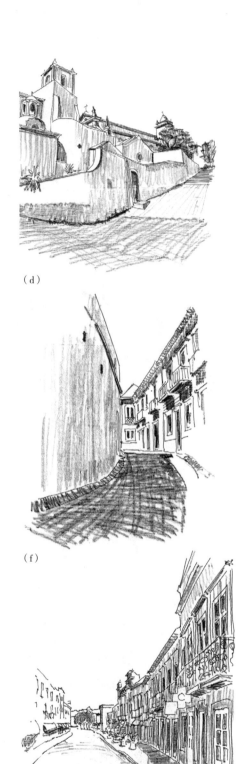

（d）

（f）

（e）

（g）

图 8.32　塔维拉城镇景观（续）

常中心的一部分，沿着罗马桥，它成功地连接了城镇的两边。

塔维拉历史核心区的建筑一般是两层，大约 8 米高，有个别的一层或三层建筑物。这个高度的统一仅在最近一个世纪建造的区域，以及教堂塔穿透了屋顶景观的地方，才被打破。整座城镇的屋顶都由陶土瓦所建，风吹雨打成了深棕色。城镇的一个辨识性景物是四坡屋顶（pyramid roof）：一个长方形的空间，覆之以一系列小方形人字屋顶，屋脊和檐沟沿着建筑的长度方向交替出现。这个高度装饰的屋顶轮廓线，由印度的果阿（Goa）被带到塔维拉，有时部分隐藏在栏杆之后，但总体还是统领着城市景象的四坡屋顶形式，这也成为塔维拉最令人难忘的景物之一（图 8.33）。建筑的平面形式，基于多种遵循阿拉伯及地中海传统的庭院设计（图 8.34）。 228

遍布历史核心区的立面颜色都倾向于白色：它们被划分为约 3 米宽的开间，形成窗户与门廊垂直对齐的构图。这个开间覆盖上四坡屋顶，赋予了城镇小巧、尺度宜人、连续的韵律。这些立面通常以石头装饰或用灰泥制成的古典细节收边。除了这些底座、壁柱和檐口的古典细节之外，窗户和门廊的边缘也以装饰环绕。这种简单又令人满意的城市排屋建筑，依旧保有阿拉伯影响的痕迹：百叶窗，有栅栏的阳台，以及首层带有"侦查孔"的户门，通风并可以看到外面的风景，但也依旧保持着居住者的隐私——这一穆斯林家庭的重要需求（图 8.35– 图 8.36）。

人行道的铺地以 8 厘米见方的石灰岩和玄武岩块铺砌。从白色到深灰色的花岗岩块， 229创造出讨喜的马赛克式图案，在一些场合中，还会拼成大尺度的复杂几何形状。街道设施简洁、厚重且实用：包括包围河流的栏杆，街道照明及喷泉。城镇的装饰由一系列包含遮荫树、开花灌木、有香味的鲜花以及纪念当地杰出人物的小尺度雕塑的小花园完成（图 8.38– 图 8.40）。

图 8.33　屋顶景观

图 8.35　细节

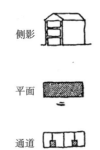

侧影

平面

通道

塔

侧影

平面

通道

茅屋住宅
（BANDA）　　街区
（BLOCO）　　庭院
（PATIO）

侧影

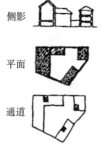

平面

通道

图 8.34　建筑平面

图 8.36　门的细节

图 8.37　阳台细节

图 8.38　地面景观

图 8.39　帕迪尼亚博士广场花园

第 8 章　视觉分析　229

图 8.40  新的画廊—— 一处当地地标

**塔维拉的未来**

有明确迹象表明，20 世纪最后几十年里塔维拉城市环境的退化可能已经得到控制。城镇核心的几处老建筑已被恢复原状，其他几处也正在重建过程中。在一些情况中，建筑物已被完全修复，并承担起一项全新的功能。例如，城镇刚刚刷新了一处大型公共物业，将之转变为一处优美的画廊（见图 8.20）。位于城墙内老城镇中心的旧修道院被改建为迎宾馆，或国有旅馆。很多小尺度的宅基地已经按照城镇当地传统建筑模式进行建设。而在翻新时，遍布老城区的屋顶都保持了原本的形状，并使用当地瓦片以契合既有颜色；大多数建筑立面都被漆成白色，因而也赋予了城镇巨大的统一感。然而，并不是所有的新建都保持了塔维拉细密的人性尺度。例如，滨河新建的三层楼高的旅馆，其基底或占地范围，限制了人行道上行人的运动。一般而言，建筑物都依旧保持了与城镇传统街道和广场相适宜的高度。只是，像新旅馆这样的开发，降低了可达性并妨碍了步行活动（图 8.37）。

图 8.41 是一份塔维拉的扩张规划，用于迎合预期的住房增长需求。这份城镇扩张的规划，《佩罗吉尔详细规划》（*Plano de Pormenor de Pêro Gil*），是以片区概念为基础。[9]其中总共规划了四个片区，每个都有其明显的建筑特征、明确的边界或界线；混合的土地利用，将包括商店、学校、公共建筑、绿地，以及除了居住物业之外的工作场所。每个片区的设计，都以高度结构化的公共空间为基础，采用街道与广场的形式，沿街或围绕广场布置建筑物。新邻里结构的设计和理念，都是塔维拉的规划权威，卡马拉的详细城市设计研究的结果。[10]

EN 125

河流

图 8.41　佩罗吉尔的详细规划

## 注释与文献

1　塔维拉简史见 M. 梅尔滕斯（Mertens, M.），《佩罗吉尔详细规划》（*Plano de Pormenor de Pêro Gil*），塔维拉卡马拉市政厅（Camara Municipal de Tavira），塔维拉（Tavira），2001 年。

2　G. 卡伦（Cullen, G.），《城镇景观》（*Townscape*），建筑出版社，伦敦，1961 年。

3　K. 林奇（Lynch, K.）《城市意象》（*The Image of the City*），麻省理工学院出版社，剑桥，马萨诸塞州，1960 年。

4　C. 亚历山大等（Alexander, C., et al.），《城市设计新理论》（*A New Theory of Urban Design*），牛津大学出版社，牛津，1987 年。

5　I. 本特利等（Bentley, I., et al.），《敏感的环境：设计师手册》（*Responsive Environments: A Manual for Designers*），建筑出版社，伦敦，1985 年。

6　J. 雅各布斯（Jacobs, J.），《美国大城市的死与生》（*The Death and Life of Great American Cities*），企鹅出版社，哈蒙兹沃思，1965 年。

7　F. 吉伯德（Gibberd, F.），《市镇设计》（*Town Design*），建筑出版社，第二版，1955 年。

8 G.卡伦，引文同前。

9 M.梅尔滕斯，引文同前。

10 C.杜阿尔特等（Duarte, C., et al.），《塔维拉历史中心修复和保护计划》（*Plano de Reabilitacão e Salvaguarda do Centro Historico de Tavira*），塔维拉区域与城市设备总局（Direccão Geral Do Equipamento Regional e Urbano, Tavira），1985 年。

# 第9章 城市设计案例研究

　　城市设计是将建筑物布局并使之形成统一构图的艺术。这个设计过程的主要介质是城市领域。安排建筑物形成单一构图有很多方法，这里倡导的是一个构成户外或外部空间的法则。这个法则的两个主要组成部分，是所有具有具体形态的街道与广场。这项法则运用于城市设计时，文脉是建筑物设计的首要关注点。建筑设计，是设计建筑室内以及主要私密空间与公共范围的室外空间之间过渡的艺术：它也是一项设计恰当的、两个区域之间界面的大型二维立面的艰巨任务。

　　本章将呈现五个案例研究，用以说明城市设计操作中的主要内容。第一个案例是主祷文广场（Paternoster Square）规划，也就是伦敦圣保罗大教堂周围区域的规划。对主祷文广场建设的分析，将集中讨论一座宏伟教堂周围公共区域的处理方式。第二个案例是伦敦码头区（London Docklands）道格斯岛区（Isle of Dogs）的规划和建设。这个区域的规模尺度与很多作者建议的城市设计需主要关注的片区大致相当。第三个案例研究概述了贝尔法斯特的一个小型邻里的规划。它关注城市设计中的公众参与，以及说明外行人员也能够提出设计理念，并且那些理念也总体符合本书前面所述的理论。第四个案例是诺丁汉郡纽瓦克（Newark）滨河面的更新改造。它提出两个要点：城市水道沿岸的公共空间设计，和从时间维度考量的设计过程——时间维度也许是城市设计最关键的维度。城市设计是一个长期过程。一个伟大的城市设计构图，需要很多个世纪去建设，例如威尼斯圣马可广场周围的空间。这个案例研究试图捕捉这种不间断过程的本质，或者是城市设计的时间维度。第五个案例是巴塞罗那。巴塞罗那最近的规划是一个城市设计技术样板，可以用于解决城市大规模的规划问题，尤其是大型滨水区更新改造问题的城市设计技术。本书主要关注街道与广场的设计，只有作为更宽范的形态学研究的一部分，街道与广场这些城市结构的重要元素才能被充分欣赏。此外，巴塞罗那的研究，提供了一
个调查在公共领域，特别是在滨海主文脉中街道与广场本质的机会。

## 圣保罗大教堂及主祷文广场

　　克里斯多夫·雷恩爵士（Sir Christopher Wren）设计的伦敦巴洛克风格的圣保罗大教

堂取代了原址上旧有的哥特式大教堂，它的轴线与通向卢德盖特山街（Ludgate Hill）的主街同一角度。雷恩曾有一个绝佳的机会重新将大教堂的轴线与这个方向对齐。但是，他却将大教堂的轴线进一步倾斜了 6.5°，使勒盖德山的轴线与大教堂在西边交汇的角度更加倾斜（图 9.1）。[1] 在雷恩为大火后的伦敦作的规划被否决之后，紧邻圣保罗大教堂的区域被规划为一系列小尺度、在地面层用连续拱廊连接起来的空间。教堂院落的方案可能来自 1710 年大教堂竣工之后。平面和立面由霍克斯莫尔设计，雷恩可能也参与了设计（图 9.2）。[25]

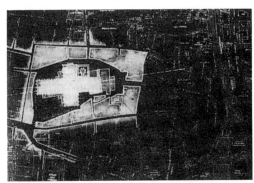

图 9.1　圣保罗大教堂，伦敦

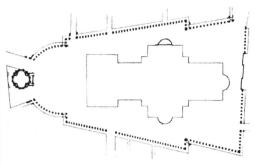

图 9.2　霍克斯莫尔设计的圣保罗大教堂领地区域规划，伦敦

　　圣保罗大教堂周围的大范围区域，尤其是北面，在第二次世界大战中被摧毁，因而有了一个将大教堂周围作为城市设计伟大作品的好机会（图 9.3）。沃尔特·博尔认为："圣保罗教堂领地和主祷文广场重建的传奇，是我们很多城市中历史地段战后重建方法的缩影。"在他的观点中，这是一个"混乱且不快的妥协。"[3]

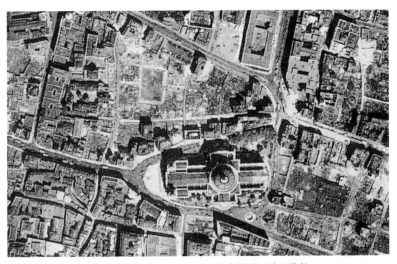

图 9.3　战争摧毁的圣保罗大教堂周围区域，伦敦

曾有两份早期圣保罗大教堂领地
战后规划。一份是皇家学院（Royal
Academy）的非官方规划，它通过严
格的对称以求达成"古典"的视觉效
果，这比雷恩和霍克斯莫尔心中的方
案要宏伟得多。另一份，更像是伦敦
城市规划中的步行规划部分（图9.4），
被后来的住房和地方政府大臣邓肯·桑
迪斯（Duncan Sandys）否决。他任命
威廉·霍尔福德（William Holford）为
圣保罗大教堂区的顾问，并建立了
深受古典学教授理查德森（Professor
Richardson）影响的咨询委员会。霍尔
福德的第一轮设计的确十分"古典"
（图9.5），却依然令大臣失望，他想
要的是罗马圣彼得大教堂那样尺度的
设计。然而，霍尔福德认为："已经
没有机会尝试把圣保罗做成贝尔尼尼
在罗马的圣彼得那样，且如果从卢德
盖特山上长出这样的事物也必定会显
得格格不入。"[4] 不过他也认同自己在
第一轮设计中的古典前院是个"原则
错误"。[5] 此外，与其按照卡米洛·西
特的建议，在轴线上排布空间，霍尔
福德设计了一个非正式空间的矩形布
局，以展现出大教堂部分的重要视角
（图9.6）。[6]

霍尔福德的规划从一开始就陷入
不同需求的冲突之中。在考虑将公共
领域最大化的同时，也要限制建筑物
的规模，与此同时地块容积率还须达
到5。大多数土地为教堂委员会所有，
他们坚持办公空间最大化。当时的办
公室布局受限于自然日光可达的进深。
而如果社会给予节能及绿色建筑任何
关注的话，这也许是一个我们必须返
回探讨的点。

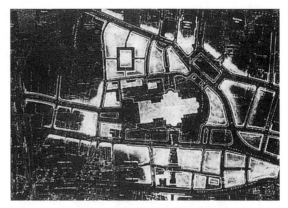

图 9.4　圣保罗教堂规划，伦敦

图 9.5　霍尔福德的圣保罗教堂领地第一轮设计，伦敦

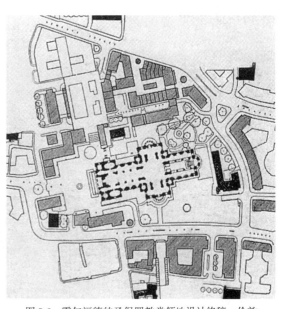

图 9.6　霍尔福德的圣保罗教堂领地设计终稿，伦敦

规划冲突结果的一部分，是决定了大教堂周围板式楼房（slab block）的形式。霍尔福德意图保持从河上观看穹顶的壮观景象，并对教堂北面一个大长条地块上的办公空间倾注了很多精力（图9.7–图9.9）。很多合理的批判针对的是现在已拆除的、遮挡了从卢德盖特山观望大教堂西立面视线的街区。这个不招人喜欢的街区，是依据霍尔福德以及雷恩的意图，为了形成一条通往大教堂的倾斜通道而设置的。然而，当一个人顺坡而上时，大教堂正面的视线却会被曾经的贾克森住宅（Juxon House）所遮挡。这是由霍尔福德实施，由西特及其追随者倡导的不成功的"风景设施"：它的目标是将观看者的注意力集中在大教堂上。保留的建筑物被设计处理为背景，因而不与大教堂相冲突。大教堂周围的建筑着实平淡无奇，即便它们并非无形：很多人会同意，霍尔福德在大教堂周围的开发理所应当被批评为现代主义无个性的一个样本。然而，各个空间的比例及其布局在西特的非正式传统范畴内还是颇见成效的。显然，有品质的建筑，是"风景如画"的首要需求，可惜这却从霍尔福德的圣保罗领地规划中缺失了。

开发者清除霍尔福德开发的乏味建筑的决策，按批评家梅芙·肯尼迪（Maev Kennedy）的说法，是"天赐的第二次机会，是看圣保罗从周围低矮屋顶上升起的机会。"[7]基地的开发是1988年一次建筑设计竞赛的主题（图9.10）。竞赛概要中要求100000平方米的办公空间，以及9300–14000平方米的商业零售空间，并将基地的容积率定为6.5，高于霍尔福德所设计的密度。很多参赛者将容积率限定在5，认为这样更适合基地情况。然而，莱昂·克里尔（Leon Krier）相信这对于该基地而言依旧过高，提出要将35%–40%的地面区域留作公共空间（图9.11–图9.15）。[8]

在评估竞赛结果时，查尔斯·詹克斯（Charles Jenks）有话说："这些建筑师做的都是大爆炸式的中世纪规划。对我而言罗杰斯（Rogers）设计的是中世纪的高科技，诺曼·福斯特（Norman Foster）的则像是10个柏林顿拱廊排成一行的某些玩意儿，全都挤在一个小巷子里。所有这些方案都是一个模子里的后现代古典规划，完全看不到是公园的板

图9.7 圣保罗教堂领地，伦敦　　图9.8 圣保罗教堂领地，伦敦　　图9.9 圣保罗教堂领地，伦敦

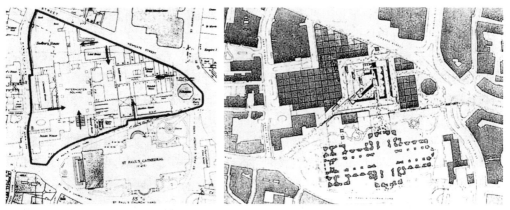

图 9.10　竞赛基地　　　　　　　　　图 9.11　罗杰斯的圣保罗规划，伦敦

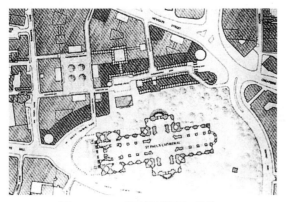

图 9.12　SOM 的圣保罗规划，伦敦

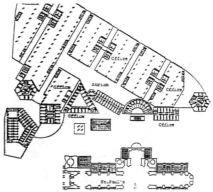

图 9.13　矶崎新的圣保罗规划，伦敦

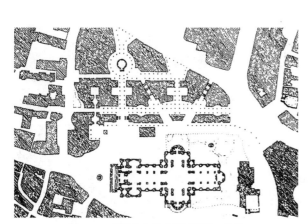

图 9.14　麦科马克的圣保罗规划，伦敦

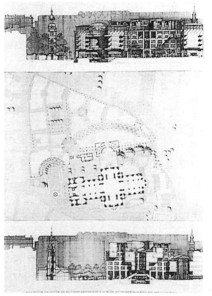

图 9.15　奥雅纳的圣保罗规划平面图，伦敦

块。"[9]办公室体块的板状形式不再受制于自然光线需求。而也许更为重要的，是街道与广场又再次回归为城市设计的重要元素。

获胜的是奥雅纳及其合伙人事务所的设计，当中包含了很多受到查尔斯王子，也可能是受到大多数公众喜欢的特点。方案里有柱廊、广场、屋顶花园、拱廊，以及屋顶是铅和石板的四层建筑。和其他参赛选手一样，获胜方案最薄弱的方面，是对紧邻大教堂周边的处理缺少围合。这可以被认为是设计需要解决的主要问题。

两份没有递交的竞赛规划，试图解决用恰当的围合空间环绕大教堂的问题：约翰·辛普森（John Simpson）的尺度和细节优美的"古典灵感构图"，一份非常有威尔士亲王品味的设计，还有詹克斯的复合规划（图 9.16– 图 9.17）。二者都响应了雷恩和霍克斯莫尔圣保罗布局的特色。人类尺度的街道及街区模式，与大教堂的纪念性形成完美衬托和对比。[10]建筑体块也与 1838–1840 年约翰·塔利斯（John Tallis）伦敦街道记录中大教堂周围的建筑尺度相似（图9.18）。[11]

图 9.16 辛普森的圣保罗规划轴测图

图 9.17 詹克斯竞赛中的圣保罗规划，伦敦

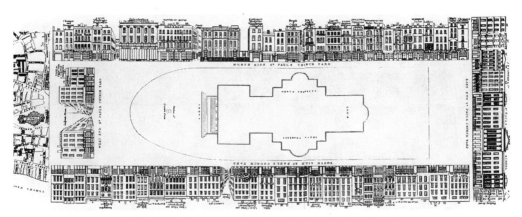

图 9.18 1838–1840 年前后圣保罗大教堂周围的建筑物，伦敦

## 20世纪90年代对主祷文广场的建议

1991年夏天的一次展览，展出了由英国、美国及日本联合投资商承建，与来自英国和美国同查尔斯王子有联系的后现代及新古典主义建筑师团队合作的主祷文广场的重建。以任何标准都是才华横溢的建筑师团队，包括特里·法雷尔（Terry Farrell）、托马斯·毕比（Thomas Beeby）、约翰·辛普森、罗伯特·亚当（Robert Adam）、保罗·吉布森（Paul Gibson）、艾伦·格林伯格（Allan Greenberg）、季米特里·波菲利（Demitri Porphyrios）以及昆兰·特里（Quinlan Terry）。[12]

这项方案的目标，是"复活区域，恢复活力及建筑卓越性，为工作及到访这个区域的人提高环境品质。"[13] 特定的美学目标是：还原观看圣保罗大教堂的视野；创造与大教堂相和谐的建筑；还原大教堂的传统院落；重新建立传统的街道模式；创造新的步行开敞空间，以及建造传统古典风格的建筑。图9.19是方案中地面层的平面图；它给出了一些实现方案目标的方法理念。

241

方案包括若干高度为五至九层不等的街区，但大多数楼高都接近圣保罗大教堂的主墙高度。街区被设计为酒吧和精品店上方结实的办公室体块，体块被布局形成一组组相对较短的街道，在一定程度上，反映了霍尔福德开发之前的中世纪模式。主祷文广场是当中的一处公共广场。广场上的建筑，实则是整个开发项目，都是以复兴晚期古典主义风格装饰为主，可以令人回想起路勒琴斯（Lutyens）的作品，但色彩却更加丰富。从图上判断，如果主祷文广场按规划建成，将会是史诗电影般的面貌，而不是雷恩大穹顶阴

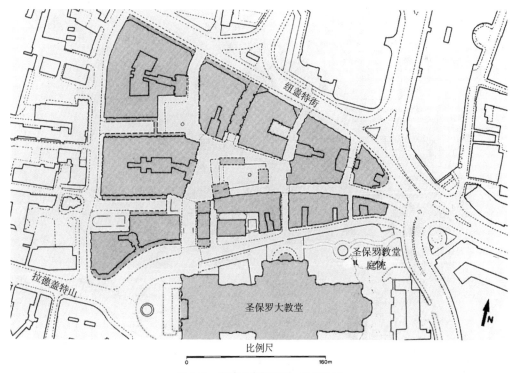

图 9.19　主祷文广场规划：法雷尔等

影庇护下的庄严广场。所幸圣保罗大教堂得以解脱于邻居的轻蔑，正如格兰西（Glancy）当时的描述，被涂以"幼儿园般的色彩"。[14]

虽然这个结合了威尔士亲王古典愿景的项目，于1993年获得规划批准，但还是在1996年因被发现其不可行性而遭到终止，取代它的是一份更为灵活的设计。[15] 这项特别方案的公开展览，不能替代有效的公众参与这一查尔斯王子的另一爱好。不幸的是，公众介入的机会甚少——还远不如以前的霍尔福德方案，它至少涉及了详细的内阁干预和广泛的公众讨论，甚至是一些被认为是优良开发的公众赞誉。

242

威廉·惠特菲尔德爵士（Sir William Whitfield）受三菱公司委托，为主祷文广场，以及大教堂北面不强调风格的区域，设计切实可行的总体规划。正如威廉·惠特菲尔德爵士明智地说道："你寻找的是品质，是价值，而不是沉浸于风格，风格应当是在获得之后才能识别的事物。"[16]

图9.20是惠特菲尔德的总体规划。威廉·惠特菲尔德爵士是1988年建筑设计竞赛的评委之一，他的总体规划结合了一些那次竞赛中的优点。[17] 在本书的写作期间，规划中的建筑正在建设当中，但还有几个月才能完工和入驻，所以圣保罗大教堂周围的开发是否成功还有待观察，但早期迹象表明应该没有问题。公共空间现今是在地面层：有了修复的街道模式，中央是新的主祷文广场，广场正面是柱廊，并以一个伪装成伊尼戈·琼

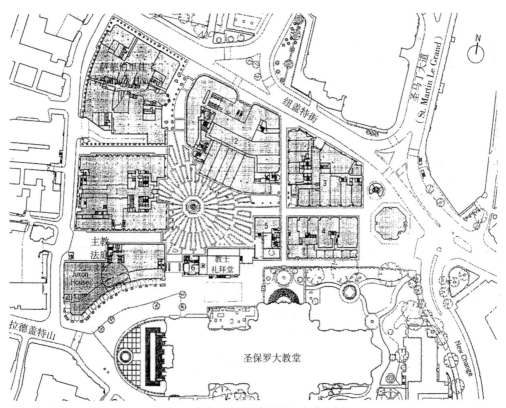

图9.20　怀特菲尔德总体规划：主祷文广场

斯（Inigo Jones）曾用在旧圣保罗柱廊上的科林斯柱式的通风井为主导。

在我们依旧只能想象惠特菲尔德圣保罗大教堂开发成效的同时，一个直接关乎公共领域和大教堂的设施已经完成，那就是令人愉快的千禧桥，由福斯特及其合伙人事务所、雕塑家安东尼·卡罗（Anthony Caro）和奥雅纳公司工程师联合设计。泰晤士河是欧洲最不令人印象深刻的城市河流之一。相当一部分沿岸的浅褐色维多利亚式建筑，以及更多粗略的现代建筑，已经更迭为微妙尺度的乔治王时期风格的建筑。千禧桥优雅的曲线，是清出于糟粕的一个令人欢欣鼓舞的解脱：它将贾尔斯·吉尔伯特·斯柯特（Giles Gilbert Scott）设计的滨水电厂（Bankside Power Station），即现在泰特美术馆（Tate Modern）的巨大体量，与雷恩设计的大教堂的南翼堂和塔状穹顶连接起来[18]（见图9.9与图9.21），这个连接是一座充满活力城市的命脉：正是通过延伸至圣彼得大教堂内部及周围的公共领域文明的品质，威廉·惠特菲尔德爵士的总体规划才得以评判。

## 道格斯岛区

20世纪80年代保守党政府的官僚主义规划，被指抑制了发展，尤其是规划已经成了振兴衰退中心城区过程的重要阻碍之一。为应对这一现象，人们想出了很多策略来试图规避这种发展过程中的阻碍；包括城市开发公司（Urban Development Corporations，UDCs）、企业区（Enterprise Zones，EZs），以及简单规划区（Simplified Planning Zones，SPZs）。一些职业建筑师成员加入这场论战，并通常站在政府一边。他们的案例是规划控制导致了平庸的建筑开发，创新设计受制于没有想象力、几乎没有受过设计训练并审美贫乏的规划师。[19]

道格斯岛区是伦敦码头区开发公司（London Dockland Development Corporation，LDDC）1985–1991年监管土地的一部分：这是一个规划程序受到限制的区域。它也曾是市场企业的风向标，在这里私营部门享有自由支配权，不干预主义者、自由市场经济大

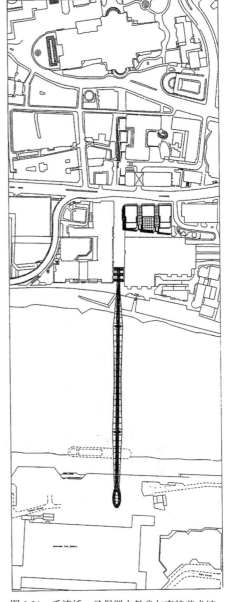

图 9.21　千禧桥：圣保罗大教堂与泰特美术馆之间的连接

243

行其道。它是否产出了勇敢的新审美世界，在那里，富有想象力的城市主义是否创造出像巴斯、约克、佛罗伦萨那样的城市品质，或者是巴塞罗那滨水区那样视觉兴奋的地方？在我看来，简短的回答就是：没有。

戴维·戈斯林事务所（David Gosling Associates）与公司总建筑师爱德华·霍兰比一起为 LDDC 进行了一项城市设计研究（图 9.22）。[20] 有很多比选方案（图 9.23），最有趣的一个探寻了格林尼治轴线的结构含义。在半岛顶端的岛上花园（Island Gardens），有一个朝向雷恩设计的医院的壮观景象，前景是伊尼戈·琼斯设计的皇后住宅（Queen's House，图 2.43 与图 9.24）。在另一个方向上，可以沿轴线看到在莱姆豪斯（Limehouse）由霍克斯莫尔（Hawksmoor）设计的圣安教堂（St Ann's Church）。然而轴线长度刚好超过了 3 公里（2 英里），超出了可以识别皇后住宅和格林尼治医院特征的正常视觉尺度。戈斯林打算将轴线看作一个结构性元素，使其"不仅只是连接两座纪念性建筑物具有神秘形式的地脉（Ley-line），还是可以提供一系列加强视觉结构参考点的重要轴线。"[21]（图 9.25）戈登·卡伦也加入了设计团队，他的城镇景观分析，成了现状开发研究和建

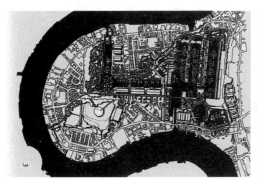

图 9.22　初步研究，道格斯岛区

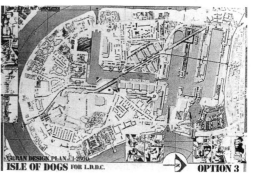

图 9.23　道格斯岛区备选方案 3

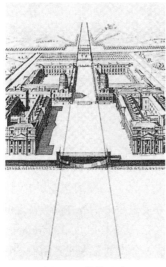

图 9.24　格林尼治

图 9.25　格林尼治轴线

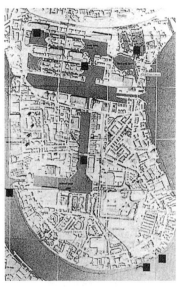

图 9.26　卡伦的道格斯岛区研究　　　　　　　　　图 9.27　批准的道格斯岛区规划

议环境改善方法的有用工具。然而，作为一种方法，这也为开发提供了一个有力而又一致的形态学框架（图 9.26）。[22]

　　LDDC 最终采用的是务实的规划，包括了所有的规划限制条件和决策，外加投资商提出的备选方案。该规划唯一强烈的视觉构架，是现状内港的保留，正是这个构架的力量使原本散落的纪念性建筑物得以聚集（图 9.27）。

　　作为规划主要公共区域的港池（dock basin），其尺度与周围大尺度建筑物，甚至包括金丝雀码头（Canary Wharf）相近，它们都由巨大的、经数代人建造传承下来的港池景观所统一（图 9.28– 图 9.29）。由于没有考虑从纪念性滨水区到背后公共领域尺度转换的问

图 9.28　道格斯岛区码头

图 9.29　道格斯岛区码头

图 9.30　红砖路，道格斯岛区

题，建筑物只得像美国郊区的餐馆那样沿街排布（图 9.30– 图 9.32）。据说，沿主路每英里镶嵌红砖装饰的花费，比高速公路单英里的造价还高，无组织的体块之间，用形状不当的停车场及边界栅栏分开。沿"红砖路"建造的建筑物，"摩肩接踵"地排列，丝毫没有对总体布局的考量。这不是街道，不是清楚界定的街道空间体积的串联开发，这只是二维的道路表皮，一个单纯的交通脊柱。金丝雀码头被规划为公共领域区域，畸形的尺度被分解为一些小尺度的宜人场所，内部的商场专属空间有很好的细节。但这无法取代街道串联着的公共空间、广场及公园，这些赋予整个开发以形式和结构的元素（图 9.33）。

公共领域的另一个主要元素——轨道系统——最初由码头区进入道格斯岛区的轻轨单支线组成，运量太小，与预期的开发规模相去甚远（图 9.34）。半岛与伦敦其余地区的连接，已经通过这条跨过泰晤士河通往格林尼治，后又到路易斯汉姆（Lewisham），并与通过金丝雀码头的朱比利（Jubilee）线相接的轻轨延长线而得到了改善。[23]

图 9.31　红砖路，道格斯岛区

图 9.32　鸟笼步道，伦敦

图 9.33　旧道格斯岛区与新道格斯岛区　　　　　　　　图 9.34　轻轨电车，伦敦

　　道格斯岛区，一个遍布水景的地方，失去了一个将半岛运河化的大好机会：这里本可以是威尼斯、布鲁日或阿姆斯特丹。港池，一项优良的公共遗产，却被以自由企业的名义浪费掉。更为通俗地讲，约 20 亿英镑的公共投资和 120 亿的私人投资，除了可怜地被导向了象征着企业权力和贪婪的粗鄙，甚至是"肥胖"的建筑物外，一无是处。鉴于当前的劳动管理部门玩弄了"简化"和"开放"的规划系统理念以更好地服务商界，因此我们或应当重新审视道格斯岛区开发：它可以让人们回想起公共领域私有化的弱点。依据爱德华兹"码头区实践最值得注意的反思，是保守党政府认为一堆私有利益可以创造一处可以接受城市环境的假设。与很多建筑师声称的相反，取消控制和放弃城市结构规划的效果，就是产生视觉混乱和社会混乱。"[24] 爱德华兹继续承认，也正如实际情况，码头区实践也确实在很多糟粕中产出了一些好的建筑，然而，这却并不能替代一个结构良好的公共领域。

　　道格斯岛区迫切需要公众介入。正是他们制定了公共领域结构化和景观化的发展策略——一个内部连接大码头的街道、广场和公园系统，通过优雅的桥梁连接到罗杰斯设计的千禧圆顶（Millennium Dome），到雷恩设计的格林尼治综合体，以及它优雅的制高点，琼斯的皇后住宅。唯有期望通过一个公共建设活动，来教化和统一这座充满历史的半岛，一座伦敦伟大历史的纪念碑。

## 规划中的公众参与：贝尔法斯特市集区

　　20 世纪 60 年代晚期和 20 世纪 70 年代早期，贝尔法斯特提供了一个难得的机会，允许在规划和建设领域与社区团体共事。贝尔法斯特曾是公众参与规划的完美实验室。市中心，工人阶级凝聚和组织起来，形成反对阵线；他们具有政治实力，愿意并有能力用这种力量去寻得社区目标。在 20 世纪 60 年代晚期，社区积极分子得到了绝佳机会，他们提议的贝尔法斯特城市高速公路（Belfast Urban Motorway，BUM），众所周知，引领了社区行动。新教和天主教的地方城市中心社区里，建造高速公路涉及的拆迁户，都在公众调查中加入反对项目的队伍。由于为这些反对高速公路项目的社区工作，我得以观

246

247

察跨越宗教派别的实验性合作，人们一时间忘记很多根深蒂固的差别，共同努力，抗击"共同的敌人"，即令人生厌的高速公路。[25]规划师似乎曾有机会做到政治家没能做到的事，将社区团结起来。

原本的高速公路规划被打败，或者说是推迟了，在后来也只是以轻描淡写的方式回归。我们很难评定原规划撤回的原因。是否确实是由于质询会上各个社区呈现争论的力度，或者仅只是因为广大公众反对的威力和分量？或者是出于担忧民兵意图摧毁所有建成高速公路的威胁？当时，英国专业人士对城市高速公路的态度正在转变，当然，建造遍布全国城市的这种基础设施的巨大花费，也必须要经过深思熟虑。无论政策变化的原因是什么，社区行动中，如果政府全程放任不管，强势群体就有能力阻止开发。如果这种以及其他类似"反高速公路"行动中有什么经验，就是长期的消极对抗程序是徒劳的。自从在大河谷地里建立城市以来，例如尼罗河以及底格里斯-幼发拉底河，城市政府的一个重要功能，就是提供城市基础设施——河流泛滥的控制、防御结构的建筑或是水的供应。无政府主义盛行，或是基础设施建设无法达成一致的地方，城市就有可能会停摆甚至陷入僵局。

20世纪70年代早期，贝尔法斯特女王大学的城乡规划系成立了规划项目小组，为各个社区提供规划援助，帮助他们理清自己的需求和愿望。理念是取代那些强调说"不"的对抗性社区政策，或是贝尔法斯特的口头禅"一寸不让"，并将其变成一个建设性过程，用当地居民自己的感知和分析能力构想并呈现对社区问题的解决方案。接下来的案例就是一项这种由规划项目小组（Planning Projects Unit）进行的，为贝尔法斯特市集区域拟备规划的研究。

## 区域

市集区（The Markets Area）位于拉根河的转弯处，在距离市中心两、三分钟的步行范围内。市集区人们生活的土地，是18世纪晚期时由贝尔法斯特湾（Belfast Lough）江口平原开垦而来。社区随着市集及其贸易的扩张而扩大："老人们依然清楚记得，牲畜被车拉过阿尔伯特桥（Albert Bridge）去往尚基尔区（Shankill）贩卖，然后又回到屠宰场屠宰。"[26]市集区里全是信仰同一宗教，即天主教的工薪阶层，人们都去同一个教堂，圣马拉奇教堂（St Malachy's Church）；孩子们也都上同一所学校。整个社区高度同质，非常像一座城中村。

在该研究进行的那段时间，市集区共有624个家庭，平均人口是3.5人，与贝尔法斯特的一般情况相近。然而，在这些统计的数据中，却有很多不同；除了10人及更多人数的家庭外，社区由众多一人和两人家庭组成。市集区的住房条件不佳，社区和规划师都同意立刻重建。[27]然而，在大多数房产都处于破败条件的同时，社区还是有一些非常好的乔治王时代和维多利亚时代风格的住宅，社区也希望将它们保留作为与过去的联结（图9.35–图9.38）。[28]

20世纪70年代晚期和20世纪80年代的重建发生之前，市集区有很高比例的建筑物都是非居住用途。这些小型企业，要么是与早前的市场有关，要么是依托于后来的邻

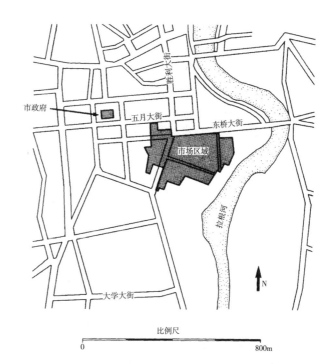

市政府

五月大街

胜利大街

东桥大街

市场区域

拉根河

大学大街

N

比例尺

0                                                           800m

图 9.35　贝尔法斯特市集区

图 9.36　市集区的典型住宅，
贝尔法斯特

图 9.37　市集区的庭院住宅，贝尔法斯特

图 9.38　市集区质量好的维多利亚排屋，贝尔法斯特

近区域汽车销售和服务功能。还有更多选址于市集区的产业是因这里廉价的住宿。[29]

　　市集区曾一直被克罗马克街（Cromac Street）所分开，克罗马克街是城市的一条交通干线。街道将市集区分为上、下两区，它们在一个更大的市集区中分别发展。重建以前，这条街更像是整个社区的焦点，而如今却成了物理障碍。正是沿着这条街以及克罗马克广场（Cromac Square），聚集了 45 家商店和大多数服务机构。重建前因为生意不好很多商店关张。服务社区所需的商业供应水平，曾是北爱尔兰规划执行和社区所独立考虑的一个问题。需铭记的是，规划执行时建议商业都应合理化地进入一系列的购物中心地区，建议四个商店一组，而社区设想了更大的 15–20 个商店一组。经批准的规划是在下集市区由 10 间商店组成。只是这个中心从未成真。1976 年，规划执行的商业部门作了一个深入研究，发现建议过度；最终只建了一间商店来满足社区的购物需求。[30]

## 行动规划

　　1973 年年初，城市规划部门为市集区准备了两套备选行动规划。第一个方案中，地面层由道路、产业及停车场组成，上盖一个混凝土甲板，作为四层公寓的平台，这是规划师和城市议会偏爱的方案。第二个方案更加传统，约四英亩的土地用于产业，四层的公寓住宅布置于在下市集区——完全处在克罗马克街以东。两个规划在一个公众会议上向社区汇报，而甲板解决方案被彻底拒绝。随后城市规划部门就做了传统公寓方案的改进版，引入了一些两层的住宅，力图满足社区需求。然而这个最后的解决方案还是没有被社区接受，于是重建协会管理委员会就委托规划项目小组，协助社区准备他们自己的规划（图 9.39）。

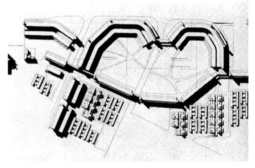

图 9.39　市集区的早期在开发项目，贝尔法斯特

　　市集区的所有居民都是重建委员会的成员，因而充分代表了上下市集两区的所有意见。为了协助重建准备工作的组织，选举产生了一个管理委员会。这个管理委员会和规划项目小组共同拟备了贝尔法斯特市集区的居民规划。[31] 居民提供理念，项目小组中的专业人员提出方法建议并汇报。

## 规划目标

　　管理委员会和规划项目小组先是起草了一份规划预备概要，然后通过多次讨论的过程，形成了规划目标层级，随后再详细的分解为特定目标。最重要的目标，是为市集区现有的居民提供舒适的居住环境，这个目标排在了所有其他目标之上，其成败即关乎规划成败。在专业术语里，这意味着在至少 9.5 公顷(21 英亩)的土地上，用两至三层的排屋，为 2200 人重建住房。在规划编制的过程中，最初的概要被扩充并重新界定纳入其中，例如，"市集文化"的保留。管理委员会认为，市集区曾拥有非常鲜明的生活方式，这不应在重建之后被遗忘。

　　这种生活方式，被认为是在现有人口继续留在这个区域，且重建按一系列小项目分期进行并将整个街区安置在一起的情况下，才更有可能在重建中幸存。此外，规划中还提出应保留很多原有排屋，以及现有街道线路和街道名称，并让它们也成为新的重建的一部分。街道是当地生活方式的一个重要部分，居民坚持应将它们作为未来规划的基础。

　　其他目标包括复原一些质量较好的住宅，小型产业再回到这个区域，行人 – 车辆冲突最小以及上下市集区的物理分隔；提供一个社区购物中心作为焦点，最后，提供一所小学校园。

## 居民的规划

　　规划本质上是基于，用二至三层的排屋住宅安置现有人口的首要目标，如规划平面图所示（图 9.40– 图 9.44）。为保持上下市集区作为社区遗产的身份，并同时确保上下区之间不被物理分隔，于是规划决定将克罗马克街在经过市集区的路段下沉 6 米（20 英尺）。跨越下沉克罗马克街的部分，被建议修建一个平台，上方是新克罗马克广场，包含一处周围是商店和社区建筑物的开敞市集。沿着区域北边界掠过的东桥街（East Bridge Street），是另一条交通主干道，对环境标准有一系列的威胁。规划决定沿着这条道路，布置一条 30 米（100 英尺）长的小型产业带，作为住宅和交通之间的分隔。在靠近铁路线的废弃屠宰场三英亩的土地上，将规划两所服务区域学校的校园。停车场被居民看作是奢侈品，仅在私人需求时供应，应限制于每个家庭的庭院内。因此，规划中规定，如果需要，仅在每个家庭的院子里布置一个停车位。社区偏爱的住宅式样是双面露台排屋，后面是一个小的私家院落，前面是公共花园或铺地，道路通到院落。这种住宅式样挑选于住宅式样库，而布局在经过与管理委员会的讨论后,最终决定了最符合他们目的的布局,即图 9.42 中的第一个布局。规划中一个重要考量，是有意识地力图将地区与周围区域连 251

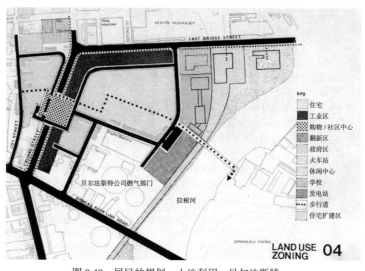

图 9.40　居民的规划，土地利用，贝尔法斯特

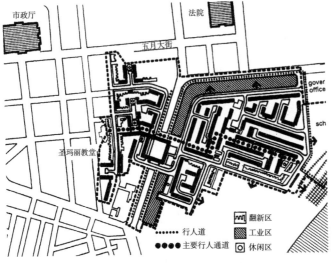

图 9.41 居民的规划布局，贝尔法斯特

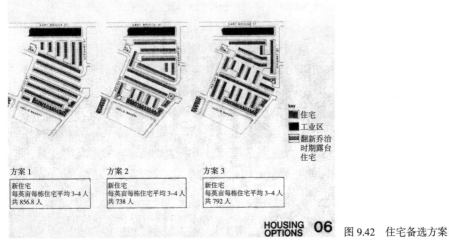

图 9.42 住宅备选方案

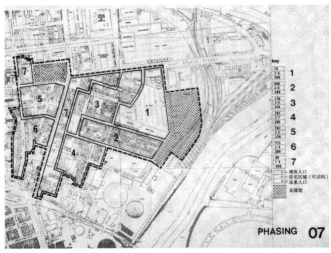

图 9.43 分期规划

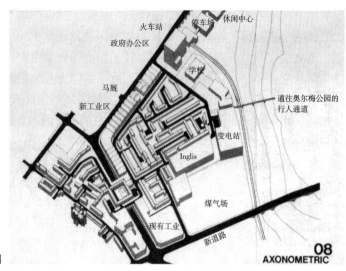

图中标注：
火车站　　停车场　　休闲中心
政府办公区
学校
马厩
新工业区
通往奥尔梅公园的行人通道
变电站
Inglis
煤气场
现有工业
新道路

08
AXONOMETRIC

图 9.44　居民的规划：轴测图

接起来。人行道路线将住宅、商店及社区建筑物，与西边的圣马拉奇教堂和城市中心相连，进而跨过拉根河与东边的奥尔梅公园（Ormeau Park）相接。最后，规划始终铭记这是一处"城中区"，因此在这种情况下，"一处舒适的居住环境"便需要一个不同于郊区文脉的处理方式。继而规划刻意地鼓励了混合土地利用，相信这才是市集区应有的特质。

## 规划形态的分析

这里描述和图示的市集区居民规划，都是从没有建筑、城市设计或规划专业知识的外行人的理念中发展而来的。然而，完成的规划表明，参与这项实践的居民，都清楚地理解并同意规范所概述的好的设计标准。而好的设计法则在多大程度上只是悠久传统中常识行为的编码这点，是无法确定的。

不过值得注意的是，规划的目标之一是建成这一区域，并缓解交通干线将其分隔而造成的糟糕效果——换句话说，形成统一的开发。此外，居民希望建立一个清晰的中心作为社区的焦点。中心的创造，正如亚历山大和诺伯格 – 舒尔茨都证明的那样，是追求统一的任何开发和有意义行动的首要目标。[32] 社区决定创造一个强大的边线，或者，用林奇的话说，开发的边界。[33] 产业基地在南面，东面的铁路和河流，在一个狭窄产业带的分隔下，向北和西北延续。居住区域的入口限定在少数几个清楚界定的门户，以保证社区的私密，或者，也许在贝尔法斯特更为重要的，是安全；一处完美的防卫空间。在最安全的选址建立了学校，背对铁路线和河流，面朝友好的住宅。最终，社区为建设选择的城市设计形态是街道与广场，传统城市的主要空间元素。当然，这份规划并非完整的统一，但这在实践中很少实现，对于大多数项目，这也是从未完全达到的理想。

## 实施

在一次地区的公众会议上，社区一致同意采纳市集区居民的规划，并用幻灯片、模型、轴测图及其他图纸展示并解释了规划。

然而,规划的实施取决于除了当地社区之外很多机构的同意。那些许可需要迅速提供,否则居住条件将会进一步恶化,社区将变得更加灰心,进而引发更多人口外迁。地区大量的家庭外迁,将削弱社区的实力和活力,为其他目的的开发开辟了方便之路。迅速推行计划的压力来自天主教社区与天主教和民族主义开发部(Catholic and Nationalist Minister of Development)进行实验性权力分享的脆弱状态。这被市集区的领导者视为一个机会窗口,一个他们可以期待同情对待的时机。

规划行政机构成员受邀会见关键居民和规划项目小组,讨论市场区的重建。居民的规划汇报之后,政府团队接受规划的总体目标,但克罗马克街下沉例外,因为下沉克罗马克街的预算费用约 150 万英镑(1973 年价),远高于将地面层简单拓宽的费用——支持规划这方面的决策,需要得到伦敦中央政府的批准,这将涉及更多耗时的磋商。社区领导被告知,如果他们接受这项规划修正,就会马上任命一名建筑师与他们一起工作,努力实现规划的其他目标。

居民协会的整个委员会,开会讨论来自斯托蒙特(Stormont)的规划师所表达观点的含义,这是漫长而生动的讨论过程。会议的总体氛围依旧是继续推进他们自己的规划,然而对速度的担心,却限制了他们的自然意愿。争论最终被一位智慧的老人解决,他说:"确实,克罗马克街几年之内无法拓宽,我们应该同意现在的建议,让住宅盖起来,然后再对拓宽克罗马克街说不。"这一横向思维赢得了时日。

255  一名建筑师被任命与社区一道,为市集区修订后的规划工作。完成的规划于 1974 年 9 月 12 日公开接收质询。社区没有反对批准的建议,进而该规划便形成了当下开发的基础。只是这项规划在实施期间,却修订了大量的重要细节(图 9.45– 图 9.46)。

看看到目前为止完成的建设,显然社区的主要目标已经实现,那些希望留下的家庭也已经留下,且也已经按照社区的重点要求,住进了露台住宅。在后来的建设进程中,因为社区施加的压力,住房类型变得更好。原来规划选用的是满足安置全部人口的高密度需求的狭长立面,小卧室的户型。然而,当地一家面包店的关闭,闲置出额外的土地,加上安置家庭的数目略有减少,使得在后来的建设阶段可以改为稍低的容积率并选用宽立面的住宅(图 9.47)。

这个规划,如建成的一样,以建议的双向六车道,将上下市集区分隔开来;这里不再是一个单一实体邻里。邻里的中心从未建成,将来也不会有任何建设意向。防护型的产业屏障已转换为住房遮挡,一个合理的替换原因是貌似没有小规模工作坊的需求。社区 257 区建议保留的住宅只有一半得以保留,其余的都被拆毁。值得注意的,是保留下来的建筑物只是那些被列入环境部历史建筑和纪念建筑分部(Historic Buildings and Monuments branch of the Department of the Environment)名单的建筑。被居民描述为好用的住房,社区指定要保护的维多利亚风格建筑物,都没有保留下来。已经建造了的住宅,虽然在先前的住房存量基础上做了很大改进,却都还是郊区气质。着实没有保留下社区如此喜爱的贝尔法斯特街道建筑理念。观察居民如何去适应这种新的住房形式将会是件有趣的事情。一座校园是这个建设的一部分,只是现在的校园建在一片面对克罗马克街没有防护

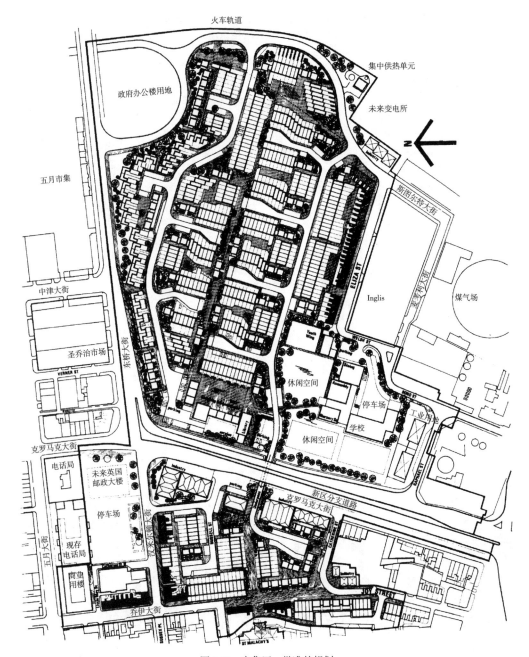

图 9.45　市集区：批准的规划

的地域之上。但是鉴于学校的人员不可能都来自整个市集区，可能是居民的规划改变学校布局的一个合理原因。

在漫长的谈判和艰辛的工作之后，市集社区实现了主要目标。原本的社区依然存在，而社区中的人们也住在所期望的住房里。只是这个过程的令人失望之处，是最终的产品几乎没有城市设计的品质，或居民曾倾注在他们自己规划当中的一些理念。这并非对项

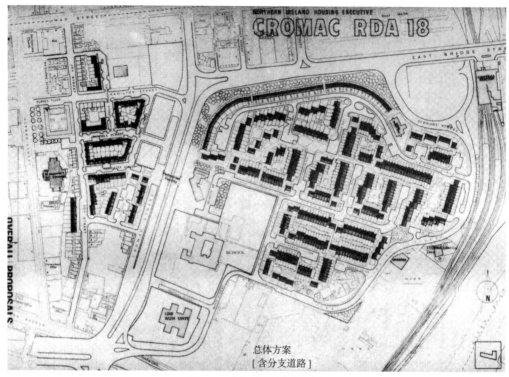

总体方案
[含分支道路]

图 9.46　市集区：修订的规划

图 9.47　完成后的市集区

目建筑师的批判；他们已经完成了在市政厅和斯托蒙特调解居民与规划师间各种不同观点的艰难工作。

## 滨河区重建：诺丁汉郡的纽瓦克

从 20 世纪 70 年代早期开始，纽瓦克的滨河区就已处于更新和重建过程。在重建过程开始之前，特伦特河（River Trent）及其位于纽瓦克的相关运河与港口，大部分都处于闲置的状态，环境不堪入目且显然不被人喜爱。沿岸的产业建筑衰落荒废。即使是 12 世纪庞大的城堡，内战时很多的活动基地，旅游者也知之甚少，甚至被很多当地人所忽略。随着运河贸易的消亡，城镇再次背离河流，退缩回其中心。城镇活力和商业生活集中在凯尔市政厅（Carr's Town Hall）所俯瞰的，由 87 米高的圣玛丽·抹大拉（St Mary Magdalene）尖塔所主导的市集广场（Market Square）。这是纽瓦克的核心区，也正是在这里迸发了重建的火花。很多有建筑艺术和历史价值的，甚至一些能回溯到中世纪时期的建筑，已被私人和公共财政联合投入修复。这种城镇肌理及未来信念所显示的信心，是成功重建的基础（图 9.48– 图 9.49）。<sup>258</sup>

重建是个长期的增量过程，纽瓦克滨河区的建设也不是这条一般规则的例外。重建是一项昂贵的事业：它要求组织、管理和节约使用大批资源。这些资源包括资本、土地，以及最关键的人力资源。维持社区对长期项目的兴趣和承诺是取得成功的关键。在一个项目周期中，尤其是在各种活动停止的经济衰退期，"项目的财政计划应明确认识到私人投资的周期性，不能指望规划师能准确预测持续时间和经济衰退的时间，若假定一个 20 年的项目不遭遇一次衰退似乎是愚蠢的……一个机构应该为一个下降周期规划好基础设施和社会住房，以保持忙碌并维持势头。"[34] 在下行期间保证重建过程中关键角色的利益可能和制定财政计划一样重要，以便联盟和积极性在经济复苏时得以重建。重建是一种合作冒险。因而这里使用的"社区"一词，是一个无所不包的概念。成功的重建涉及社区的很多方面；这包括了那些引领政治过程、主张革新的公职官员，那些驾驭私有开发

图 9.48　约克市政厅，卡尔（Carr）提供，纽瓦克

图 9.49　市集广场复原，纽瓦克

过程的人;也包括了大批的外行人,构成诸如关注当地环境保存和保护的公民社会的骨干。

纽瓦克的战略区位与发源于罗曼福斯大道(Roman Fosse Way)与特伦特河南北交汇点之间枢纽的交通网络有关。后来内陆水道的发展加强了河流的重要性,也提高了纽瓦克的贸易地位。伦敦-爱丁堡铁路线的建设进一步推动了纽瓦克的中心地位。离伦敦仅需一个多小时的高速火车车程,迅速成为合理的通勤距离。取代大北路(Great North Road)的 A1 高速公路,也经过该城镇,与 1990 年开通的东西向的 A1(M)一起,缓解了城镇的拥堵,同时提高了商务到访者的可达性。从伦敦及周围几个地方区域去往纽瓦克可达性的提高,让城镇处于可利用东中部发展压力的强势地位。将一些发展压力分流到滨河重建区,将提高纽瓦克对旅游者、新商务的吸引力,并进而成为一个通勤者的目的地。

特伦特河的重建,是一个两种不同开发方式的传奇。城堡的西面是米尔盖特(Millgate)河河滩以及 19 世纪 70 年代晚期式样重建的景象,而城堡区域周围及其东面,则是以 20 世纪八九十年代晚期的建筑式样进行的重建。米尔盖特河的规划于 1975 年 1 月被纽瓦克议会规划委员采纳。然而,这项规划是基于 20 世纪 70 年代早期的调查和研究。米尔盖特河的规划,在疏忽了这个进入纽瓦克潜在魅力门户的 20 年后才起草。这种疏忽导致社区和那些投资该镇的人的信心缺乏。规划旨在将区域恢复为有活力的、适宜生活、工作和享受独特滨河便利的地区。进一步的目标是还原米尔盖特河的建筑和环境品质。[35]

尽管破败不堪,米尔盖特街的周围区域仍有很多优势。在空地和破败的立面之间,即使是在 20 世纪 70 年代中期,也还能看到乔治王和维多利亚时期风格的红砖住宅图画般的城镇景观。因其建筑质量,米尔盖特街获得了环境部的特殊保护级别。也因此,坐落于区域中的很多优秀物业都能够得到改善,且事实上,也都已经加固。规划设想在特伦特河两边设步道,将旧仓库整修翻新用作博物馆、餐厅、酒吧和工艺作坊(图 9.50 – 图 9.51)。

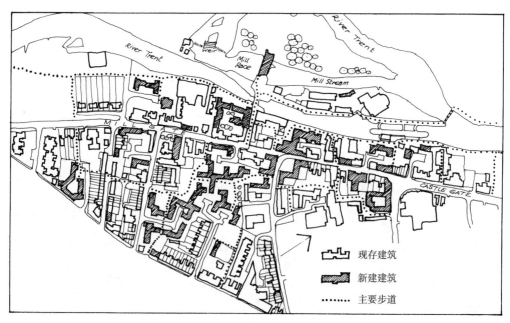

图 9.50　米尔盖特的早期建议,纽瓦克

米尔盖特在其他两个方面也很幸运。它的社区有强烈意愿与议会及规划师合作，以改进局部区域。一个发生在米尔盖特的公众参与的实验，在《方法与技术》[36]一书的第4章有详细探讨。那个特殊的公众参与活动只是议会更广泛合作计划的一部分，而该计划已成为城市设计的一个良好范例。米尔盖特也幸运地遇见了在项目上为议会工作的革新规划师和其他专业人员。米尔盖特重建中使用的规划方法很不寻常。议会鼓励负责米尔盖特的中层管理规划师人

图 9.51 米尔盖特河，仓库的修复使用，纽瓦克

员，实践公众参与的技巧，并支持他们调动创业家的技能。

这正是阿斯伯里（Aspbury）和哈里森（Harrison）所描述的方法："中层管理者自身浸入社区，依赖与居民、雇员、地主、建造商及开发商的个人接触，以产生项目的'基本要素'。他们变成准义工，帮助个体解决中央其他区域和地方政府的问题，并且是法定承办人。通过跨出狭隘的职业角色，公务员的转型让居民感到放松，有助于他们克服对项目产生不利影响的官僚机制的惯性和疏离。这加强了地方权威公职人员与地区民众之间的纽带，形成了真实公众参与的基础。"[37]

确保米尔盖特重建的财政，是项目成功的关键。财政和人力两个资源都受到严格限制。由于没有针对米尔盖特的预算，于是公共投资变成"一个现有部门预算、外围补贴和无偿援助的融合，诸如住房计划、产业投资、一般改善区域工作、家庭改善补助、城镇计划以及10号补助法案等无偿援助。挑选出来的建筑物和基地，遵循地方权威制定的引导方针，用指着私人部分投资复燃的方法来解决。"[38]议会官员的奉献和技巧，在议员们的政治意愿和普遍支持下得以持续，成为米尔盖特私人部分投资延续的平台。和很多重建项目一样，最先在区域投资的是一些小开发商。到了重建后期，大一些的开发商才变得有兴趣对项目进行严肃承诺："大部分实施滨水区重建的机构应期待他们最先的私人投资来自小建造商，而不是通常在风险少的基地上追求更大机遇的大开发商。"[39]

图9.52和图9.53展示了纽瓦克滨河区这一阶段分期的结果。沿着米尔盖特河水边的开发，建于现状优秀或历史保护建筑之间的小规模敏感填埋基地之上。现存建筑大多是仓库整修改造成的休闲功能建筑。滨水区是令人愉快的居住、餐饮、公共建筑及工艺作坊的混合用途。原本的滨河区完全是私人拥有的耸立出于运河的一些仓库。地区规划的一个目标，是获得更多通到水边的公共通道。这也通过大量不同的方式得以实现。住宅基地都被设计为朝向水面的末端开放式广场；原有产业建筑物的滨水立面，都设置了可开启的大玻璃窗户，以让就餐者能够看到过往的水上交通；现状小巷和新修的通道，都被景观化并自然导向水边，随机开敞为一个小型开放空间；一座步行桥通向滨水步道和运河与特伦特河之间的岛上。始于20世纪70年代早期的规划目标，都以一种最优雅和文明的方式完全实现。

图 9.52 米尔盖特，纽瓦克

图 9.53 去往运河的通道，米尔盖特

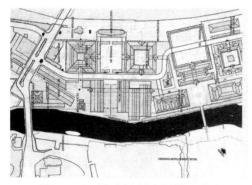

图 9.54 纽瓦克（布罗克和斯科福汉姆）
运河开发设计研究

始于 20 世纪 80 年代后期纽瓦克滨河开发机遇的焦点，一直是跨越特伦特河桥周围以及 12 世纪城堡围墙下的区域。牲口市场和邻近城堡车站的旧址，都在城堡的俯瞰下长久闲置，却也为开发商提供了宽敞的开放区域，和开发房地产获利的绝妙机会。这个区域是布罗克（Brock）和斯科福汉姆（Scoffham）研究的主题，他们是和诺丁汉大学联合的咨询公司（图 9.54）。通过一次为开发商举办的两阶段竞赛，滨河区获得了很多可行的开发建议。然而这个项目却陷入停顿，依据斯科福汉姆，是因为 "……高利率和可理解的需要开发商签订不乐意的 52 号协议（Section 52 Agreement）。" [40]（图 9.55）

1989 年，当市场被迁移到纽瓦克边缘的新址时，旧牲口市场便被闲置。在净化处理过程后，基地被景观化，成为一座人们梦寐以求的城镇公园，另一个成功重建的景象。城堡车站旧址的滨河面已被诺丁汉社区住房协会（Nottingham Community Housing Association）开发。基地容纳 176 套社会住宅的计划包含：83 套出租公寓，其中 58 套为翻新住宅、28 套新保障住宅、46 套出租家庭住宅，以及 18 套所有权共享公寓。维特罗斯（Waitrose）约翰刘易斯（John Lewis）合伙人连锁百货商店的成员之一，将滨河区或到内陆的地区开发为 4 万平方英尺的商业区。[41] 基地上以前的工业建筑物，被鉴定为具有保留价值，以充满想象力的方式进行了翻新（图 9.56–图 9.57）。

纽瓦克和舍伍德地区议会，与同一合伙人的其他一些机构合作，成功提出了一项 "单一重建预算挑战基金投标"（Single Regeneration Budget Challenge Fund Bid）和一项 "资本挑战投标"，为重建筹得了更多资本。[42] 最终筹得两千万英镑的资金用于景

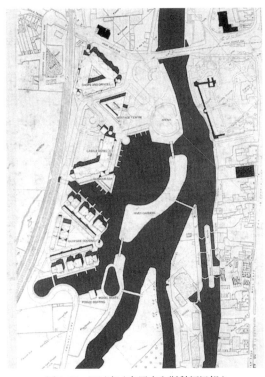

图 9.55　纽瓦克（布罗克和斯科福汉姆）
　　运河开发入口竞赛获胜方案

图 9.57　滨河步道，纽瓦克

图 9.56　纽瓦克城堡，重建方案的中心部分

观计划，翻新旧工业建筑物及建造一座码头。纽瓦克诺斯盖特（Northgate）滨河区重建计划，不仅包含对物质系统的建设，还包括很多关于社会、经济及教育本质的行动，让居民拥有更高的工作可达性，建立组织以社区为单位的培训方案，甚至提供托儿设施。[43]

这个成功的优秀乡镇重建案例，是有能力聚集所需资源的人以健全的管理架构服务于地方的结果。滨河区重建衍生出的一些"子公司"，已渗透到纽瓦克的其余部分；小规模并保持了纽瓦克建设形态的开发，扩展了城镇中心，也进而创造了很多新的商业街；城镇的旧核心区，已不再是 30 年前与这座古城不相匹配的破败模样（图 9.58– 图 9.59）。当连接欧洲的铁路完成时，纽瓦克到巴黎的旅程仅为四小时，它将建立一个完善的城市结构，准备好利用必然的发展压力。

## 巴塞罗那的滨海区重建

巴塞罗那有很多地方值得城市设计师学习：它有一座非常精致的中世纪古城，已完全步行化的"哥特区"（Barrio Gotico）。19 世纪规划的"扩展区"，是该类型的一个样板；20 世纪晚期完成的富有想象力的滨水区重建，是这个案例研究的主要关注点。巴塞罗那最近赢得了通常是颁给个人的荣誉——1993 年的哈佛大学查尔斯王子奖和 1999 年英国皇家建筑师协会金奖。

图 9.58 新的购物街，纽瓦克

图 9.59 新的购物街，纽瓦克

1975 年弗朗哥（Franco）的去世，终结了西班牙近 40 年的孤立和独裁。民主的恢复刺激了旋风般的变化：作为加入北大西洋公约组织（NATO）和欧盟的一个结果，这个国家放眼国界之外，进而 20 世纪 80 年代中期经济出现了戏剧化增长。西班牙范围内的区域认同也逐渐复苏。巴塞罗那在 1980 年获得区域自治：国内贸易控制、区域经济发展、规划、住房、公共工程、交通及公共空间自治。该自治权是巴塞罗那物质空间得以系统改造的关键因素，其目标是将该城市建设为加泰罗尼亚自治区的首都。这项城市改造和重建，为巴塞罗那在 1986 年赢得 1992 年奥运会举办权增添了助益。[44]

　　巴塞罗那位于西班牙北部地中海沿岸。几个世纪以来，古老的贝索斯河（Besos）和略夫雷加特河（Llobregat），构成了巴塞罗那东边和西边的边界：它们也决定了进入城市路线的位置。海洋和岸线在城市的南面，北面锯齿状的科尔赛罗拉山脉（Sierra of Collserola），是城市发展的天然屏障；建在平原上的城市限定在海洋、河流和山脉这些自然屏障内：整片区域被科尔赛罗拉的山麓丘陵，以及海边的两座早期定居点建造过度的小山，蒙特惠奇山（Montjuic）和蒙斯泰伯尔山（Mons Taber）所贯穿（图 9.60）。科尔赛罗拉山脉隧道的贯通和其他山谷里几条主要高速公路的修建，刺激了巴塞罗那平原历史范围之外的略夫雷加特河及滨海区域新城市的增长。[45]

　　巴塞罗那分明的城市形态，源自大约 2000 年前紧凑的罗马城邦（oppidum）。城墙内的中世纪中心从该核心扩展而来，得到了与海事活动紧密相关的经济的支持。到了 19 世纪，工业化激发的增长和扩张，迫使城墙被拆除。这一次扩张以工程规划师伊尔德方斯·塞尔达（Ildefons Cerda）的方格网规划为基础。加泰罗尼亚的扩建区，由 550 个正方形街坊组成，街坊模数的边长为 113 米。塞尔达的规划覆盖了山海之间的冲积平原，

图 9.60　巴塞罗那平原 [ 引自古阿萨（Guasa）的巴塞罗那介绍（*Introduction to Barcelona*），第二幅插图的地图 C]

图 9.61　高迪设计的米拉之家

与外围的几座独立城镇合为一体，让城市足迹的尺度比原先大了十倍。扩展区最中心部分的格拉西亚大道（Passeig de Gracia）两侧，成为以路易斯·多米尼克·蒙塔内（Lluis Domènech i Montaner）和安东尼·高迪（Antoni Gaudí）等现代主义建筑师在世纪之交为新贵建造炫耀住房的文脉。也是在这个扩展区，高迪开始建造他至今依然没有完工的杰作，圣家堂（Sagrada Familia，图 9.61–图 9.62）。[46]

　　1888 年和 1929 年的世界博览会为两个大区带来更多发展。1888 年世博时期将老城北边界的军事要塞休达德亚（Ciutadella）改建为新的公园。密斯·凡·德·罗（Mies van der Rohe）建造了巴塞罗那德国馆（Barcelona Pavilion）的 1929 年世博会，成为征服城市西南部主导城市的丘陵，蒙特惠奇山（Montjuic）露头的刺激因素。巴塞罗那有主办世界盛会并以它们为促进城市增长和发展因素的悠久传统。1992 年的奥运会盛典，为实现规划目标创造了另一个契机，而这些目标在其他普通情况下，几乎是不可能达成的。一些雄心勃勃的城市项目，短时间内在巴塞罗那得以实现。[47] 仅十年出头的时间，在举办奥运会组织动力的驱动下，巴塞罗那就完成了举办地的改造。此外，还发生了另一件城市规划目标中本来没有的事件：巴塞罗那近代史的这一创举，为其他城市提供了宝贵经验。

　　20 世纪 90 年代巴塞罗那的改造可追溯到 20 世纪 80 年代早期。城市规划部门（City Planning Department）由奥里奥尔·博伊加斯（Oriol Bohigas）带领的专业小组，执行了一项颇具胆识的政策，即购买闲置土地和废弃工厂，并将之转换为公共产权。[48] 这项开明的政策，让巴塞罗那的一些问题迎刃而解，例如在高密度城市结构中的公共空间短缺问题。1980 年到 1992 年，他们以此创造了很多公共用途空间，其中很多发生在老城区（Ciutat

图 9.62　高迪设计的圣家堂

Vella）。在城市肌理间创建小型公共空间的过程中，老城区的大范围区域得以步行化，由此也在一定程度上理顺了交通。詹姆斯与安妮·托马斯（James and Anne Thomas）曾描述过巴塞罗那几个三通广场的车辆控制。[49] 以下是他们文章中的一些段落，当中阐述了与机动车辆分享公共空间可借鉴的经验，任何成功的高密度及混合土地利用邻里规划都应满足的要求，也是一个受人喜爱的、英国那些倡导可持续发展的人提出的城市生活解

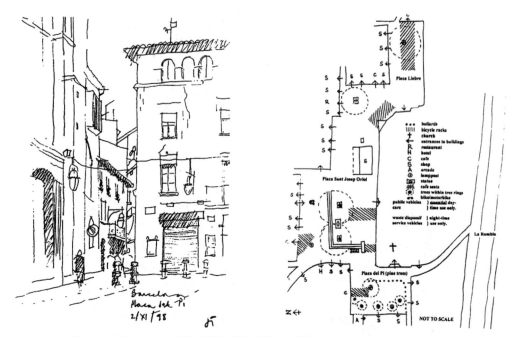

图 9.63　松树广场，托马斯的草图，《城市设计季刊》（*Urban Design Quaterly*）71 期

决方案。"……松树广场（Plaza del Pi）拥有矩形的街坊平面，部分大理石铺地，没有路牙石或台阶，还有树荫庇护着步行及坐在两座餐厅里的人们的六棵树。系船柱……将汽车的停放限制在外围……步行者如流水般在空间内穿梭，被东面 14 世纪的松树广场圣玛丽亚教堂（Church of Santa Maria del Pi）所包围……"其余的建筑物"都十分高耸，大多为五层半或六层高，因而有强烈的围合感……中世纪巴塞罗那的中心，是市民生活的公共空间——从清晨到深夜。步行者，在街道和广场上都得到优先，机动车辆变成服务工具（图 9.63）。"步行者依照巴塞罗那的主要街道兰布拉斯林荫大道（Ramblas Boulevard）那样，控制着老城区中心的公共区域：在这里，街道的中心地带完全交给了市集、展览和咖啡店，形成了一个展示和休闲的购物中心，而车辆则被限制在边缘的车道上。

　　巴塞罗那抓住了奥运会提供的机会并打造了城市与海洋的连接。巴塞罗那港口边的木材码头（The Moll de la Fusta），是疏通因繁忙的交通而瘫痪城市并提高流动性，同时更新城市与滨水之间接触的首个尝试。过境交通通道被改造至地下，让行人能够轻松到达滨水区域。这个理念是规划官员滨水区建设的主要目标。这项方针的极致是滨海旧港（Port Vell Marina）的再开发，由皮尼翁（Pinon）和维亚普拉纳（Viaplana）规划。一座优美的桥梁将兰布拉斯和岛状滨海旧港上的商店、餐厅和综合体联结起来。海事步行桥轻巧地置于和平之门广场（Placa del Portal de la Pau）和哥伦布雕像（Columbus statue）偏离中心的一侧，它是 2 公里长兰布拉斯历史末端的地标。悠长而优美的林荫大道，通过步行桥延伸到部分是桥、步道甲板和广场的海滨大道（Rambla de Mar），一处延伸至进港口的休闲公共空间—— 一种完全不同于城市的体验（图 9.64–图 9.67）。

图 9.64　海滨大道

图 9.65　滨海大道

图 9.66　滨海大道

图 9.67　滨海大道

新伊卡里亚（Nova Icaria）奥运村，是巴塞罗那得以加强城市与海之联结的另一机会。由马托雷利（Martorell）、博伊加斯（Bohigas）、麦凯（Mackay）和普伊赫多门奇（Puigdomenech）设计的新伊卡里亚总体规划在某些方面的示范性在于，它力图将奥运村新区与城市的其他部分融为一体（图9.68）。该规划通过拆除累赘的产业建筑与隔绝城市与海洋的铁路轨道来提供项目用地。铁路重新选线从北面掠过；铁轨在一处面朝城市很远景观区域的住宅的拱廊前被埋入地下，将新奥运村与现有城市肌理连接起来。[50] 交通带（Cinturon）下沉于地面与旧铁路线平行，上方由公园区域相连：上方林荫大道的道路被重新排列，以使不同方向的行人得以分开通行，与此同时，布置为蛇形的滨海道路蜿蜒扭转，在舒缓交通的同时，还提供了更多优美的景观（图9.69）。不仅如此，几条道路及其承载的交通也都并未侵入视觉上与面朝地中海物业边缘相连的滨海区域。

塞尔达规划的网格延伸进入新伊卡里亚。卡莱斯一世步道（The Passeig de Carles 1）从高迪的圣家堂开始延伸，穿过新伊卡里亚，终结在新港口边的宽阔码头上。作为城市入口以及其与海之汇合处地标的，是一对尺度相仿但设计不同的塔楼。相当乏味的双塔与高迪的大教堂格格不入，甚至在趾高气扬的中心塔竣工时，也显得比小一些的台柱矮一截。2.5公里（1.5英里）长的圣家堂轴线本应配得上更为巧妙和恰当的处理手法（图9.69）。

填充奥运村塞尔达网格的公寓街坊群，由一流获奖的建筑师团队逐一设计：它所展现出的是外围街坊可以保持建筑体量和立面连续性的一种方式。与旧港口水边更老一些的建筑一样，这些建筑沿着码头和防波堤形成各种活动的中性背景：它们还提供了可渗透的边缘，让活动得以穿过滨水区到达其后方的开发区当中。该开发区前方是奥林匹克港口，这里是一处围合的宏大公共空间，有无数停泊的船只和很多可爱的港畔咖啡店、酒吧和餐厅：到处都洋溢着各种活动的活力与声音（图9.71–图9.73）。

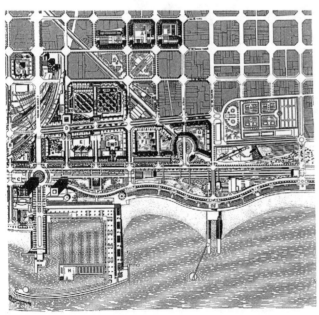

a. 住宅，卡洛斯·费拉特（Carlos Ferrater）
b. 住宅，MBM
c. 酒店，SOM
d. 电话局，巴赫·莫拉（Bachy Mora）
e. 办公楼，皮尼翁（piñon）与维亚普拉纳（Viaplana）
f. 住宅，埃斯蒂夫·博内尔（Esteue Bonell）
g. 住宅，马丁内斯·拉佩尼亚与托雷斯（Martinez Lapeña & Torres）
h. 港务长办公室，MBM

图9.68　新伊卡里亚规划，引自布坎南"城市村落"，《建筑评论》，1992年8月

270

273

图 9.69　滨海景观

图 9.70　双子塔，新
伊卡里亚

图 9.71　奥林匹克港

图 9.72　奥林匹克港

图 9.73　奥林匹克港

　　巴塞罗那以奥运会为契机开发了 4 公里长的现状滨水区，在这里步行优先，公共空间是最高环境品质的街道与广场形态。这个滨水区的一部分是旧港区，如今也已被改造得充满活力；另一部分是在以前弃置产业基地上充满想象力的创造；这个美妙的休闲设施还包括了部分为城市居民创造的海滩。除了滨水区开发，巴塞罗那还开展了改善老城区城市空间的过程，将街道与广场交还给步行，也舒缓了机动交通。

## 结　论

　　本章讨论了五个案例。第二次世界大战之后由霍尔福德规划并在一个专门的专家委员会的建议下建起的圣保罗大教堂周围区域。部长本人对这个主题也格外感兴趣。建设的结果在一定程度上也成了公众争论和批判的主题。第二次战后圣保罗领主广场区域再设计的尝试，在一次建筑设计竞赛和两次展览之后，再一次成了争论的主题。结果是否能满足预期还有待观望。

道格斯岛区项目早期的开发商忽略了公众意见。孤注一掷于盈利和操作效率。结果有目共睹，不再过多评论。

在第三个案例中，贝尔法斯特市集区规划坦率地尝试将普通公众包含在规划和建设过程中，取得了一些显著的成功。当居民的观点不被重视时，设计陷入失败。也许是时候更加认真聆听民众的声音了。似乎别处也有证据表明，民众最明白困扰他们的问题，也能够制定出这些问题的常识解决方案，且并不会离奇昂贵。

有这样一则民主标语："民众最了解"；在城市设计领域运用这一点，也许可以让光明照进封闭的建筑学理论世界。[51]

第四个案例，纽瓦克滨河区开发，研究了城市的重建过程。特别关注城市设计的时间维度。与其他三个研究城市设计不同空间尺度的案例不同，这个案例研究强调的是城市设计的时间尺度，提醒人们，我们的城市是渐进过程的结果，包含了多年的多种因素。

第五个案例，是巴塞罗那的一份与 1992 年举办奥运会有关的建设报告。案例检验了将街道与广场的创造作为大规模城市重建过程的一部分，并提醒城市设计师他们的角色既能涉及大都会尺度的工作，也能深入街道与广场的详细设计，这是城市设计师工作最直接也明显的作用。

## 注释与文献

1 威廉·霍尔福德（Holford. William），"关于伦敦金融城圣保罗大教堂周边环境的报告"（"St Paul's report on the surroundings of St Paul's Cathedral in the City of London"），In《城镇规划评论》（*Town Planning Review*），第 27 卷，2 号，1956 年 7 月，第 58–98 页。

2 凯丽·唐斯（Downes, Kerry），《霍克斯莫尔》（*Hawksmoor*），泰晤士与哈得孙出版社（Thames and Hudson），伦敦，1969 年，第 88 页。

3 沃尔特·博尔（Bor, Walter），"圣保罗区的传奇"（"The St Paul's precinct saga"），《规划师》（*The Planner*），第 74 卷内，5 号，1988 年 5 月，第 26–28 页。

4 W. 霍尔福德，引文同前，第 68 页。

5 同上，第 69–70 页。

6 C. 西特（Sitte, C.），《城市建筑》（*Der Stadte—Bau*），卡尔·格雷泽尔出版公司（Carl Graeser and Co.），维也纳，1901 年。

7 梅芙·肯尼迪（Kennedy, Maev），"适合王子的主祷文广场"（"Paternoster's piazzas fit for a prince"），《卫报》（*The Guardian*），1988 年 11 月 19 日，第 3 页。

8 列昂·克里尔（Krier, Leon）与查尔斯·詹克斯（Jencks, Charles），（"Paternoster Square"），《建筑设计》（*Architectural Design*），第 58 卷，1/2 号，1988 年，第 7–13 页。

9 同上，第9页。

10 约翰·辛普森（Simpson, John），"主祷文广场重建项目"（"Paternoster Square redevelopment project"），《建筑设计》，第58卷，9/10号，1988年，第78-80页。

11 约翰·塔利斯（Tallis, John），《伦敦街道景色，1838-1840》（*London Street Views, 1838-1840*），杰克森·皮特（Peter Jackson）推荐，纳塔莉与莫里斯出版社（Nattali & Maurice），伦敦，1969年。

12 乔纳森·格兰西（Glancey, Jonathan），"这是适合圣保罗的公司吗？"（"Is this fit company for St Paul's？"），《独立报》（*The Independent*），1991年5月29日。

13 主祷文协会（Paternoster Associates），《主祷文广场》（*Paternoster Square*），伦敦，1991年。

14 J.格兰西，引文同前。

15 "失败的王子的主祷文梦想城市"（"Thumbs down from city for Prince's dream of Paternoster"），《建筑师杂志》（*Architects Journal*），1995年12月21日，第11页。

16 "圣保罗教堂该怎么做？"（"What's right for St Paul's？"），《建筑师杂志》，1996年5月2日，第18-19页。

17 "惠特菲尔德总体规划的第三次走运"（"Third time lucky with Whitfield master-plan"），《建筑师杂志》，1997年11月27日，第10-12页。

18 "维多利亚王后街"（"Queen Victoria Street"），《建筑师杂志》，1999年6月10日，第55页。

19 马丁·皮利（Pawley, Martin），"福西特传奇的最后一举"（"Final act of the Fawcett saga"），《卫报》（*The Guardian*），1990年2月5日。

20 E. 霍兰比（Hollamby, E.）、D. 戈斯林（Gosling, D.），以及G. 卡伦等（Cullen, G. et al.），《道格斯岛区城市设计规划：设计与建设导则》（*Isle of Dogs: Urban Design Plan: A Guide to Design and Development*），伦敦港区开发公司（London Docklands Development Corporation），1982年11月。

21 D. 戈斯林与B. 梅特兰（Maitland, B.），《城市设计理念》（*Concepts of Urban Design*），学院版，伦敦，1984年，第149页。

22 M. 威尔福德（Wilford, M.），"去竞赛，还是去道格斯？"（"Off to the races, or going to the Dogs？"），《建筑设计》，第54卷，1/2号，1984年，第8-15页。

23 T. 奥尔德斯（Aldous, T.），"从不同角度跨越河流"（"Crossing the river from a different angle"），《建筑师杂志》，1998年3月12日，第10-11页。

24 B. 爱德华兹（Edwards, B.），"解构城市：伦敦港区"（"Deconstructing the City: London Docklands"），《城市设计季刊》（*Urban Design Quarterly*），第69期，1999年1月，第22-24页。

25 案例见桑迪罗重建协会（Sandy Row Redevelopment Association），《公开质询会上的桑迪·罗》（*Sandy Row at the Public Enquiry*），桑迪罗重建协会，贝尔法斯特，1972年。

26 麦凯（McKay）、凯西（Kathy）、格吕兹梅克（Gryzmek）、布莱恩（Brian）以及乔·霍尔登（Holden, Jo），《市集》（*The Markets*），Gown（贝尔法斯特），1972年5月9日。

27 贝尔法斯特自治郡，（County Borough of Belfast），城市规划局（City Planning Department），《市集——18区重建》（*The Markets —— Redevelopment Area 18*），贝尔法斯特自治郡，贝尔法斯特，1971年8月。

28 阿尔斯特建筑遗产协会（Ulster Architectural Heritage Society），《贝尔法斯特乔伊街和汉

密尔顿街地区的调查和建议》(*Survey and Recommendations for the Joy Street and Hamilton Street district of Belfast*), 阿尔斯特建筑遗产协会, 贝尔法斯特, 1971 年。

29　贝尔法斯特自治郡, 城市规划局,《18 区的产业及商业重建》(*Industry and Commerce in Redevelopment 18*), 贝尔法斯特自治郡, 1971 年 2 月。

30　W.D.R. 塔格特 (Taggart, W.D.R.) 与 R.T. 塔格特 (Taggart, R.T.),《克罗马克 RDA18 的规划评估》(*Cromac RDA 18, Planning Appraisal*), 贝尔法斯特, 1985 年, 第 15 页。

31　市场重建协会和规划项目小组 (Markets Redevelopment Association and The Planning Projects Unit),《贝尔法斯特市集区, 人民的规划》(*The Markets Area of Belfast, The People's Plan*) 初步报告, 贝尔法斯特女王大学, 1973 年 11 月。

32　克里斯多夫·亚历山大等 (Alexander, Christopher, et al.),《城市设计新理论》(*A New Theory of Urban Design*), 牛津大学出版社, 牛津, 1987 年; 克里斯蒂安·诺伯格 – 舒尔茨 (Norberg-Schulz, Christian),《存在·空间·建筑》(*Existence, Space and Architecture*), 远景工作室 (Studio Vista), 伦敦, 1971 年。

33　凯文·林奇 (Lynch, Kevin),《城市意象》(*The Image of the City*), 麻省理工学院出版社 (MIT Press), 剑桥, 马萨诸塞州, 1960 年。

34　D.L.A. 戈登 (Gordon, D.L.A.),《为城市滨水区重建融资》(*Financing Urban Waterfront Redevelopment*),《美国规划师杂志》(*APA Journal*), 1997 年春。

35　《纽瓦克商报》(*Newark Advertiser*), 1975 年 1 月 25 日。

36　J.C. 芒福汀等 (Moughtin, J.C. et al.),《城市设计：方法与技术》(*Urban Design: Method and Technique*), 巴特沃斯 – 海涅曼出版社 (Butterworth-Heinemann), 牛津, 1999 年。

37　A. 阿斯伯里 (Aspbury, A.) 与 R. 哈里森 (Harrison, R.), "纽瓦克 – 米尔盖特的复兴" ("Newark–Millgate Revival"),《规划师》(*Planner*), 第 68 卷, 1982 年 2 月。

38　同上。

39　D.L.A. 戈登, 引文同前。

40　E.R. 斯科芬 (Scoffham, E.R.), "特伦特河畔纽瓦克社区与商业利益的平衡" ("Balancing Community and Commercial Interests in Newark–on–Trent"), 于 K.N. 怀特 (White, K.N., et al.),《城市滨水重建：问题与预期》(*Urban Waterside Regeneration: Problems and Prospects*), 埃利斯·霍伍德出版公司 (Ellis Horwood Ltd), 奇切斯特, (Chichester), 1993 年。

41　《诺丁汉晚邮报：诺丁汉每周商业地产》(*Nottingham Evening Post: Notts Commercial Property Weekly*), 1996 年 10 月 22 日。

42　纽瓦克与舍伍德地区议会 (Newark and Sherwood District Council),《纽瓦克滨河区重建的资本挑战竞标》(*Capital Challenge Bid for Newark Riverside Regeneration*), 纽瓦克和舍伍德地区议会 (Newark and Sherwood District Council) 内部出版, 未标明日期报告。

43　纽瓦克和舍伍德地区议会,《纽瓦克滨河区重建 SRB 基金出价竞标》(*SRB Challenge Fund Bid for Newark Riverside Regeneration*), 纽瓦克和舍伍德地区议会内部出版, 未标明日期报告。

44　R. 科尔 (Cole, R.), "向巴塞罗那致敬" ("Homage to Barcelona"),《城市设计》(*Urban Design*), 第 69 期, 1999 年, 第 11–13 页。

45 M. 古阿萨（Guasa, M. et al.），《巴塞罗那：现代建筑导览 1860—2002》（*Barcelona: A Guide to its Modern Architecture*, 1860-2002 年），阿克塔出版社（Actar），伦敦，2002 年。

46 J.B. 诺内利（Nonell, J.B.），《安东尼奥·高迪：建筑大师》（*Antonio Gaudí: Master Architect*），阿布维尔出版社（A bbeville Press），伦敦，2000 年。

47 M. 古阿萨等，引文同前。

48 S. 卡诺加尔（Canogar, S.），"西班牙大型活动"（"Major events in Spain"），《城市设计季刊》（*Urban Design Quarterly*），第 58 期，1996 年 4 月，第 29–31 页。

49 A. 与 J. 托马斯（Thomas, J.&A.），"巴塞罗那的三座广场"（"Three squares in Barcelona"），《城市设计季刊》，第 71 期，1999 年 7 月，第 38–39 页。

50 P. 布坎南（Buchanan, P.），"城市村庄"（"Urbane village"），《建筑评论》（*Architectural Review*），1146 号，1992 年 8 月，第 30–31 页。

51 案例见 J.C. 芒福汀等，《诺丁汉实验，迈向积极规划公众参与》（The *Nottingham Experiments, Towards Positive Participation in Planning.*），诺丁汉，规划研究学会（Institute of Planning Studies），1979 年；J.C. 芒福汀和丹尼尔·博恩，《社区建筑物，诺丁汉郡纽瓦克 – 米尔盖特的第二次尝试》（*The Building of a Community, Second Experience at Millgate in Newark, Nottinghamshire*），诺丁汉，规划研究学会，1981 年。

# 第10章 结论

　　20 世纪不以建造精彩的街道或广场而知名。这当然是一个粗略的过分简化，一个几乎是夸张的概括。并非所有 20 世纪的街道与广场都像诺丁汉的侍女玛丽安路那样不堪入目（图 2.39– 图 2.41）。然而，这个判断也确实包含了一些真相。大部分建筑评论者，无论什么审美倾向，都能点出他们认为和泰姬玛哈陵、帕提农神庙或某一座哥特大教堂一样伟大的 20 世纪建筑物范例。而且，在列出的不同名单中可能还会有很多重叠和一致。然而，这些评论者或批评家是否能够找出与威尼斯圣马可广场，甚或是很多欧洲城市里都有的不那么壮丽的中世纪广场相匹敌或媲美的 20 世纪广场案例呢？或者，这些批评家是否能说出哪条 20 世纪街道的名字能与奇平卡姆登主街或博洛尼亚拱廊相媲美呢（图 5.24– 图 5.27 和图 5.29– 图 5.30）？这两个问题的答案，我估计都是："非常困难！"如果本段开头的判断里有任何真相的话，那么，为什么会这样？以及我们能从这明显的失败中学到什么？

　　本章结论将主要限定在对英国 20 世纪贫乏的街道与广场设计的讨论中。英国新规划的城镇中心，或是重建的老城中心，例如考文垂二战期间被炸毁的老城中心，都鲜有像林肯或约克那样传统英国城镇或城市中心的品质。吉伯德曾写过一本很好的城市设计著作，却没能在他设计的新城镇哈洛（Harlow）再造出像样的广场或街道。哈洛有值得赞美的其他优点，但城镇中心的公共空间却无法与吉伯德如此熟知并在他的书里分析得如此清晰的、伟大的欧洲广场与街道相比。[1]

　　以好的规划为名分类编排各种城市设计灾难，是徒劳无益的任务，这并不是本章的目的：本章的目的是试图找出为什么 20 世纪的街道与广场，会得到那些在建城镇和城市如此之少的关注。尤其令人不解的，是从 19 世纪晚期开始，就已经有了大量的公共空间设计理论文献。这些文献似乎对结果几乎没有作用，无论是在新城镇、社会住房的公共建设方面，还是在私人开发的诸如大型购物中心和商务园区方面都是如此。

　　英国一些受西特理论传承强烈影响的作者，例如昂温、吉伯德和卡伦，都清晰地遵从西特著作的精神。[2]然而，在建筑教育方面，有另外一种城市化观点被证明更有影响力，这就是来自勒·柯布西耶和那些现代建筑运动"前卫先锋"的城市化观点。西格弗里德·吉迪恩，正如我们早前所见，仅将西特的理念当作权宜之计摈弃，取而代之，他提倡大规模住宅、大型道路工程及综合的城市中心开发。[3] 勒·柯布西耶写道："我们的街道不再有用，街道是一个废弃的概念。不应该再有街道这样的事物；我们必须创造些什么代替它。"[4] 格罗皮乌斯也表达过类似观点："与其在一楼设置看向光秃墙壁、狭窄而没有阳光院子的窗户，不如提供清晰的天空视野，广阔的草地，以及将街区分隔开来的树林以作孩子们游戏的场地。"[5] 这种哲学被当作设计师导则提出，设计师认为 20 世纪的街道不值得研究也就不意外了。勒·柯布西耶、格罗皮乌斯及其他人概述的设计议程，部分成为现实，在英国是以非常普遍的高层住宅开发形式；而一些像利物浦埃弗顿高地"猪圈"那样的，则因为不宜居住而被拆除。

建筑师和城镇规划师只能在任何社会给定的文化和结构参数集范围内工作。因此，把所有糟糕的公共空间设计都归咎于这个职业，有失公正和准确。这个国家对汽车长久而不知足的强烈爱好助推了破坏，破坏了作为生活、工作及购物魅力场所的城镇中心。20 世纪见证了越来越多人群向郊区的迁移，汽车的使用既是必须，又是从一个地方到另一个地方最有效的手段：也是在这里，郊区首次置业的住房价格趋向最低，学校也被认为是最好的，地址都被一致认定为"高档消费"的身份。郊区的低密度不是支持公共交通的理想开发类型，公共交通的有效性，要求交通走廊可步行的范围内是人口稠密区。郊区扩张开发的结果，是公共交通利用不足，进一步加剧了私人交通需求，并且在很多情况下，甚至产生了一个家庭内每个人都有他或她个人小汽车的需求。

原本都是和繁荣的城镇中心有关的购物及其他服务，随着人口向郊区的回撤而有了城外的选址，有很好的道路连接和停车空间。一些城镇当局努力拯救传统的城镇中心并与城外的商业竞争，改善城市道路，建造多层停车楼以及大体量的购物商场，结果却是破坏了良好的街道与广场，这是一个生动的可持续城镇中心的命脉。大规模投资开发以促进动态交通和静态停车两方面，是这个国家很多城镇和城市里的公共空间肌理被破坏的原因之一。

建筑师和城镇规划师意识到了放任汽车使用增长会带来的问题。两个职业的成员都已经明确警告了没有恰当公共回应的后果。《城镇交通》（*Traffic in Towns*）大概是对汽车增长可能对环境产生影响的最彻底的研究，当中还探讨了解决这个现象的替代方法。[6] 在这份报告中，作者布坎南很清晰地阐明了城镇和城市规划对汽车使用预期增长的影响：没有大量的、昂贵的道路基础设施投资，结果或将是僵局和混乱，且这种状态每天都在加剧。显然，另一个极端中，为满足汽车使用而修建的基础设施，将对城市环境造成不可承受的负担。其他作者也已经指出，修建额外的城市道路和改善其他道路，只会增加对汽车更高的需求，加速最终的僵局。[7] 这些作者还断言，不破坏我们的城市环境及其街道与广场的文化，在英国满足汽车交通自由的需求是不可能的。在英国，我们现在已经面临最糟糕的情况：破旧的公交系统、无法应付汽车使用增长的道路网络和巨大郊区，而由于郊区的低密度，货物和人员交通都依赖小汽车，显然不适合公共交通服务。诚然，有效的公共交通系统，是紧凑的、土地混合利用的、有细密纹理的可持续城市建设的基本要求，是城市街道与广场网络的基础。任何缺乏这种整体城市设计议程的事物都是肤浅的，都是治标不治本的。

20世纪建筑业的结构，也是一个不利于文明街道与广场创造的因素。大型建工企业从事为大规模项目清理基地的工作，是最划算也最有利可图的行当。此外，购物开发的经济规模，必然导致城外或城里的购物中心开发，例如诺丁汉的维多利亚（Victoria）和布罗德马什（Broadmarsh）中心。这种开发都建在曾是拥挤的公共街道的大片土地上，从此被私有空间取代，所有者甚至有时会决定对公众关闭。这是"走后门"的公共空间私有化；它强调了20世纪公共空间价值的缺乏，一种如果我们希望建设活力城市必须要挑战的态度。此外，单一用途的大型基地，无论是用于居住、办公或者购物，它们无数相关联的土地用途，都是公共广场或公共街道的对立面。

英国的政治制度并不支持紧凑型可持续城市的发展。汽车使用被抑制，街道与广场以有效的公共交通系统支持的城市，需要长期的支持和培育。正如我们所看到的，文艺复兴时期，罗马教皇扮演的城市环境监护人的角色，是罗马今天还拥有很多令人赞叹的公共广场的原因（见原书90-97页）。我们的民主政府系统，是否能有和文艺复兴时期的罗马教皇一样的功能？还没有定论！正如我们今天已经看到的，充满活力的街道与广场的城市建设，取决于一个有效的公共交通系统。这个国家城镇和城市完整的公交系统建设，需要跨越几届议会的长期承诺。实际上，这意味着将资源从私人交通转移到公共交通，紧跟着一个汽车使用转变为公共交通使用的过程。这种资源的转移将会采取两种主要方式。第一种，就汽油价格、道路税及道路收费价格而言，意味着驾车者将付出更高的代价：这将使驾驶成本更高，尤其是在城镇和城市里。第二种，资源的转移将采取更为直接的方式：以道路改善为代价的昂贵的公共交通基础设施建设；这也可能意味着对公共交通费用的直接补贴。

一个有效公共交通系统的建设也许需要20年，四届或五届议会。我们政党之间的竞争意味着没有政府，无论什么政治派别，都负担不起疏离太多选民。今天生活在英国的我们，大多数都拥有、使用并喜欢我们的汽车。有多少所谓的"英格兰中部"选民，接受无疑会带来痛苦的任何汽车使用的限制？一个简单而有效的方法是通过汽油价格"加速器"机制，要求这个国家的汽车用户为过度消耗汽油造成的环境损害付费：这项政策是20世纪90年代早期保守党政府引进的一项明智程序，在每一期预算中，每年的汽油涨价幅度都大于通货膨胀率。1997年，执政的劳动党政府接受了"加速器"，但却仅是作为一项政策，它在1999年的汽油罢工及加油站封锁中垂死挣扎。随后，在野的保守党公开谴责了尽管是在他们执政期间引入的"加速器政策"。公众对汽油价格的愤怒威胁到了政府在民意调查中的领先优势，这引发了对汽油税政策的反思。自那以后，政府这十年的这一虚弱却在相关领域颇受欢迎的交通规划倡议，遭遇了很多反对。观察像道路收费这种建议在全国范围内能实施到什么程度，将会是一件有趣的事。很难看出这一政策和其他有争议的政策如何能让驾驶者听从。

尽管这个国家的地方环境令人担忧，但在公众愿意对私家车使用、废物管理及一般能源消耗的态度作出必要的文化变革之前，情况可能会变得更糟。在英国，一个或更多政党，除了就可持续生活方式的必要性而教育公众之外，还必须找到与公路游说团和其他强大的既得利益团体斗争的勇气和政治意愿。

在20世纪的最后几年，英国和欧洲大陆对建设和城市设计的态度都有了改变的迹象。有越来越多的文献，其中一些是在政府的官方文件中，倡导可持续发展并从充满活力的街道与广场角度看待环境质量。现在有很多建设项目遵从设计议程，将不可再生能源的使用最小化。一些项目，譬如前面案例研究中提到的那些，以及《绿色尺度》[8]中描述的其他一些，还有更多的项目，都为未来更加文雅和文明的城市环境指明了道路。

过去很多最好的广场和街道的建设都经历了几代人。也许，将来我们对城市设计成功的衡量，将不仅针对我们完全新建的街道和广场，而是对我们城镇和城市中既有出色街道和广场明智的小规模添加。当下或许是一个好时机，以与这个国家伟大城市建设传统相协调并受其启发的建设，而不是盲目复制我们从前人那里继承下来的事物是最好成果的方式，去替换掉那些不恰当的、20世纪比例失调的街道与广场。

## 注释与文献

1 F. 吉伯德（Gibberd, F.），《市镇设计》（*Town Design*），建筑出版社（Architectural Press），伦敦，第2版，1955年。

2 R. 昂温（Unwin, R.），《市镇规划实践》（*Town Planning in Practice*），伦敦，1965年；F. 吉伯德，引文同前；G. 卡伦（Cullen, G.），《城市景观》（*Townscape*），建筑出版社，伦敦，1961年。

3 S. 吉迪恩（Giedion, S.），《空间·时间·建筑》（*Space, Time and Architecture*），哈佛大学出版社（Harvard University Press,），剑桥，马萨诸塞州，第三版，1956年。

4 勒·柯布西耶（Le Corbusie），《光辉城市》（*The Radiant City*），费伯出版公司（Faber and Faber），伦敦，1967年。

5 W. 格罗皮乌斯（Gropius, W.），《新建筑与包豪斯》[*New Architecture and the Bauhaus*，P.M. 尚德（P.M. Shand）与 F. 皮克（F. Pick）译]，费伯出版公司，伦敦，1935年。

6 C.D. 布坎南 Buchanan, C. D.《城镇交通》（*Traffic in Towns*），HMSO，伦敦，1963年。

7 J. 雅各布斯（Jacobs, J.），《美国大城市的死与生》（*The Death and Life of Great American Cities*），企鹅出版社（Penguin），哈蒙兹沃思（Harmondsworth），1965年；另见 J.C. 芒福汀（Moughtin, J.C.），《城市设计：绿色尺度》（*Urban Design: Green Dimensions*），建筑出版社，牛津，1996年。

8 J.C. 芒福汀，《城市设计：绿色尺度》，牛津，建筑出版社，1996年。

# 参考文献

Abercrombie, P. The fifty years' civic transformation. In *Town Planning Review*, Vol 1, No 3, October 1910, pp.220-234.

Abercrombie, P. Vienna as an example of town planning. In *Town Planning Review*, Vol 1, No 4, January 1911, pp.279-293.

Abercrombie, P. The era of architectural town planning. In *Town Planning Review*, Vol V, No 3, October 1914, pp.195-213.

Abercrombie, P. *Town and Country Planning*, London, 1944.

Abercrombie, P. *Greater London Plan*, HMSO, London, 1945.

Alberti, L.B. *Ten Books on Architecture* (trns. Cosimo Bartoli (into Italian) and James Leoni (into English)), Tiranti, London, 1955.

Alexander, C. A city is not a tree, *Architectural Forum*, New York, April 1965, pp.58-62 and May 1965, pp.58-61.

Alexander, C. *Notes on the Synthesis of Form*, Harvard University Press, Cambridge, Mass., 1974.

Alexander, C. *A Pattern Language*, Oxford University Press, Oxford, 1977.

Alexander, C. *A Timeless Way of Building*, Oxford University Press, New York, 1979.

Alexander, C. *The Oregon Experiment*, Oxford University Press, Oxford, 1979.

Alexander, C. et al. *A New Theory of Urban Design*, Oxford University Press, Oxford, 1987.

Allsopp, B. *A Modern Theory of Architecture*, Routledge & Kegan Paul, London, 1977.

Ambasz, E. Plaza Mayor, Salamanca. In *Architectural Design, Architectural Design Profile, Urbanism*, Vol 54, No 1/2, 1984, pp.44-45.

Anderson, S. (ed.) *On Streets*, MIT Press, Cambridge, Mass., 1986.

Anderson, S. (ed.) Studies toward an ecological model of the urban environment. In *On Streets*, ibid.

Appleyard. D., Lynch, K. and Myer, J. *The View from the Road*, MIT Press, Cambridge, Mass., 1964.

Appleyard, D. *Livable Streets*, University of California Press, Berkeley and London, 1981.

Aristotle, *The Politics* (trns. T.A. Sinclaire (revised by Trevor J. Saunders)), Penguin, Harmondsworth, 1986.

Archives d'Architecture Moderne. The battle for corner properties in Brussels. In *Architectural Design, Architectural Design Profile, Urbanism*, Vol 54, No 1/2, 1984, pp.69-74.

Arnstein, S.R. A ladder of citizen participation. In *Journal of the American Institute of Planners*, Vol 35, No 4, July 1969, pp.216-224.

Ashby, T. and Pierce Rowland, S. The Piazza del Popolo: its history and development. In *Town Planning Review*, Vol XI, No 2, 1924, pp.74-99.

Ashby, V. The Capitol, Rome: its history and development. In *Town Planning Review*, Vol XII, No 3, 1927, pp.159-181.

Ashdown, J. *The Buildings of Oxford*, Batsford, London, 1980.

Aspbury, A. and Harrison, R. Newark-Millgate Revival. In *The Planner*, Vol 68, February, 1982

Averlino, Antonio di Piero (known as Filarete) *Treatise on Architecture* (vol trns. John R. Spencer), Yale University Press, New Haven and London, 1965.

Bacon, E.N. *Design of Cities*, Thames and Hudson, London, revised edn., 1975.

Baker, G.H. *Le Corbusier, An Analysis of Form*, Van Nostrand Reinhold, Wokingham, 1984.

Banham, R. *Theory and Design in the First Machine Age*, Architectural Press, London, 1960.

Banham, R. *Megastructure: Urban Futures of the Recent Past*, Thames and Hudson, London, 1976.

Banz, G. *Elements of Urban Form*, McGraw-Hill, San Francisco, 1970.

Barnett, J. *An Introduction to Urban Design*, Harper & Row, New York, 1982.

Baroero, C. et al. (eds.) *Florence: Guide to the City*, Univis Guide Series: Italy, MarioGros, Tomasone and Co, Torino, 1979.

Beazly, E. *Design and Detail of Space Between Buildings*, Architectural Press, London, 1967.

Beer, A.R. Development control and design quality, part 2: attitudes to design. In *Town Planning Review*, Vol 54, No 4, October 1983, pp.383-404.

Benevelo, L. *The History of the City*, Scolar Press, London, MIT Press, Cambridge, Mass., 1968.

Betsky, A. Take me to the water: dipping in the history of water in architecture. In *Architectural Design*, Vol 65, No 1/2, Jan-Feb, 1995, pp. 9-15

Black Country Development Corporation, 'Before and After', Oldbury, West Midlands, Black Country Development Corporation, undated report

Blowers, A. et al. (eds.) *The Future of Cities*, Hutchinson, London, 1974.

Blumenfeld, H. Scale in civic design. In *Town Planning Review*, Vol XXIV, April 1953, pp.35-46.

Boesiger, W. (ed.) *Le Corbusier*, Thames and Hudson, London, 1972.

Booth, P. Development control and design quality; part 1: conditions: a useful way of controlling design? In *Town Planning Review*, Vol 54, No 3, July 1983, pp.265-284.

Bor, W. The St Paul's precinct saga. In *The Planner*, May 1988, Vol 74, No 5, pp.26-28.

Braunfels, W. *Urban Design in Western Europe*, The University of Chicago Press, Chicago, 1988

Broadbent, G. and Ward, A. (eds.) *Design Methods in Architecture*, Lund Humphries, London, 1969.

Broadbent, G. *Emerging Concepts in Urban Space Design*, Van Nostrand Reinhold, London, 1990.

Browne, K. Why Isfahan? A special issue. In *Architectural Review*, Vol CLIX, No 951, 1976, pp.253-322.

Buchanan, C. *Traffic in Towns: the Specially Shortened Edition of the Buchanan Report*. Penguin, Harmondsworth, 1963.

Buchanan, P. Paternoster, planning and the Prince. In *Architects' Journal*, Vol 187, No 3, 20 January 1988, pp.26-29.

Burckhardt, J. *The Architecture of the Italian Renaissance* (ed. Peter Murray), Penguin, Harmondsworth, 1987.

Bynner, J. and Stribley, K.M. (eds.) *Social Research: Principles and Procedures*, Longman, Harlow, 1978.

Campbell, C. *Vitruvius Britannicus* (first published in three volumes, London, 1917-25), Vol 1, Benjamin Blom Inc. New York, reissued in 1967.

Canter, D. *The Psychology of Place*, St Martin's Press, New York, 1977.

Carlson, A.A. On the possibility of quantifying scenic beauty. In *Landscape Planning*, Vol 4, 1977, pp.131-172.

Chandler, E.W. The components of design teaching in a planning context. In *Education for Planning: Retrospect and Prospect* (ed. P.W.S. Batey), reprinted from *Town Planning Review*, Vol 56, No 4, October 1984, pp.468-482.

Chermayeff, S. and Tzonis, A. *Shape of Community*, Penguin, Harmondsworth, 1971.

Cherry, G.E. *Urban Change and Planning*, G.T. Foulis, Oxford, 1972.

Chambers, I. Piazzas of Italy. In *Town Planning Review*, Vol XII, No 1, 1926, pp.57-78, and Vol XI, No 4, February 1926, pp.221-236.

Church, A. Urban regeneration in London Docklands: a five-year policy review. In *Environment and Planning: Government and Policy*, Vol 6, 1988, pp.187-208.

Coleman, A. *Utopia on Trial*, Hilary Shipman, London, 1985.

Collins, G.R. and Collins, C.C. *Camillo Sitte: The Birth of Modern City Planning*, Rizzoli, New York, 1986.

Colquhoun, A. Vernacular Classicism. In *Architectural Design, Architectural Design Profile, Building and Rational Architecture*, Vol 54, No 5/6, 1984, pp.26-29.

County Borough of Belfast, City Planning Department, *The Markets Redevelopment Area 18*, County Borough of Belfast, Belfast, 1971.

County Borough of Belfast, City Planning Department, *Industry and Commerce in Redevelopment 18*, County Borough of Belfast, Belfast, 1971.

County Council of Essex, *A Design Guide for Residential Areas*, Essex County Council, 1973.

Cowan, R. It doesn't add up in Docklands. In *Architects' Journal*, Vol 188, No 39, 28 September 1988, p.17.

Crook, J.M. *The Dilemma of Style*, John Murray, London, 1987.

Crompton, D.H. Layout, chapter 7: land use in an urban environment, a general view of town and country planning. In *Town Planning Review*, Vol 32, 1961, pp.185-232.

Cuesta, J.R. et al. *Appraisal and Proposals for San Giorgio Morgeto, Programa Erasmus*, Universita di Reggio Calabria and University of Nottingham, Nottingham (unpublished report), March 1989.

Cullen, G. A square for every taste. In *Architectural Review*, Vol CII, No 610, 1947.

Cullen, G. *Townscape*, Architectural Press, London, 1961.

Cullen, G. *The Concise Townscape*, Architectural Press, London, 1986.

Danby, M. *Grammar of Architectural Design*, Oxford University Press, London, 1963.

de Daney, D. Canary Wharf: critical mass. In *The Planner*, Vol 72, No 3, March 1986, p.36.

Davidoff, P. Working towards redistributive justice. In *Journal of the American Institute of Planners*, Vol 41, No 5, September 1975, pp.317-318.

Dean, J. The inner cities and urban regeneration. In *The Planner, TCPSS Proceedings*, Vol 75, No 2, February 1989, pp.28-32.

de Bono, E. *Lateral Thinking*, Penguin, Harmondsworth, 1977.

Derrida, J. In discussion with Christopher Norris. In *Deconstrnction II* (ed. Andreas C. Papadakis) Architectural Design, London, 1989, pp.7-11.

Derrida, J. *Positions* (trns. Alan Bass), Athlone Press, London, 1981.

Dewhurst, R.K. Saltaire. In *Town Planning Review*, Vol XXXI, No 2, July 1960, pp.135-144.

Dougill, W. The present day Capitol. In *Town Planning Review*, June 1927, Vol XII, No 3, pp.174-183.

Downes, K. *Hawksmoor*, Thames and Hudson, London, 1969.

Doxiadis , C.A. On linear cities. In *Town Planning Review*, Vol 38, No 1, April 1967, pp.35-42.

Doxiadis, C.A. *Ekistics*, Oxford University Press, New York, 1968.

Edwards, A.M. *The Design of Suburbia*, Pembridge, London, 1981.

Edwards, A.T. *Architectural Style*, Faber and Gwyer, London, 1926.

Eisenman, P. and Krier, L. My ideology is better than yours. In *Reconstruction: Deconstruction* (ed. Andreas C. Papadakis) Architectural Design, London, 1989, pp.7-18.

Ellis, W.C. The spatial structure of streets. In *On Streets* (ed. S. Anderson) MIT Press, Cambridge, Mass., 1986, pp.114-131.

Eversley, D. *The Planner in Society*, Faber & Faber, London, 1973.

Fagence, M. *Citizen Participation in Planning*, Pergamon Press, Oxford. 1977.

Falk, N.P. Baltimore and Lowell: Two American approaches. In *Built Environment*, Vol 12, 1986, pp. 145-152

Falk, N.P.H. Waterside renaissance: a step by step approach. In *Urban Waterside Regeneration: Problems and Prospects*

(K.N. White et al., eds), Ellis Horwood Ltd, Chichester, 1993, pp. 22-30

Falk, N. UK Waterside development. In *Urban Design*, Vol 55, July, 1995, pp. 19-23

Farmer, J. *Green Shift: Towards a Green Sensibility in Architecture*, Butterworth-Heinemann, Oxford, 1996

Farrell, T. Terry Farrell in the context of London. In *The Planner*, Vol 74, No 3, March 1988, pp.16-19.

Fishman, R. *Urban Utopias in the Twentieth Century*, Basic Books, New York, 1977.

Frampton, K. The generic street as a continuous built form. In *On Streets* (ed. S. Anderson), MIT Press, Cambridge, Mass., 1986.

Frick, D. Post-Modern planning: a retreat to urban design. In *AESOP News*, No 2, spring 1988, pp.4-5.

Fyson, A. Paternoster shows the way. In *The Planner*, Vol 74, No 12, December 1988, p.3.

Gadd, D. *Georgian Summer: Bath in the Eighteenth Century*, Adams and Dart, Bath, 1971.

Gans, H. *People and Plans*, Basic Books, New York, 1968.

Gardner, J.L. et al. Urban waterside: context and sustainability. In *Urban Waterside Regeneration: Problems and Prospects* (K.N. White et al., eds), Ellis Horwood Ltd, Chichester, 1993, pp. 4-14

Guadet, J. *Elements et Théorie de L'Architecture*, Vols I-IV, 16th edn., Librarie de Ia Construction Moderne, Paris, 1929 and 1930.

Ghorst, T. Isle of Dogs has its day. In *Architects' Journal*, Vol 176, No 47, 24 November 1982, pp.46-49.

Ghyka, M. *The Geometry of Art and Life*, Dover, New York, 1977.

Gibberd, F. *Town Design*, Arehitectural Press, London, 2nd edn, 1955.

Gibson, T. *People Power*, Penguin, Harmondsworth, 1979.

Giedion, S. *Space, Time and Architecture*, Harvard University Press, Cambridge, Mass., 3rd edn., enlarged, 1956.

Glancey, J. *New British Architecture*, Thames and Hudson, London, 1989.

Gosling, D. and Maitland, B. *Concepts of Urban Design*, Academy Editions, London, 1984.

Gosling, D. Definitions of urban design. In *Architectural Design, Architectural Design Profile, Urbanism*, Vol 54, No 1/2, 1984, pp.16-25.

Grant, D.P. A general morphology of systematic space planning approaches. In *Design Methods and Theories, Journal of the DMG*, Vol 17, No 2, 1983, pp.57-98.

Grassi, G. On the question of decoration. In *Architectural Design,*

*Architectural Design Profile, Building and Rational Architecture*, Vol 54, No 5/6, 1984, pp.10-13 and 32-33.

Griffith, R. Listed buildings and listed building control. In *The Planner*, Vol 75, No 19, 1 September 1989, p.16.

Gropius W. *The New Architecture and the Bauhaus* (trns. P. Morton Shand with introduction by Frank Pick), MIT Press, Cambridge, Mass., 1965.

Gutkind, E.A. *Urban Development in Western Europe: Vol. VI The Netherlands and Great Britain*, The Free Press, New York, 1971.

Gutkind, E.A. *International History of City Development*, Vol I *Urban Development in Central Europe*, The Free Press, New York, 1964.

Gutkind, E.A. *International History of City Development*, Vol IV, *Urban Development in Southern Europe: Italy and Greece*, The Free Press, New York, 1969.

Gutman, R. The Street Generation. In *On Streets* (ed. S. Anderson) MIT Press, Cambridge, Mass., 1986, pp.249-264.

Habraken, N.J. *Three R's for Housing*, Scheltema and Holdema, Amsterdam, 1970.

Habraken, N.J. *Supports: An Alternative to Mass Housing* (trns. B. Valkenburg), Architectural Press, London, 1972.

Hall, E.T. *The Hidden Dimensions*, Garden City, Doubleday, New York, 1969.

Hall, P. The age of the mega project. In *The Planner*, Vol 75, No 24, 6 October 1989, p.6.

Halprin, L. *Cities*, MIT Press, Cambridge, Mass., 1963.

Hambidge, J. *The Elements of Dynamic Symmetry*, Dover, New York, 1926.

Hegemann, W. and Peets, E. *The American Vitruvius, An Architect's Handbook of Civic Art*, Benjamin Blom, New York, 1922.

Hobhouse, H. *History of Regent Street*, Macdonald and Jane's, London, 1975.

Holford, W. St Paul's: report on the surroundings of St Paul's Cathedral in the City of London. In *Town Planning Review*, Vol XXVII, No 2, July 1956, pp.58-98.

Hollamby, E., Gosling, D., Cullen, G. et al. *Isle of Dogs: Urban Design Plan; A Guide to Design and Development*, London Docklands Development Corporation, London, November 1982.

Houghton-Evans, W. *Planning Cities*, Lawrence and Wishart, London, 1975.

House, M.A., Ellis, J.B. and Shutes, R.B.E. Urban rivers: ecological impact and management. In *Urban Waterside Regeneration: Problems and Prospects* (ed. K.N. White et al.), Ellis Horwood Ltd, Chichester, 1993, pp. 312-322.

Howard, E. *Garden Cities of Tomorrow*. Faber & Faber, London, 1965.

HRH, The Prince of Wales. *A Vision of Britain*, Doubleday, London, 1989.

HRH, The Prince of Wales. Building a better Britain. In *The Planner*, mid-month supplement, May 1989, pp.4-5.

Hunt, W.P. Measured symmetry in architecture. In *RIBA Journal*, Vol 56, No 10, August 1949, pp.450-455.

Insall, D. Comments on conservation issues. In *The Planner*, Vol 74, No 3, March 1988, p.32.

Irving, R.G. *Imperial Summer, Lutyens, Baker and Imperial Delhi*, Yale University Press, New Haven and London, 1981, p.143.

Jacobs, J. *The Death and Life of Great American Cities*, Penguin, Harmondsworth, 1965.

Jarvis, B. Design language? In *The Planner*, Vol 75, No 26, 20 October 1989, p.2.

Jefferson, B. Getting better buildings. In *The Planner*, Vol 74, No 2, February 1988, pp.47-51.

Jencks, C. *Language of Post-Modern Architecture*, Academy Editions, London, 4th edn., 1984.

Jencks, C. and Silver, N. *Adhocism, The Case for Improvisation*, Anchor Press, New York, 1973.

Jencks, C. and Baird, G. (eds.) *Meaning in Architecture*, Barrie and Jenkins, London, 1969.

Jung, C. *Man and his Symbols*, Pan, London, 1978.

Katz, D. *Gestalt Psychology*, Ronald Press, New York, 1950.

Kennedy, M. Paternoster's piazzas fit for a prince. In *The Guardian*, 19 November 1988, p.3.

Kepes. G. *The New Landscape in Art and Science*, Paul Theobald and Co, Chicago, 1956.

Kersting, A.F. and Ashdown, J. *The Buildings of Oxford*, Batsford, London, 1980.

Koenigsberger, O. et al. *Manual of Tropical Housing and Building, Part 1, Climatic Design*, Longman, London, 1974.

Koffka, K. *Principles of Gestalt Psychology*, Harcourt, Brace and World Inc, New York, 1935.

Krier, L. *Rational Architecture*, Archives d'Architecture Moderne, Brussels, 1978.

Krier, L. *Houses, Palace, Cities* (ed. Demetri Porphyrios), Ad Editions, London, 1984.

Krier, L. The cities within the city, II: Luxembourg. In *Architectural Design*, Vol 49, No 1, 1979, pp.18-32.

Krier, L. and Jencks, C. Paternoster Square. In *Architectural Design* Vol 58, No 1/2, 1988, pp.VII-XIII.

Krier, R. Breitenfurterstrasse, Vienna. In *Architectural Design, Architectural Design Profile, Urbanism*, Vol 54, No 1/2, 1984, pp.80-81.

Krier, R. Typological and morphological elements of the concept of urban space. In *Architectural Design*, Vol 49, No 1, pp.2-17.

Kroll, L. Les vignes blances, Cergy-Pontoise. In *Architectural Design, Architectural Design Profile, Urbanism*, Vol 54, No 1/2, 1984, pp.26-35.

Lawson. B. *How Designers Think*, Architectural Press, London, 1983.

Le Corbusier. *Towards a New Architecture*, Architectural Press, London, 1946.

Le Corbusier. *Concerning Town Planning*, Architectural Press, London, 1947.

Le Corbusier. *The Home of Man*, Architectural Press, London, 1948.

Le Corbusier. *The Modulor*, Faber & Faber, London. 1954.

Le Corbusier. *The Chapel at Ronchamp* (trns. Jacqueline Cullen), Architectural Press, London, 1957.

Le Corbusier. *Chandigarh, The New Capital of the Punjab, India* (ed. T. Futagawa), Global Architecture, Tokyo, 1957.

Le Corbusier. *The Radiant City*, Faber & Faber, London, 1967.

Le Corbusier. *The City of Tomorrow*, Architectural Press, London, 1971.

Lee, T. The psychology of spatial orientation. In *Architectural Association Quarterly*, July 1969, pp.11-15.

Levin, P.H. The design process in planning. In *Town Planning Review*, Vol 37, April 1966, pp.5-20.

Levitas, G. Anthropology and sociology of streets. In *On Streets* (ed. S. Anderson), MIT Press, Cambridge, Mass., 1986.

Lim, Y Ng. *An Historical Analysis of Urban Spaces*, unpublished BArch dissertation, Nottingham University, 1980.

Linazasoro, J.I. Ornament and Classical order. In *Architectural Design, Architectural Design Profile, Building and Rational Architecture*, Vol 54, No 5/6, 1984, pp.21-25.

Linder, A. New thinking about urban design. In *The Planner*, Vol 74, No 3, March 1988, pp.24-25.

Little, B. *The Building of Bath*, Collins, London, 1947.

Little, B. *Bath Portrait*, The Burleigh Press, Bristol, 1961.

Llewelyn-Davies, R. Some further thoughts on linear cities, In *Town Planning Review*, Vol 38 No 3, October 1967, pp.202-203.

Llewelyn-Davies, R. Town design. In *Town Planning Review*, Vol 37, October 1966, pp.157-172.

Lock, D. The making of Greenland Dock. In *The Planner*, Vol 73, No 3, March 1987, pp.11-15.

Lowndes, M. and Murray, K. Monumental dilemmas. In *The Planner*, Vol 74, No 3, March 1988, pp.20-23.

Lozano, E.E. Visual needs in the urban environment. In *Town Planning Review*, Vol 45, No 4, October 1974, pp.351-374.

Lynch, K. *The Image of the City*, MIT Press, Cambridge, Mass., 1960.

Lynch, K. *Site Planning*, MIT Press, Cambridge, Mass., 2nd edn., 1971.

Lynch, K. *What Time is This Place?*, MIT Press, Cambridge, Mass., 1972.

Lynch, K. *A Theory of Good City Form*, MIT Press. Cambridge, Mass., 1981.

MacPherson, T. Regenerating Industrial Riversides in the North East of England. In *Urban Waterside Regeneration: Problems and Prospects* (K.N. White et al., eds), Ellis Horwood Ltd, Chichester, 1993, pp. 31-49

Maertens. H. *Der Optische Mastab in der Bildenden Kuenster*, 2nd edn, Wasmath, Berlin, 1884.

Madanipour, A. *Design of Urban Space*, Wiley, Chichester, 1996

Maitland, B. The uses of history. In *Architectural Design, Architectural Design Profile, Urbanism*, Vol 54. No 1/2, 1984, pp.4-7.

Manser, M. RIBA licks its wounds after Charlie's bombshell. In *Architects' Journal*, 6 June 1984, p.30.

Markets Redevelopment Association and the Planning Projects Unit, *The Markets Area of Belfast, The People's Plan* (preliminary report). Queen's University, Belfast, 1973.

Markus, T.A, The role of building performance measurement and appraisal in design method. In *Design Methods in Architecture* (eds. G. Broadbent and A. Ward), Lund Humphries, London, 1969.

Maver, T.W. Appraisal in the building design process. In *Emerging Methods in Environmental Design and Planning* (ed. G.T. Moore), MIT Press, Cambridge, Mass., 1971).

McKei, R. Cellular renewal. In *Town Planning Review*, Vol 45, 1974, pp.274-290.

McKay, K. Gryzmek, B. and Holden. Joe. *The Markets*, Gown, Belfast, 9 May 1972.

Moore, G.T. (ed.) *Emerging Methods in Environmental Design and Planning*. MIT Press, Cambridge, Mass., 1970.

Morgan, B.G. *Canonic Design in English Medieval Architecture*, Liverpool University Press, Liverpool, 1961.

Morris, A.E.J. *History of Urban Form*, George Godwin, London, 1972.

Moughtin, J.C. *Hausa Architecture*, Ethnographica, London, 1985.

Moughtin, J.C. *Planning for People*, Queen's University, Belfast, l972.

Moughtin. J.C. Markets Areas redevelopment. In *Built Environment*, February 1974, pp.71-74.

Moughtin, J.C. *The Plansters Vision*, University of Nottingham, Nottingham, 1978.

Moughtin, J.C. and Simpson, A. Do it yourself planning in Raleigh Street. In *New Society*, 19 October 1978, pp.136-137.

Moughtin, J.C. Public participation and the implementation of development. In *Town and Country Summer School Report*, Royal Town Planning Institute, London, l978, pp.81-84.

Moughtin, J.C. et al. *The Nottingham Experiments, Towards Positive Participation in Planning*, Institute of Planning Studies, Nottingham, 1979.

Moughtin, J.C. and Bone, D. *The Building of a Community, Second Experience at Millgate in Newark, Nottinghamshire*, Institute of Planning Studies, Nottingham, 1981.

Moughtin, J.C. and Shalaby, T. Housing design in Muslim cities: towards a new approach. In *Low Cost Housing for Developing Countries*, Vol II, Central Building Research Institute, New Delhi, 1984, pp.831-851.

Mowl, T. and Earnshaw, B. *John Wood, Architect of Obsession*, Millstream Books, Bath, 1988.

Mumford, L. *The Culture of Cities*, Secker and Warburg, London, 1938.

Mumford, L. *City Development*, Secker and Warburg, London, 1946.

Murray, P. *The Architecture of the Italian Renaissance*, Thames and Hudson, London, revised 3rd edn., 1986.

Nairn, I. *Outrage*, Architectural Press, London, 1955.

Newark and Sherwood District Council, 'Capital Challenge Bid for Newark Riverside Regeneration,' Newark and Sherwood District Council, Newark, undated report

Newark and Sherwood District Council, 'SRB Challenge Fund Bid for Newark Riverside Regeneration,' Newark and Sherwood District Council, Newark, undated report

Newman, O. *Defensible Space*. Macmillan, New York, 1972.

Norberg-Schutlz, C. *Intentions in Architecture*, Universitetsforlaget, Oslo, 1963.

Norberg-Schulz, C. Meaning in architecture. In *Meaning in Western Architecture* (eds. Charles Jencks and George Baird), Barrie and Jenkins, London, 1969, pp.215-229.

Norberg-Schulz, C. *Existence, Space and Architecture*, Studio Vista, London, 1971.

Norberg-Schulz, C. *Genius Loci, Towards a Phenomenology of Architecture*, Rizzoli, New York, 1980.

Norris, C. *The Contest of Faculties: Philosophy and theory after deconstruction*, Methuen, London. 1985.

Norwood, H. Planning at York. In *The Planner*, Vol 72, No 3, March 1986, p.5.

The Observer. The Prince and the ten commandments. In *The Observer*, 30 October 1988. p.18

Owen, J. The water's edge: the space between buildings and water. In *Urban Waterside Regeneration: Problems and Prospects* (K.N. White et al., eds), Ellis Horwood Ltd, Chichester, 1993, pp. 15-21

Palladio, A. *The Four Books of Architecture*, Dover Publications, New York, 1965.

Pateman, C. *Participation and Democratic Theory*, Cambridge University Press, Cambridge, 1970.

Pawley, M. Prince and country. In *The Guardian*, 31 October 1988, p.38.

Pawley, M. Final act of the Fawcett saga. In *The Guardian*, 5 February 1990.

Pevsner, N. Three Oxford colleges. In *Architectural Review*, Vol CVI, No 632, 1949, pp.120-124.

Pevsner, N. *The Buildings of England: North Somerset and Bristol*, Penguin, Harmondsworth, 1958.

Pevsner, N. *An Outline of European Architecture*, Penguin, Harmondsworth, 7th edn., 1977.

Piaget, J. *The Child's Conception of the World*, Routledge & Kegan Paul, London, 1929.

Pidwell, S. Salford Quays: The urban design and its relationship with that of other wateside initiatives. In *Urban Waterside Regeneration: Problems and Prospects* (K.N. White et al., eds), Ellis Horwood Ltd, Chichester, 1993, pp. 94-105

Pirenne, H. *Medieval Cities*, Princeton University Press, Princeton, New Jersey, 1969.

The Planner, news. Canary Wharf: president urged secretary of state to intervene. In *The Planner*, Vol 71, No 12, December 1985, p.5.

The Planner, news. Time for design. In *The Planner*, Vol 74, No 3, March 1988, pp.29-31.

The Planner, news. Always a time for design. In *The Planner*, Vol 74, No 5, May 1988, p.7.

The Planner, news. Covent Garden plan: opponents lose appeal. In *The Planner*, Vol 74, No 11, November 1988, p.6.

The Planner, news. Paternoster exhibition. In *The Planner*, Vol 74, No 12, December 1988, p.6.

The Planner, news. DoE welcomes Docklands accord. In *The Planner*, Vol 75, No 21, September 1989, p.4.

The Planner, news. Government on LDDC: 'it's big and we did it'. In *The Planner*, Vol 75, No 21, September 1989, p.7.

The Planner, news. Docklands experiment: a failure rejected even by its own disciples, says Shepley. In *The Planner*, Vol 75, No 26, October 1989, p.3.

The Planner, news. Underground to Stratford via Canary Wharf. In *The Planner*, Vol 75, No 31, November 1989. p.5.

Plato. *The Laws* (trns. Trevor J. Saunders), Penguin, Harmondsworth, 1988.

Plato. *Timaeus and Critias* (trns Desmond Lee), Penguin, Harmondsworth, 1987.

Pogacnik, A.B. A systems approach to urban design. *Town Planning Review*, Vol 48, 1977, pp.187-192.

Popham, A.E. *The Drawings of Leonardo da Vinci*, Jonathan Cape, London, 1964.

Prak, Niels, Luming. *The Language of Architecture*, Mouton, The Hague, 1968.

Proshanksky, H., Ittelson, W. and Rivlin, L. *Environmental Psychology*, Holt, Rinehart and Wilson, New York, 1970.

Pugin, A.W.N. *Contrasts*, Leicester University Press, Leicester, 2nd edn, 1841, reprinted 1969.

Pugin, A.W.N. *The True Principles of Pointed or Christian Architecture*, Henry G. Bohn, London, 1841.

Punter, J. A history of aesthetic control: part 1,1909-1953. In *Town Planning Review*, Vol 57, No 4, October 1986.

Rapoport, A. and Kantor, R.E. Complexity and ambiguity in environmental design. In *Journal of the American Institute of Planners*, Vol 33, No 4, July 1967, pp.210-221.

Rapoport, A. *House Form and Culture*, Prentice-Hall, Englewood Cliffs, New Jersey, 1969.

Rapoport, A. Some observations regarding man-environment studies. In *Art*, February 1971.

Rapoport, A. *Human Aspects of Urban Form: Towards a Man-Environment Approach to Urban Form and Design*, Pergamon Press, New York, 1977.

Rapoport, A. *The Meaning of the Built Environment*. Sage, London, 1983.

Rasmussen, S.E. *Towns and Buildings*, Liverpool University Press, Liverpool, 1951.

Rasmussen, S.E. *Experiencing Architecture*, John Wiley and Sons, New York, 1959, MIT Press, Cambridge, Mass., 1959.

Rawlinson, C. Design and development control. In *The Planner*, Vol 73, No 12, December 1987, pp.25-26.

Rawlinson, C. Design and development control. In *The Planner*, Vol 75, No 19, September 1989, pp.17-20.

Rhodes, E.A. The human squares: Athens, Greece. In *Ekistics*, Vol 35, 1973.

RIBA. *Architectural Practice and Management Handbook*, RIBA Publications, London, 1965.

Robertson, H. *The Principles of Architectural Composition*, Architectural Press. London, 1924.

Rogers, R. (and Partners). Proposals for the banks of the River Arno, Florence. In *Architectural Design, Architectural Design Profile, Urbanism*, Vol 54, No 1/2, 1984, pp.62-68.

Rosenau, H. *The Ideal City*, Studio Vista, London, 1974.

Rowe, C. Collage city. In *Architectural Review*, August 1975, p.80.

Rowe, C. and Koetter, F. *Collage City*, MIT Press, Cambridge, Mass., 1978.

Rudofsky, B. *Architecture without Architects*, Doubleday and Co, New York, 1964, Academy Editions, London, 1977.

Rudofsky, B. *Streets for People*, Braziller, New York, 1969.

Rykwert, J, The street: the use of its history. In *On Streets* (ed. S. Anderson), MIT Press, Cambridge, Mass., 1986, pp.14-27.

Saarinen, E. *The Search for Form in Art and Architecture*, Dover Publications, New York, 1985.

Sandy Row Redevelopment Association, *Sandy Row at the Public Enquiry*, Sandy Row Redevelopment Association, Belfast, 1972.

Savoja, U. Turin the regular town. In *Town Planning Review*, Vol XII, No 3, 1927.

Schumacher, T. Buildings and streets. In *On Streets* (ed. S. Anderson), MIT Press, Cambridge, Mass., 1986, pp.132-149.

Schumpeter, J.A. *Capitalism, Socialism and Democracy*, Allen and Unwin, London, 1943.

Scoffham, E.R. *The Shape of British Housing*, Godwin, London, 1984.

Scoffham E.R. Balancing community and commerical interests in Newark-on Trent. In *Urban Waterside Regeneration: Problems and Prospects* (K.N. White et al., eds), Ellis Horwood Ltd, Chichester, 1993, pp. 106-115

Scruton, R. *The Aesthetics of Architecture*, Methuen and Co, London, 1979.

Scully, V. *The Earth, The Temple and The Gods: Greek Sacred Architecture*, Yale University Press, New Haven and London, 1962.

Segal, H. A psychoanalytic approach to aesthetics. In *International Journal of Psychoanalysis*, 1952, pp.196-207.

Serlio, S. *The Five Books of Architecture, An Unabridged Reprint of the English Edition of 1611*, Dover Publications, New York, 1982.

Shane, G. Contextualism. In *Architectural Design*, No 11, 1976, pp.676-9.

Sharp, T. *The Anatomy of the Village*, Penguin, Harmondsworth, 1946.

Sharp, T. *Oxford Replanned*, Architectural Press, London, 1948.

Sharp, T. Dreaming spires and teeming towers, the character of Cambridge. In *Town Planning Review*, Vol 33, January 1963, pp.255-278.

Sherwood, J. and Pevsner, N. *The Buildings of England: Oxfordshire*, Penguin, Harmondsworth, 1974.

Shute, J. *The First and Chief Grounds of Architecture*, John Shute, London, 1563.

Simpson, J. Paternoster Square redevelopment project. In *Architectural Design*, Vol 58, No 9/10, 1988, pp.78-80.

Sitte, C. *Der Stadte-Bau*, Carl Graeser and Co, Wien, 1901.

Smith, P.F. *Architecture and Harmony*, RIBA Publications, London, 1987.

Smithson, A. and Smithson, P. *Urban Structuring*, Studio Vista, London, 1967.

Sommer, R. *Personal Space: The Behavioural Basis of Design*, Prentice-Hall, Englewood Cliffs, New Jersey, 1969.

Southworth, M. and Southworth, S. Environmental quality in cities and regions. In *Town Planning Review*, Vol 44, No 3, July 1973.

Spencer, D.K. *Urban Spaces*, New York Graphic Society, Greenwich, Conn., 1974

Spreiregen, P.D. *Urban Design: The Architecture of Towns and Cities*, McGraw-Hill, New York, 1965.

Stones, R.C. Grain theory in practice: redevelopment in Manchester at Longsight. In *Town Planning Review*, Vol. 41, October 1970, pp.354-356.

Summerson, J. *John Nash, Architect to King George IV*, Allen and Unwin, London, 1935.

Summerson, J. *Architecture in Britain 1530-1830*, Penguin, Harmondsworth, 1953.

Summerson J. *The Classical Language of Architecture*, Thames and Hudson, London, 1963.

Summerson, J. *Inigo Jones*, Penguin, Harmondsworth, 1966.

Summerson, J. *The Architecture of the Eighteenth Century*, Thames and Hudson, London, 1986.

Taggart, W.D.R. and Taggart, R.T. *Cromac RDA 18, Planning Appraisal*, W.D.R. and R.T. Taggart, Belfast, 1985.

Tallis, J. *London Street Views, 1838-1840*, Nattali and Maurice, London, 1969.

Tibbalds, F. Mind the gap! A personal view of the value of urban design in the late twentieth century. In *The Planner*, Vol 74, No 3, March 1988, pp.11-14

Tibbalds, F. Planning and urban design: a new agenda. In *The Planner*, mid-month supplement, April 1988, p.4.

Tiesdell, S. et al. *Revitalizing Historic Urban Quarters*, Architectural Press, Oxford, 1996

Thiel, P. A sequence-experience notation for architectural and urban spaces. In *Town Planning Review*, Vol 32, April 1961.

Thorburn, A. Leisure on the Waterfront. In *The Planner*, Vol 73, No 13, 1990, pp. 18-19

Tunnard, C. *The City of Man*, Architectural Press, London, 1953.

Tzonis, A. and Lefaivre, L. *Classical Architecture, The Poetics of Order*, MIT Press, Cambridge, Mass., 1986.

Ulster Architectural Heritage Society, *Survey and Recommendations for the Joy Street and Hamilton Street District of Belfast*, Ulster Architectural Heritage Society, Belfast, 1971.

University of Liverpool, Recorder, *Report of the Development Committee to the Council of the University for the years 1959-1964*, The University of Liverpool, Liverpool, January 1965.

Unwin, R. *Town Planning in Practice*, London. 1909.

Vale, B. and Vale, R. *Green Architecture*, Thames and Hudson, London, 1991

Vasari, G. *The Lives of the Artists* (a selection trns. by George Bull), Penguin, Harmondsworth, 1965.

Venturi, R. *Complexity and Contradiction in Architecture*, MOMA, New York, 1966.

Vidler, A. The third typology. In *Rational Architecture*, Archives d'Architecture Moderne, Bruxelles, 1978.

Vidler, A. The scenes of the streets: transformations in ideal and reality. In *On Streets* (ed. S. Anderson), MIT Press, Cambridge, Mass., 1986, pp.28-111.

Vitruvius. *The Ten Books of Architecture*, Dover Publications, New York, 1960.

Violich, F. Urban reading and the design of small urban places: the village of Sutivan. In *Town Planning Review*, Vol 54, No 1, January 1983, pp.41-62.

Wallace, W. An overview of elements in the scientific process. In *Social Research: Principles and Procedures* (ed. John Bynner and Keith M. Stribley), Longman, Harlow, 1978, pp.4-10.

Weller, J.B. Architects and planners: the basis for consensus. In *The Planner*, Vol 75, No 22,22 September 1989, p.11.

Webber, MM. Order in diversity, community without propinquity. In *Cities and Space: The Future Use of Urban Land* (ed. L. Wingo Jr), Johns Hopkins University Press, Baltimore, 1963.

Webber, M.M. The urban place and the nonplace urban realm. In *Explorations into Urban Structure* (eds. Melvin M. Webber et al.), Oxford University Press, London, 1967, pp.79-153.

Webber, M.M. et al. *Explorations into Urban Structure*, University of Pennsylvania Press, Philadelphia, 1963.

Whinney, M. *Wren*, Thames and Hudson, London, 1987.

White, K.N. et al. *Urban Waterside Regeneration: Problems and Prospects*, Ellis Horwood Ltd, Chichester, 1993

Wilford, M. Off to the races, or going to the dogs? In *Architectural Design, Architectural Design Profile, Urbanism*, Vol 54, No 1/2, 1984, pp.8-15.

Williams-Ellis, C. *Portmeirion - the Place and its Meaning*, Portmeirion Ltd, Penrhyndeudraeth, Wales, 1973.

Wittkower, R. *Architectural Principles in the Age of Humanism*, Tiranti, London, 1952.

Wittkower, R. *Art and Architecture in Italy 1600-1750*, Penguin, Harmondsworth, 1958.

Wolf, P. Rethinking the urban street: its economic context. In *On Streets* (ed. S. Anderson), MIT Press, Cambridge, Mass., 1986.

Wölfflin, H. *Renaissance and Baroque*, Collins, London, 1964.

Wotton, H. *The Elements of Architecture*, Gregg, London, 1969.

Wright, F. Lloyd. *The Living City*, Horizon Press, New York, 1958.

Yeats, W.B. *Yeats Selected Poetry*, Pan Books, London. 1974.

Zevi, B. *Architecture as Space* (trns. M. Gendel), Horizon Press, New York, 1957.

Zucker, P. *Town and Square*, Columbia University Press, New York, 1959.

# 图表来源

本书作者和出版人感谢那些友好地允许其图表出现在本书中的人。我们已经尽力查找所有图表的来源以获得完全的复制权，但在极少数情况下，没能找到确切的版权拥有者，对此致歉。欢迎指正。

| | |
|---|---|
| **1.10–1.13** | Wallace, W. *The Logic of Science in Sociology*, Aldine-Atherton, Chicago, 1971 |
| **2.1** | *Amsterdam: Planning and Development in a Nutshell*, Public Works Department, City of Amsterdam, 1976 |
| **2.6, 5.1–5.3** | Serlio, S. *The Five Books of Architecture*, Dover Publications, New York, 1982 |
| **2.7** | Morris, A.E.J. *History of Urban Form*, George Godwin, London, 1972 |
| **2.9** | Robertson, H. *The Principles of Architectural Composition*, Architectural Press, Surrey, 1924 |
| **2.28** | Chitham, R. *The Classical Orders of Architecture*, Architectural Press, London, 1985 |
| **2.31** | Le Corbusier *The Modulor*, Faber and Faber, London, 1951, Copyright DACS 1992 |
| **2.32** | Moughtin, J.C. *Hausa Architecture*, Ethnographica, London, 1985 |
| **2.42 and 2.46** | Robertson, H. *The Principles of Architectural Composition*, Architectural Press, Surrey, 1924 |
| **2.44** | Kersting, A.F. and Ashdown, J. *The Buildings of Oxford*, Batsford, London, 1980 |
| **3.6** | Baker, G.H. *Le Corbusier: An Analysis of Form*, Van Nostrand Reinhold, Berkshire, 1989 |
| **3.21** | Gibberd, F. *Town Design*, Architectural Press, London, 1955 |
| **3.22** | Scoffham, E.R. *The Shape of British Housing*, George Godwin, Harlow, 1984 |
| **3.27** | Guadet, J. *Elements et Theorie de l'Architecture Volume 1*, 16th Edition, Librarie de la Construction Moderne, Paris, 1929 |
| **3.28** | Groslier, B. and Arthaud, J. *Angkor, Art and Civilisation*, Thames and Hudson, London, 1957 |
| **3.33** | Reprinted by permission of the publishers from *Space, Time and Architecture*, by Sigfried Giedion, Cambridge, Massachusetts: Harvard University Press, Copyright 1941, 1949, 1954, 1962, 1967 by the President and Fellows of Harvard College |
| **4.6** | Redrawn from Shalaby, T. *The Arab House*, Ed. Hyland A. D.C., CARDO, University of Newcastle, 1986 |
| **4.22 and 5.19** | Sitte, C. *Der Stadte Bau*, Carl Graeser & Co, Vienna, 1901 |
| **4.60** | Rasmussen, S.E. *Towns and Buildings*, Liverpool University Press, 1951 |
| **5.4** | Le Corbusier *The City of Tomorrow*, Architectural Press, London, 1971, Copyright DACS 1992 |
| **5.18** | Collins, G.R and Collins, C.C. *Camillo Sitte: The Birth of Modern City Planning*, Rizzoli, New York, 1986 |

6.7      Black Country Development Corporation, *Before and After*, Oldbury, West Midlands, Black Country Development Corporation, undated report

6.13      Based on Sharp, T. *The Anatomy of the Village*, Harmondsworth, Penguin, 1946

6.26 and 6.27      Based on Drawings in Thorne, Streets Ahead, *The Architectural Review*, March, 1994

6.35–6.47      Lowe, M. The Thames Strategy, *Urban Design*, Vol 55, July 1995 (Ove Arup Partnership - Tom Armour, Jon Carver, Michael Lowe)

7.1      *Towards an Urban Renaissance*, Urban Task Force 1999

7.2      *Towards an Urban Renaissance*, Urban Task Force 1999

7.3      *Towards an Urban Renaissance*, Urban Task Force 1999

7.4      *Towards an Urban Renaissance*, Urban Task Force 1999
     The Box Office Leaflet, What's On, *The Lowry*, May-August, 2002

7.14 and 7.15      Nottingham County Council, *Nottingham, Express Transit*

End picture      Tibbalds, F. *Making People Friendly Towns: Improving the Public Environment in Towns and Cities*, Longman, 1992

8.1      Morrison, T., *The Atlas of Mysterious Places*, Westwood, J. (ed.), Marshall Editions Ltd, pp. 142-3, 1987

9.1      Bor, W. The St Paul's Precinct Saga, *The Planner*, Vol 74, No 5, May 1988

9.2, 9.10–9.17      Krier, L. and Jencks, C. Paternoster Square, *Architectural Design*, Vol 58, No 1/2, 1988

9.5 and 9.6      Holford, W. St Paul's Precinct, *Town Planning Review, Vol XXVII*, No 2, July 1956

9.18      Tallis, J. *London Street Views 1838-1840*, The Bodley Head, London, 1969

9.20      Third Time Lucky with the Whitfield Masterplan, *Architects Journal*, 10th June 1999 page 55

9.21      Queen Victoria Street, *Architects Journal*, 27th November 1997 page 10

9.22, 9.23, 9.26 and 9.27      Gosling, D. and Maitland, B. *Concepts of Urban Design*, Academy Editions, London, 1984

9.24 and 9.25      Wilford, M. Off to the Races or Going to the Dogs? *Architectural Design*, Vol 54, No 1/2, 1984

9.35, 9.45–9.47      Taggart, W.D.R. *Cromac RDA 18 Planning Reappraisal*, Northern Ireland Housing Executive, Belfast, 1985

9.40 and 9.42      The Markets Area Redevelopment Association, *The Markets Area of Belfast, The Residents' Plan*, Department of Town and Country Planning, Queen's University of Belfast, 1973

9.41      Moughtin, J.C. Markets Area Redevelopment, *Built Environment*, Feb 1974

9.55 and 9.56      Scoffham, E.R. Balancing Community and Commercial Interests in Newark-on-Trent. In *Urban Waterside Regeneration: Problems and Prospects* (eds K.N. White et al.), Ellis Horwood, Chichester, 1993

9.60      Guasa, M. et al., *Barcelona: A Guide to its Modern Architecture*, ACTAR, 2002

9.68      Buchanan, P. Urbane Village, *Architectural Review*, August 1992 page 31

# 译后记

在此向曾经阅读过 2004 年出版的《街道与广场》（第二版）中译本的读者致歉。请原谅那时有限的英语水平、专业经验和中文表达能力，以致有些翻译错误，曲解了原著第二版的一些表达。

此次翻译原著第三版，本可以只译新增的章节和某些章节中新添或变更的部分。因为想要纠正第二版中的翻译错误，于是重译全部原著，并补译了第二版没有翻译的各章注释。历时 6 个月，300 多个小时，其中近三分之一的时间，都用于查阅、厘清及核对书中涉及的一些相关背景资料，尽最大努力减少翻译错误。

自译完第二版至今的 15 年间，有幸得以再次前往欧洲三次。每次都到访了这本书中所述的一些经典案例，伦敦、巴黎、巴塞罗那、罗马、佛罗伦萨及锡耶纳等城市的著名街道与广场，按图索骥，实地弥补了一些之前理解的不足。

感谢比十五年前更加好用的互联网，除检索资料外，还能查阅很多欧洲城市人视角的街景，让书中的文字描述变成直观、清晰的图像。例如，本书第 9 章案例研究中，贝尔法斯特市集区改造是规划公众参与的经典案例，居民在政府规划师帮助下自己做的规划内容，有些确实实现了，例如每户仅限院落范围内设置的一个私家车位；有些没有实现，例如建议分割了片区的城市干道改为下穿形式，地面层改为公共空间和设施。我们没有去过这个地方，但借助互联网平台在这个片区"溜达"了几圈后，却得以对书中的文字内容，有了身临其境的空间感受。

城市，是人类有史以来最大尺度的人工产品，也是人类精神和物质文化的一个要素，事实上，或许也是最显著的要素之一。作为一种产品，城市可以被设计，也应该被设计。作为精神和物质文化要素，城市可以将一个时期、一些人的理智与情感，传递给另一个时期的另一些人。城市设计的本质，就是将一些人对城市生活环境的理解和期望物化到环境里。阅读城市，其实是在阅读建造城市之人的思想。

如果欧洲文艺复兴时期的城市设计师都严守他们前人定下的各种规制，不作任何创新，不在他们设计的城市中表达任何自己的思想，就不会有今天欧洲的街道与广场。如果 20 世纪的欧洲城市设计师未曾受到两次世界大战、工业化及其伴生的商业化左右，我们今天可能会看到更多也更优美的街道与广场。

依据本书推崇的卡米洛·西特的话："城市设计就是按照艺术法则建造城市。"城市设计这门应用学科从诞生之日起，就具有很强的画面感。因此，大多数无论是否来自欧洲的城市设计师，都更偏好看图，而非文字。而文字，是人类有史以来信息含量最大的媒介。最卓越的城市设计师，很可能也是阅读文字最多的人。

再次翻译本书，再次觉得书中文字所述的理论、方法和案例，无论你是不是城市设计师，都值得一读。

张永刚

2021 年 1 月